浙江省高职院校“十四五”重点教材
中国轻工业“十四五”规划教材

男鞋产品结构设计

石　娜　王　晨　主　编
刘　淼　步月宾　副主编
陈瑞福　蒋伍虎　王维君　胡穗芳　王国定　参　编

中国轻工业出版社

图书在版编目（CIP）数据

男鞋产品结构设计 / 石娜，王晨主编．—北京：中国轻工业出版社，2024.1

ISBN 978-7-5184-4646-9

Ⅰ．①男… Ⅱ．①石… ②王… Ⅲ．①男鞋—产品设计—结构设计—高等职业教育—教材 Ⅳ．①TS943.721

中国国家版本馆CIP数据核字（2023）第221086号

责任编辑：陈　萍　　责任终审：李建华　　整体设计：锋尚设计
策划编辑：陈　萍　　责任校对：吴大朋　　责任监印：张　可

出版发行：中国轻工业出版社（北京鲁谷东街5号，邮编：100040）
印　　刷：三河市万龙印装有限公司
经　　销：各地新华书店
版　　次：2024年1月第1版第1次印刷
开　　本：787×1092　1/16　印张：13.75
字　　数：300千字
书　　号：ISBN 978-7-5184-4646-9　定价：49.00元
邮购电话：010-85119873
发行电话：010-85119832　010-85119912
网　　址：http://www.chlip.com.cn
Email：club@chlip.com.cn

221205J2X101ZBW

前言

教材建设是高等职业教育“三教”改革的关键环节，是课堂教学改革实施的纽带，是职业教育教学质量提升的首要保障。校企双元新形态教材作为深度产教融合与数字化教学改革背景下的产物，结合岗位需求，根据任务情境进行综合设计，教材内容呈现出立体化、可视化的特性，大大提升了教材的育人功能和使用效果。

本书是中国轻工业“十四五”规划教材、浙江省职业教育在线课程配套教材、浙江省高职院校“十四五”重点教材。该教材积极践行二十大精神，对标《关于深化现代职业教育体系建设改革的意见》，从服务学生发展、服务区域经济发展、服务产业转型升级体现了“三服务”；教材编写团队来自企业、高职、高职本科、普通本科和中职院校，体现了统筹职业教育、高等教育、继续教育协同创新“三协同”；教材建设遵从中、高、本一体化思路，融入企业生产项目、产业研究新方向，充分体现了职普融通、产教融合、科教融汇的“三融合”理念。

本书积极响应教育部关于课程思政建设要求，以新时代中国特色社会主义思想为指导，提取制鞋行业对应思政点，将产业精神、新时代工匠精神等思政元素融入其中。将企业实践过程中积累的大量教学视频以二维码的形式融入教材中，辅以教学PPT、关键技术图表等内容，以立体教材的形式展现理论知识、实践岗位之间的关系，让读者更好地理解知识内容，提高学习效率。本书作为校企合作教材，编写团队根据市场反馈选取典型男鞋结构作为切入点，选取具有代表性的鞋款进行鞋类样板制作学习，样板制作方法以手工开板为主，教材结构对接企业制板师结构设计和样板制作工作流程进行项目式编排。该教材紧密对接区域鞋产业领先优势和特点，将产业转型升级的新技术、新工艺、新规范、新标准融入教学内容。

该教材结合鞋类专业的岗课赛证要求，将制板师岗位所需技能细分后进行教材内容规划，提炼知识点与技能点，合理构建知识与技能体系，包括脚楦关系、鞋楦选择、设计规划、款式分析及结构设计、帮面结构设计、样板制作等。鞋款包括男式常见款式，如外耳式鞋、舌式鞋、休闲鞋、靴鞋等；结构类型涵盖素头类、围盖类、双破缝旋转型、燕尾三节头、侧帮橡筋式等。

项目一和项目二对脚、楦、结构设计原理等基础知识进行了介绍，由浙江工贸职业技术学院刘淼（高级技师）编写；项目三至项目十由浙江工贸职业技术学院石娜（教授）、步月宾（副教授）、中国奥康股份有限公司王晨（副总裁）、陈瑞福（副总裁）、蒋伍虎（研发总监）合作编写。内文图片、视频资源、PPT等由河北科技工程职业技术大学王维君老师、江西服装学院胡穗芳老师进行编辑处理。在教材编写中，温州市轻工职业学校王国定老师参与了中高一体化对接工作和相关内容编写工作。

本教材在编写过程中得到了中国奥康股份有限公司多位专家和技术人员的支持与帮助，以及浙江红蜻蜓鞋业股份有限公司设计师、技术人员的支持，在此表示衷心的感谢。

由于编者水平有限，难免有不足之处，如有疏漏，敬请指正，我们将不断进行完善。

石娜

目 录

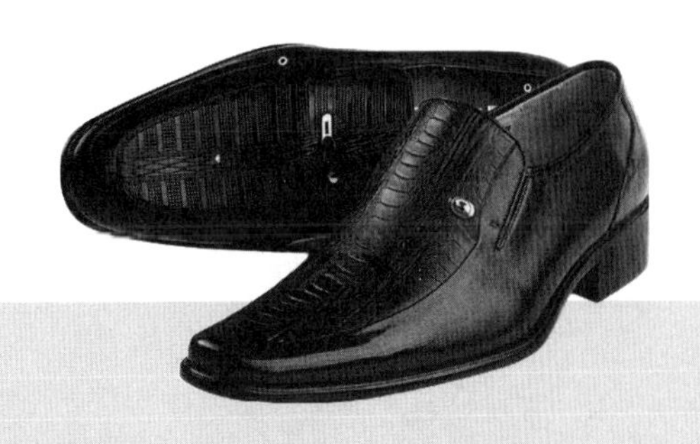

项目一

脚型与楦型

本项目主要介绍脚与鞋楦的关系。脚是鞋楦制作的“模特”，鞋楦是成鞋造型与舒适的“灵魂”。了解脚部特点和鞋楦之间的关系，是进行鞋类设计制作的第一步。

【学习目标】

知识目标	技能目标	素质目标
掌握脚的外部形态特征	能准确对脚进行部位划分	对接设计师岗位要求，加深对脚部结构的理解，提升造型设计水平
掌握脚的骨骼结构及主要关节	能准确指明脚部骨骼结构和主要关节部位	
掌握足弓的作用	能准确找到足弓位置，理解在鞋中足弓部位的设计	掌握知识，能灵活运用脚部生理特点，为设计鞋款做准备
掌握脚型规律	能根据脚部测量数据，对脚部结构进行分析	

【岗课赛证融合目标】

❶ 对接设计师岗位能力要求，通过对脚型特点的分析，理解脚与楦之间的关系，理解脚对鞋楦设计的影响。

❷ 对接鞋类设计技能竞赛要求，能够根据脚与楦的关系和相关专业知识，为后续准确的结构设计做准备。

任务一　脚部骨骼与关节

【任务描述】

通过对脚部关节、鞋楦功能、脚楦关系的学习，理解脚型对鞋楦设计的影响，为设计鞋楦和楦面结构设计做准备。

【课程思政】

★根据脚的外部形态和结构，学习脚在人体中的重要作用，了解脚型对鞋楦制作的重要影响——探索规律，深入钻研，设计产品应以人为本。

★分析脚型规律，理解脚型对鞋楦制作的影响，了解一双舒适鞋楦的成形过程——培养认真细致的工作态度，为满足人们对美好生活的需求，产品设计要精工细琢。

一、脚的外部形态

“量体裁衣，比脚做鞋”，为了设计出合脚舒适的鞋子，需要深入学习和掌握脚部知识。而制鞋过程也十分严谨，“衣不大寸，鞋不大分”，掌握脚型特点，对设计出高品质的鞋有着十分重要的作用。

脚，指的是人体下肢末端与地面接触的行走器官。人体左右两只脚基本对称，因为构成脚的骨骼较多，肌肉较少，脚的形态也较为稳定。脚的大拇指一侧称为内怀，小指一侧称为外怀。根据脚的外部形态，可以分为如图1-1所示几个部分。

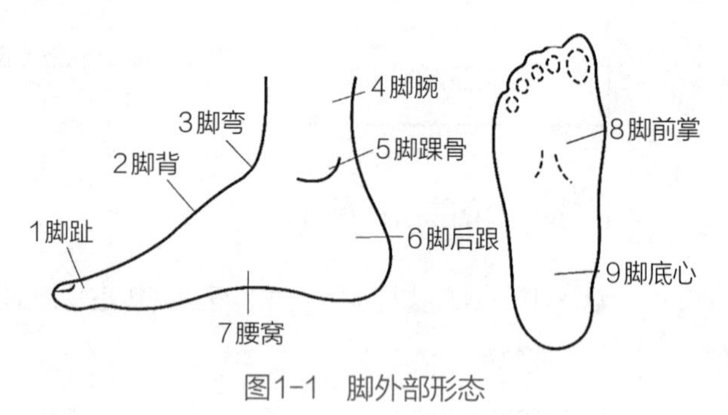

图1-1　脚外部形态

（一）脚趾

脚趾位于脚的最前端，常态下向上弯曲，由大拇指、二趾、三趾、次小趾、小趾组成。脚趾部位分布的触觉神经较多，对所穿鞋款前端的舒适性要求高，所以在选择鞋款造型时，不仅要考虑款式、搭配因素，还要考虑脚趾形状，这样可以有效避免顶脚、压脚、磨脚的情况出现。

由于种族、生活环境、生活习惯的不同，脚趾的形状也有差异。根据脚前端脚趾的形状差异，按照脚趾形状，可分为罗马型脚、方形脚、希腊型脚、埃及型脚4种类型，如图1-2所示。罗马型脚，特点为第二、三趾等长，前3个脚趾几乎平齐，在选鞋的时候需要选择鞋头稍宽的款式；方形脚，特点为前四趾等长，在选鞋时适合方形、圆形等大鞋头的款式，保证脚趾有充足的活动空间；希腊型脚，特点为第二脚趾长，在选鞋时可选择鞋头修长型的鞋款，如尖头鞋；埃及型脚，特点为大拇指长，脚趾趋势呈斜线，选鞋款式范围广，适合偏尖或者小方形的鞋款，但是如果长期穿鞋头对称的尖头鞋，大拇指内侧容易起茧。

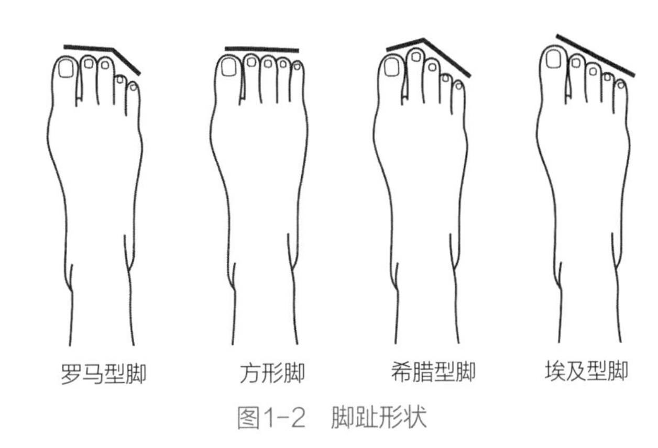

图1-2　脚趾形状

中国人埃及型脚约占60%，希腊型脚约占30%，罗马型脚占比约为9%，方形脚最少，只占1%左右。

（二）脚背

脚中部呈突起状的弓状结构部位，也称脚面或者跗面。从跖趾关节开始向后逐渐增厚，在第一跖骨后端的明显突起称作跗骨突点。设计鞋楦时要注意，避免引起压脚背情况。

（三）脚弯

位于小腿和脚背之间的拐弯位置称作脚弯。设计帮鞋的鞋脸长度就是参照脚弯特征来进行设计的，尤其是在设计靴鞋时，靴筒高度基本都在脚弯上，那么鞋楦的兜跟围一定大于脚的兜跟围，这样才能保证顺利穿脱。

（四）脚腕

小腿下端最细的位置是脚腕，它是小腿与脚的分界。脚腕的高度和围长也是靴鞋设计时的重要参考数据，设计时脚腕围长数值设计合理，便于后期绷帮，同时保证成鞋穿脱方便。

（五）脚踝骨

脚弯附近突起，有内、外踝骨之分，小腿内侧的胫骨下端是内踝骨，小腿外侧的腓骨下端是外踝骨。对内外踝骨进行对比发现，外踝骨位置靠后并靠下一点。在设计鞋楦时，要充分考虑此部分的安排，避免成鞋帮面起皱的情况，同时骨骼不能被压缩，此处鞋帮高度设计也要合理，避免摩擦。

（六）脚后跟

最后端圆滑脚的部分是脚后跟，是支撑人体重量的主要受力部位，自然站立时支撑人体二分之一的重量。脚后端凸起部位，称后跟凸度点，是测量脚长的一个标志点。根据脚后跟形状设计楦后弧线，如弧形过大，成鞋会“啃”脚；后弧过直，成鞋不跟脚。

（七）腰窝

脚长偏中间两侧的位置称作腰窝，位于内怀一侧的称作内腰窝，呈凹弧状；外怀一侧的称作外腰窝，呈明显凸起，此部位也称作第五跖骨粗隆点，结构稳定性好，样板设计时常做断帮处理，同时也是外腰窝标志点。

（八）前脚掌

跖趾关节和脚趾底面构成的部位是前脚掌，脚后跟升高使前脚掌受力增加。不同后跟高度时脚底受力分布见表1-1。

表1-1　　不同后跟高度时脚底受力分布

后跟高/mm	脚部受力/%			
	脚后跟	脚心	脚前掌	脚趾
20	53.1	2.6	37.5	6.8
30	52.1	2.6	37.1	8.2
40	47.3	2.2	41.4	9.1
50	43.5	1.2	42.8	12.5
60	40.5	0.6	45.1	13.8
70	36.5	0.6	46.7	16.2
80	34.0	0.4	49.9	15.7

（九）脚底心

脚底心在脚底中部凹陷部位，随脚后跟升高，凹度变大。设计鞋楦时可根据造型需要适当进行压缩，保证楦型流畅、自然美观。尤其在设计高跟鞋楦时，楦底心要设计适当，内底托住脚心，增加受力面积，提高舒适性。

二、脚的骨骼与关节

人体共有206块骨骼，双脚有52块，约全身骨骼数量的1/4。特有的足弓机构形成了三个负重点，由多个关节组成，提供行走过程中良好的弹性和减震性；脚部还有很多韧带，加固各个关节。另外，脚部还有很多敏感的感觉神经。

（一）脚的骨骼

人体单脚骨骼数量为26块，分为趾骨、跖骨、跗骨三大部分。

趾骨在脚的前部，共14节，拇指为2节，其余为3节。

跖骨在脚的中部，共5块，从内侧起分为第一至第五跖骨，其中第一跖骨短且强韧。第五跖骨最长，在第五跖骨末端有个明显的突起，称作第五跖骨粗隆点，是测量外腰窝的标志点。

跗骨在脚的后半部，共7块，由跟骨、距骨、骰骨、舟状骨和第一至第三楔骨组成。跗骨相当于手的腕骨，但跗骨不仅负重，而且传递弹跳力量，因而它的形状、大小、排列形式均与腕骨不同。跗骨粗大、砌合紧密，组成是骨的后半部。楔骨自内怀开始，依次称作第一楔骨、第二楔骨、第三楔骨。3块楔骨后是舟状骨，舟状骨之后是距骨。距骨和胫骨下端形成踝关节。跟骨在脚骨的最后端，也称作后跟骨，有一块明显突起，是确定后跟突点的主要依据，如图1-3所示。

记忆脚部骨骼，也可根据以下口诀：脚骨计有二十六，趾有十四跖有五， 一二三楔骰内舟，上距下跟后出头。

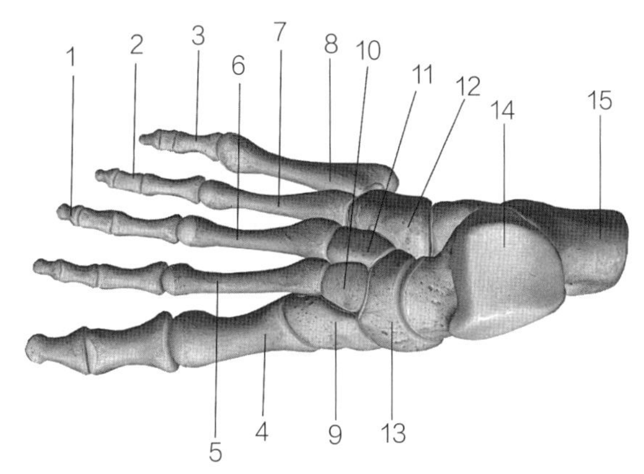

1—第一节趾骨；2—第二节趾骨；3—第三节趾骨；4—第一跖骨；5—第二跖骨；
6—第三跖骨；7—第四跖骨；8—第五跖骨；9—第一楔骨；10—第二楔骨；
11—第三楔骨；12—骰骨；13—舟状骨；14—距骨；15—跟骨。

图1-3　脚的骨骼

（二）脚的关节

关节是骨与骨之间的可动连接。脚部的主要关节有趾关节、跖趾关节、跗跖关节、跗骨关节、踝关节。

1. 趾关节

趾关节是脚趾骨相连的关节，位于脚的最前部，虽然此处在运动过程中受力较小，但灵活性很大，主要调节跖趾和脚部其他部位的相互关系，起平衡作用，对部分运动项目还具有稳定身体的作用。

2. 跖趾关节

跖趾关节是跖骨、趾骨之间的关节，属于椭圆关节，由脚跖骨和脚趾骨组成（大拇指一侧称为第一跖趾关节，小拇指一侧称为第五跖趾关节）。跖趾关节，是第一个可活动的关节，可作屈伸及轻微的收展运动，也最宽，它决定脚的肥瘦，所以设计鞋楦时，跖趾关节部位要圆滑饱满。运动时，跖趾部位受力最大，运动频次最多，合理的楦跖围设计对鞋的舒适性至关重要。

3. 跗跖关节

跗跖关节是跖骨、骰骨、楔骨之间的关节，属于平面微动关节，第一楔骨和第二跖骨间的韧带是主要稳定结构。运动时，人体是以跖骨为轴心进行有效移动的，并为前进提供推进力。

4. 跗骨关节

跗骨关节是距舟、距跟、跟骰3个关节的组合，主要负责脚部内外翻等活动。此部位肉少，骨骼多，为了鞋的舒适性，要求鞋款此部位不能压迫脚，鞋楦跗背处设计需要相当或者大于脚跗骨尺寸。跗骨关节还可以调节在不平坦路面运动时脚后端平衡。如在山野、丘陵等非平坦路面运动时，跗骨能在保持脚后端平衡的情况下调节前端活动。

5. 踝关节

踝关节是负重关节，由胫骨、腓骨下端和距骨构成，也是运动关节，在跳高、爬楼梯等动作中起着非常重要的作用。脚的踝关节可以灵活转动，向小腿方向转动范围为20°~30°，向背离小腿方向转动范围为30°~50°。踝关节和距骨小腿关节共同完成负重和行走。

（三）脚部肌肉与皮肤

1. 脚部肌肉

脚部肌肉是脚运动的主要动力，通过收缩肌肉、韧带拉动关节运动，中医认为“脚是人体的第二心脏”，因此，对脚部的研究十分重要。

脚部肌肉可以用来支持人体重量和行走，主要分为足背肌和足底肌两部分。拇指伸肌、趾短伸肌是足背肌。足底包括内侧肌群、中间肌群、外侧肌群。内侧肌群有拇展肌、拇短展肌、拇收肌等；中间肌群有趾短屈肌、趾方肌、蚓状肌、骨间肌等；外侧肌群有小趾短肌、小趾短屈肌等。

韧带附着在关节周围，增加骨骼间连接，保护关节，有关节韧带、筋膜韧带、足骨韧带等，人的脚部有100多条韧带，是全身韧带最密集的部位。在运动过程中，如果超出范围，韧带会延伸断裂，所以对于脚部未发育好的青少年来说，穿上不合适的鞋子容易造成平足、踇外翻、指甲内陷等问题。

2. 脚部皮肤

皮肤是人体组织的保护层，起调节体温、防止细菌侵蚀的作用。温度过高时，脚通过排汗将多余的热量散发，维持适当温度。脚感最适温度范围是28～33℃，当脚部温度下降到10～15℃时，就容易出现脚部冻伤。在脚部，前脚掌、脚背处温度最低，所以在外部温度较低时，要及时更换鞋子。

脚部距离心脏较远，血液循环相对减缓，容易产生水肿，脚部下午比上午要肿胀5%～10%。根据这一规律，消费者在购买鞋的时候，为了保证穿着舒适，建议在下午进行购买。

（四）足弓

足弓也称脚弓，位于脚的腰窝部位。它的主要任务是减轻人体运动过程中产生的震动对身体的伤害，起到减震作用。足弓是脚部骨骼相互连接形成的弓状结构，根据足弓方向不同，分为纵弓和横弓。纵弓可分为外纵弓和内纵弓，横弓可分为前横弓和后横弓。足弓的作用是在人运动过程中帮助脚的行走活动并支撑人体重量。正常足弓在负重后相应形变，在运动时可以吸收震荡，保护脚及以上关节，防止内脏损伤。没有足弓的脚是扁平足（也称平足），扁平足在长时间行走过程中易产生累和疼痛感。

内纵弓（图1-4）由跟骨、距骨、舟状骨、楔骨和第一至第三跖骨组成，有吸收震荡和移动脚前进的作用。在脚部的4条足弓中，纵弓弯度最大。

外纵弓（图1-5）由跟骨、骰骨、第四和第五跖骨组成，弓身较内纵弓低，形状不明显且短，可动性小，起到分散力的作用。

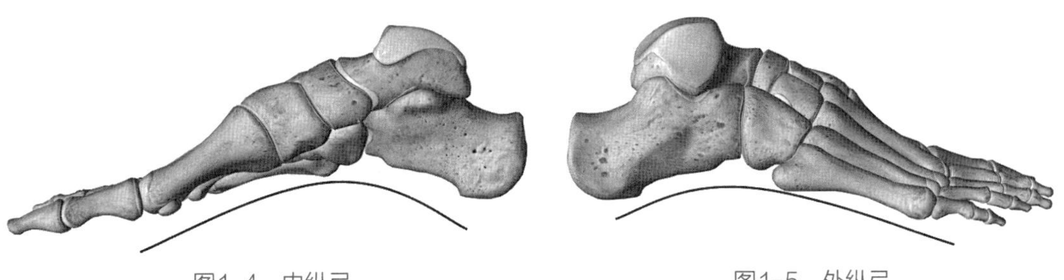

图1-4　内纵弓　　　　图1-5　外纵弓

前横弓由跖趾关节组成，后横弓由3块楔骨和骰骨组成，如图1-6所示。前横弓在前脚掌着地受力时消失，抬脚时出现。在4条足弓中，前横弓变形最大，位置横跨5根跖骨前端，有韧带连接，有效防止足弓在极限压力下过分扩展。在行走过程中，人体重心随着脚着地部位的移动而移动，当重量集中在跖趾关节部位时，前横弓会扁平。因此，在设计鞋楦时，前掌要具有一定的凸度，不能全平，给前横弓变形留有一定空间。

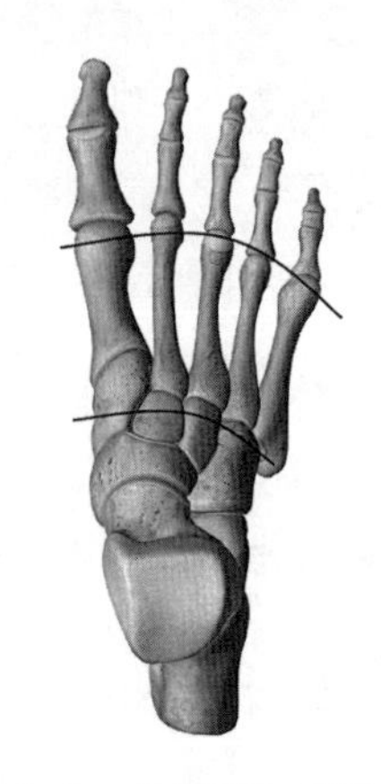

图1-6　前横弓和后横弓

三、常见脚病分析

脚部是人体的重要组成部分，承担着站立、行走等重要任务，如果出现不适，需要及时诊断。脚病指的是生理结构基本健全，只有个别部位出现变形和机能失调。常见足部脚病有扁平足、高弓足、踇外翻、内外翻、脚趾畸形、鸡眼、糖尿病足等。脚病的形成有先天性和后天性两种。先天性是指由于遗传或婴儿在母体内因内在和外在的原因造成的脚病。后天性是指由于工伤或穿用不合脚的鞋造成的脚病。脚病出现比例较大，约占人群数量的15%。足弓及脚印对比见表1-2。

表 1-2　足弓及脚印对比

脚类型	正常足弓	高弓足	扁平足
侧剖图			
脚印图			

（一）扁平足

扁平足是指足纵弓中度或完全丧失降低、塌陷导致的病症，足弓高度在10mm以下，又可称为平足症、平底足，流行病学研究发现该病有明显的遗传倾向。在日常站立、行走时，足弓塌陷，因此，肉眼看脚底整个着地，脚底变平，因此被称为扁平足。因为缺少足弓的有力缓冲，常会出现足底内侧疼痛，如长时间走路或跑步，足底压力变大、膝盖内侧张力增加，膝盖内侧韧带疼痛，甚至形成X型腿，进而影响髋关节。按照扁平足的程度可分为3个级别：1为轻型，足纵弓降低；2为中型，足纵弓完全消失，但骨骼位置没有发生错位；3为重型，足纵弓消失，并足距骨内侧缘凸起移位至足跖侧的前下方。根据不同程度，可选择踝关节稳定训练、调整步态、使用矫形支具（脚型足弓垫）等进行矫正。

（二）高弓足

高弓足即纵弓特别高，其跗骨突点较一般脚高3～5mm，多为先天性，足弓高度在15mm以上。站立时，正常足弓可以把体重等压力均匀分布在整个足部。而高弓足会让压力过多地集中在脚跟和前脚掌，从而导致这两个部位承受过多的压力，引起疼痛等不适。脚跟和脚掌承受的压力大，受到的摩擦也大，因此在脚跟和脚掌处容易长厚茧。同时为维持稳定，脚趾头需要向下用力抓住地面，长期如此会导致脚趾弯曲呈爪状。

因为足弓不能很好提供减震作用，所以选择不能选择鞋底太硬的鞋子，必要时可使用矫正鞋垫。

（三）踇外翻

踇外翻，在医学上也被称为拇囊畸形，产生形变的位置是第一跖骨内翻与大拇指外翻，两者形成的夹角称为外翻角（图1-7）。正常情况下外翻角小于15°；外翻角小于30°是轻度踇外翻；外翻角30°～40°是中度踇外翻；外翻角大于40°是重度踇外翻。中度踇外翻，大拇指出现半脱位，并且会对其他脚趾向外挤压。重度踇外翻，大拇指出现明显半脱位，严重挤压其他4指，伴随着脚部畸形和疼痛。

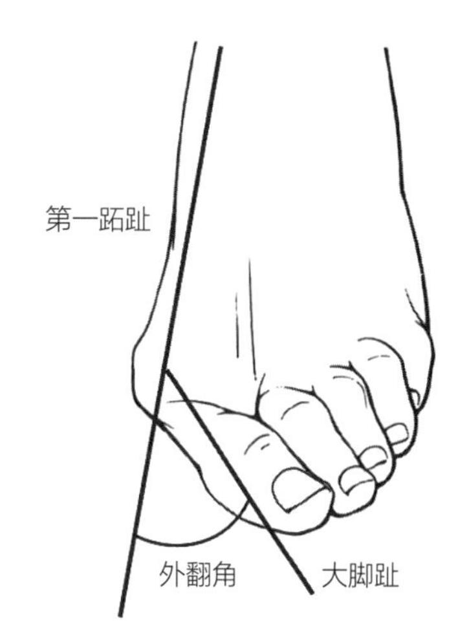

图1-7　外翻角示意图

遗传是踇外翻出现的重要影响因素，据调查50%～90%的患者有家族遗传史。穿尖头鞋或高跟尖头鞋也会造成或加重踇外翻。踇外翻影响穿鞋美观，造成行走时脚部疼痛，严重时形成拇囊炎，影响步态。踇外翻常见矫正方法有锻炼足部肌肉、局部矫正器治疗、矫正鞋矫正、手术治疗等。为了避免踇外翻的出现，可选择鞋头较宽的鞋或低跟鞋。

（四）外翻足

在正常站立情况下，后视图角度，脚部的距骨与跟骨处于垂直于地面的同一直线上，是正常足。若出现距骨相对于跟骨向内偏歪，称为外翻足，在临床上，也被称为足旋前（图1-8）。外翻足常见产生原因有遗传、足部骨骼结构组织异常，也跟脚部关节的支撑韧带功能受损、帮助支持足弓的内在肌肉无力、距下关节活动过度、足部的不当使用等因素有关。

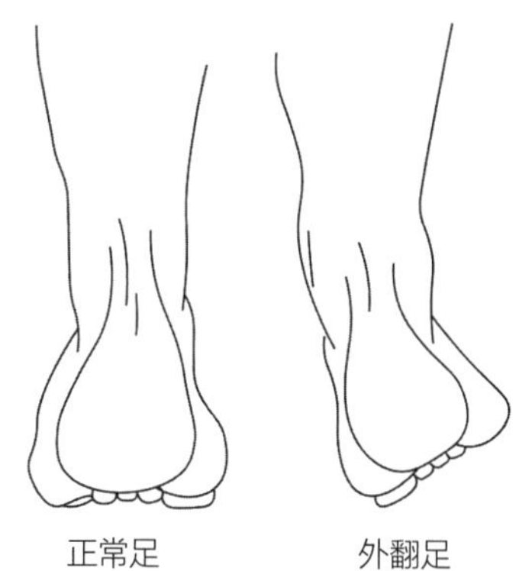

图1-8　正常足与外翻足

（五）内翻足

出现距骨相对于跟骨向外偏歪，称为足内翻（图1-9），在临床上，也称足旋后。内翻足常见原因除了遗传，足部骨骼结构组织异常之外，还跟足部关节的支撑韧带功能过强、帮助支持足弓的内在肌肉过于发达、距下关节活动度不足、足部的不当使用因素有关。

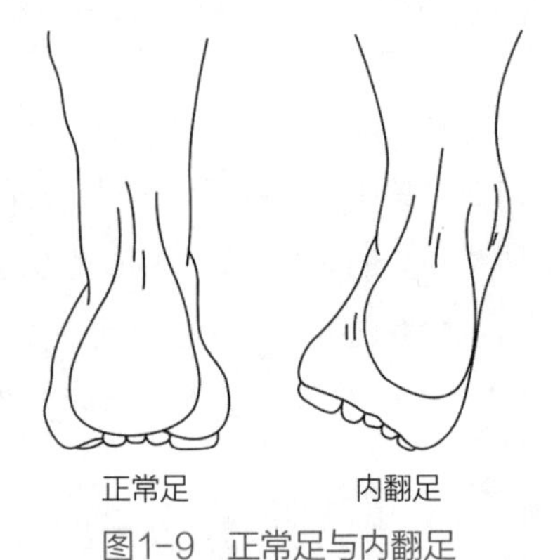

图1-9　正常足与内翻足

对于脚部内外翻的情况，在日常穿鞋重，选择后踵部分有支撑结构的鞋子，缓解内外翻情况，也要进行加强足弓支撑的运动进行矫正，如背屈、跖屈练习等。

（六）足趾畸形

足趾畸形是指由于肌肉、肌腱和韧带的失衡导致的脚趾经常弓起、不能伸直或脚趾重叠的脚部疾病，主要有锤状趾、槌状趾、爪形趾。锤状趾、槌状趾和爪形趾是第二至第四趾常见畸形，造成原因多为穿着过紧或过小的尖头鞋和高跟鞋、邻趾畸形的挤压如踇外翻挤压第二趾。足趾畸形在穿鞋时因为脚趾弓起，比较容易磨出茧子。

①锤状趾：锤状趾指跖趾关节中立位或背伸，近趾间关节屈曲，远趾间关节中立位或背伸，如图1-10所示。

②槌状趾：槌状趾是远端趾间关节发生弯曲，通常脚趾最前端容易磨出老茧，如图1-11所示。

③爪状趾：爪状趾是近节和远节趾骨均发生弯曲，脚趾像动物的爪子一样，如图1-12所示。

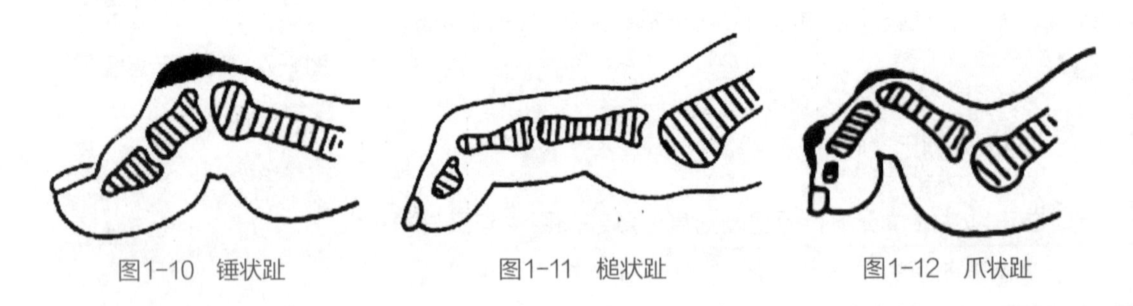
图1-10　锤状趾　　图1-11　槌状趾　　图1-12　爪状趾

（七）八字脚

八字脚指在走和跑时脚尖是向内或向外的。根据向内或向外的脚部状态分为内八字脚和外八字脚。内八字脚走路时足尖相对，脚跟朝外；外八字脚走路时足尖朝外，足底朝内。根据八字张开的角度，八字脚又分为轻度、中度和重度。

1. 内八字脚

走路时脚尖相对于脚跟向内偏转，两脚尖距离小于两脚跟的距离，呈现出明显的“八”字，医学上称为过度旋内或外翻足。内八字脚主要受遗传因素、脚关节力量不足、穿着过平或减震差的鞋子影响。内八字脚的主要危害有X型腿或快步走时易绊倒。纠正内八字的主要途径有强化腿部肌肉、选择专业的矫形器具等。

2. 外八字脚

走路外八字是常见畸形步态，影响体型与走路姿态。通常用足偏角（图1-13）判定外八字程度，前脚掌内、外侧缘与纵轴形成的夹角不超过5°，为轻度，5°以上是中度，10°以上是重度。外八字脚，脚尖朝外，在行走过程中，重心会偏向内纵弓，严重时导致内纵弓塌陷。同时导致膝关节外侧压力增大，加重半月板压力。外八字步态破坏了原本的行走力线，削弱了足弓的减震作用。外八字脚是较为常见的脚部问题，在不影响正常走路情况下可多进行走直线练习；如对日常生活造成影响，可进行专业训练纠正或穿着矫形器具。

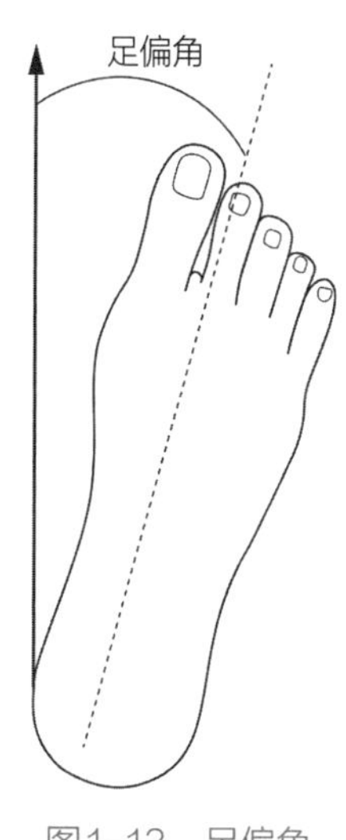

图1-13 足偏角

（八）鸡眼

鸡眼是脚部掌面或脚趾外凸部位，受到压力和摩擦力形成的一小块硬化皮肤，严重者会疼痛。鸡眼分两种：一种长在脚底，和神经血管有关；另一种长在指间容易流汗潮湿的地方。鸡眼通常是慢性的，根治的方法是外科手术切除。脚趾长期处于挤压靠拢、空气难流通、脚部细菌寄生等环境中，较易产生鸡眼并出现皮肤发炎、脱皮、瘙痒等症状。在日常生活中，要少穿尖头不透气的鞋款，注意足部卫生。

（九）糖尿病足

糖尿病患者如果长期血糖控制不佳，极有可能引发心、脑、眼、肾、足等并发症，其中糖尿病足病是严重的并发症之一，轻则溃疡和感染，严重的甚至要截趾、截肢。《中国2型糖尿病防治指南（2020版）》中提到，我国现有超过1亿的糖尿病患者，而其中大概有8.1%的患者罹患糖尿病足。糖尿病足病是指初诊糖尿病或已有糖尿病病史的患者，足部出现感染、溃疡或组织的破坏，通常伴有下肢神经病变和（或）周围动脉病变。

对于糖尿病足病来说，除了注重日常观测、服药、锻炼之外，还需要穿着合适或专业的鞋、鞋垫，降低脚部皮肤破损、感染的情况。此类鞋需要个性化定制，用于脚部丧失了保护性感觉、具有足部损伤或损伤危害的人群，也称为糖尿病足保护性矫形鞋。

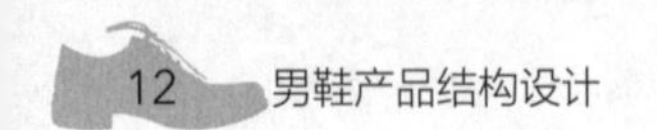

（十）足跟痛

足跟痛也是常发病，特点是足跟一侧或者两侧疼痛，行走或长时间站立时尤为明显，与关节、骨骼、滑囊等处的病变有关，常见症状有跖筋膜炎、跟骨骨刺。可选择合适足跟垫，可有效缓解该区域出现的疼痛。

四、脚型规律

为了设计出合脚舒适的鞋，要对不同人群的脚型规律进行统计和分析。

我国在1965年对全国20余省市不同行业、不同年龄的人群脚部情况进行了普查和测量。从大量数据中找出中国人的脚型特点，发现虽然人脚的外部形态不尽相同，但是它们之间的规律却基本相同，这种规律称为脚型规律。脚型规律是通过对大量脚型测量数据资料进行分析、统计、计算所得出的脚型各部位规律。分析结构显示，脚型尺寸的分布及个别尺寸特征间的相互比例关系服从一定的规律，其中最重要的规律是正态分布规律。这说明，只要生产一定数量形状、尺寸规格的鞋，数量约占脚型正态分布规律的85%，就能满足我国大多数人群的消费需求。

随着人们生活水平和生活习惯的变化，有关机构在2001年又组织进行了脚型测量，对中国人脚型特点的变化进行分析后，再次修订脚型规律，现行鞋楦标准为《中国鞋楦标准》（GB/T 3293—2017）。与1965年测量数据相比，我国人群脚型的平均长度和围度有所减小，脚的宽度和高度除跗骨高度外也均有减小。掌握这些规律，可以让我们更好地完成鞋楦设计、结构设计、安排工艺，制作出舒适合脚的鞋产品。

为了更好地服务消费者，做出更舒适的鞋款，国内许多企业也在进行脚型测量活动，如百丽国际控股有限公司、中国奥康鞋业有限公司、红蜻蜓鞋业股份公司等一直坚持进行脚型测量，掌握不同地区人群脚型的动态变化。

（一）脚型测量方法

在站立状态下进行赤脚测量。传统测量方式为踩脚印测量，数据准确度受人为因素影响大。随着科技的发展，各大制鞋企业也开始使用脚部三维扫描进行测量，速度快、数据更为准确，如图1-14所示。

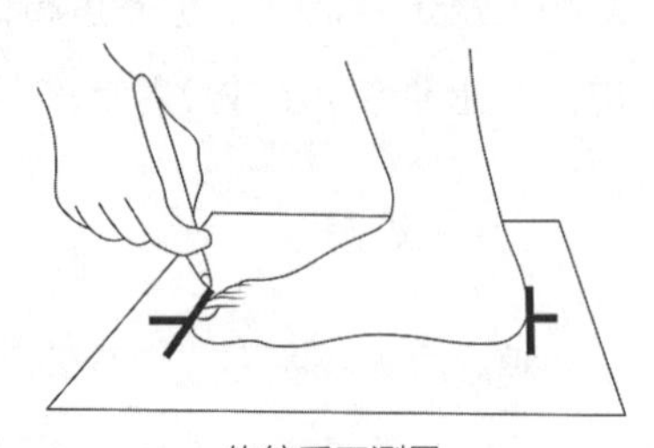

传统手工测量

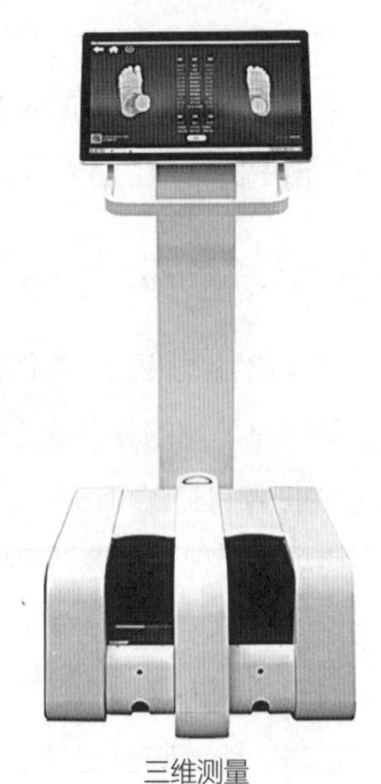

三维测量

图1-14 脚型测量

常测数据有脚各主要部位的围长、宽度、脚长、高度等，作为设计鞋楦和研究脚型规律的重要部分，对这些部位的了解，对设计出舒适的鞋款起着非常重要的作用。

使用卷尺、量高仪等工具测量自然状态下的脚部数据，包括脚的围长、高度等数据。

（二）脚型测量

脚型测量内容如图1-15所示。

①跖趾围长：围绕第一跖趾关节点和第五跖趾关节点测得的围长。跖趾部位在脚部最宽，代表着脚的肥瘦。手工测量时要求工具紧贴脚部皮肤，不能过松或过紧。

②跗骨围长：围绕脚背最高处和足弓最凹处测量得到的围长。根据脚型原理和大数据反馈，常规脚型，如成年女子中间码（脚长230mm）的跗骨围长是在跖趾关节处向后51mm处测得，成年男子中间码（脚长250mm）的跗骨围长是在跖趾关节向后58mm处测得。跗围对鞋楦和结构设计非常重要，跗围偏小，穿鞋时脚背受压；跗围过大，鞋不跟脚，脚向前冲。

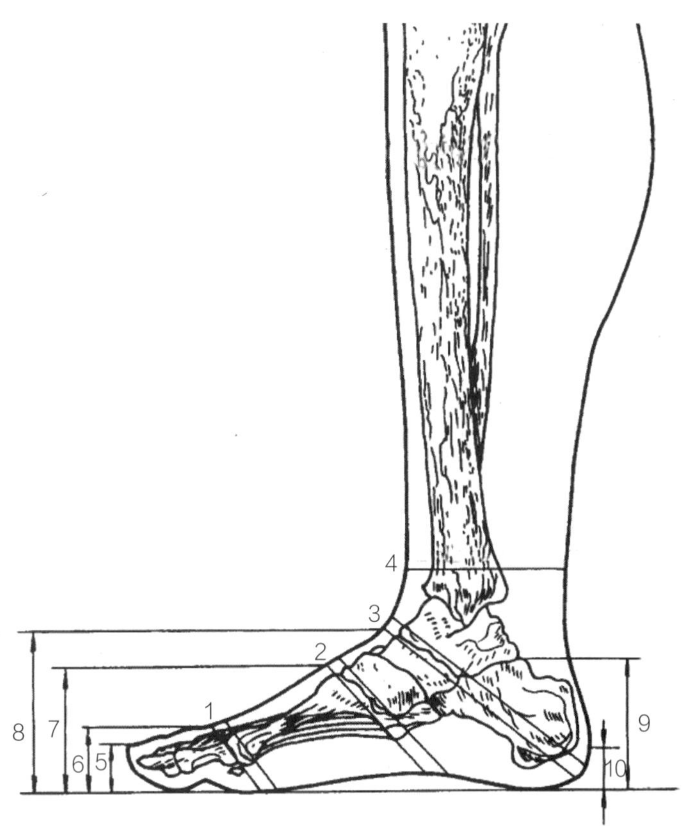

1—跖趾围长；2—跗骨围长；3—兜跟围；4—脚腕围长；
5—拇指高度；6—第一跖趾关节高度；7—跗骨突点高度；
8—舟上弯点高度；9—外踝骨高度；10—后跟突点高度。

图1-15　脚型测量

③兜跟围：围绕后跟最突点，经舟上弯点进行测量得到的围长，是设计高腰鞋必不可少的尺寸。兜跟围小，鞋穿不进去；兜跟围大，不仅浪费材料，鞋也会不跟脚。

④脚腕围长：围绕脚腕最细处测得的围长，主要用于高腰鞋和靴鞋的设计。

⑤拇指高度：测量拇指前端的厚度，该高度是设计鞋楦头厚的主要依据。

⑥第一跖趾关节高度：量自第一跖趾关节最高点到脚底的直线距离，该高度是设计鞋楦跖趾高度的主要依据。

⑦跗骨突点高度：跗骨突点到脚底的直线距离，是决定鞋楦跗面高低的主要尺寸。

⑧舟上弯点高度：舟上弯点到脚底的直线距离，该高度是设计前帮长度的主要依据。

⑨外踝骨高度：外踝骨高度是设计鞋靴外踝帮高的主要依据，分为外踝骨中心高度和外踝骨下缘点高度。其中外踝骨中心高度是从外踝骨中心（33% 脚长处）向脚底进行测量的直线长度，外踝骨下缘点高度是从外踝骨下缘（33% 脚长处）向脚底进行测量的直线长度。

⑩后跟突点高度：测量后跟突点到脚底的直线距离，该高度是设计鞋楦后跟突点的主要依据。

成年男性（250 号脚）脚型测量尺寸见表 1-3。

表 1-3　　成年男性（250 号脚）脚型测量尺寸

测量部位	高度系数/%	测量尺寸/mm
拇指高度	8.54	21.35
第一跖趾关节高度	14.61	36.53
跗骨突点高度	23.44	58.60
舟上弯点高度	32.61	81.53
外踝骨高度	20.14	50.35
后跟突点高度	8.68	21.70

（三）脚底部数据测量

脚印图是记录脚底形态和轮廓的图形。使用脚印图可以记录脚底形态和各部位特征，并使用直尺、量脚器进行数据测量，这部分长度包括脚长和脚宽。在制取脚印图时，需要将主要特征部位标出，以便进行后续数据分析，如图 1-16 所示。

（四）脚印图分析

对测量的脚印图需要进行分析，包括脚中轴线、分踵线、脚宽、脚长、踵心线等，如图 1-17 所示。

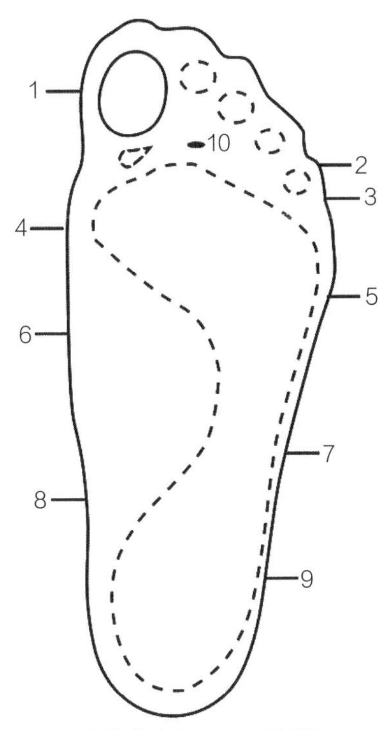

1—拇指外突点；2—小趾端点；
3—小趾外突点；4—第一跖趾关节点；
5—第五跖趾关节点；6—前跗骨突点；
7—第五跖骨粗隆点；8—舟山弯点；
9—外踝骨中心下缘点；10—第二趾根叉点。

图1-16　脚印图

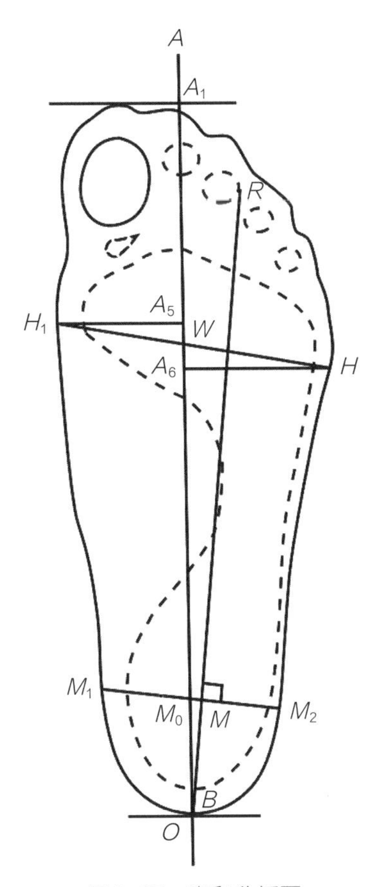

图1-17　脚印分析图

1. 中轴线

直立并脚状态下的人体重量由脚部的负重线决定。一般情况下，受力线向下落在第二跖骨中间。在脚印图中，以第二跖趾中间点为A点，后跟端点为O点，连接直线AO，在O点作AO垂线。以脚趾最长端点为标准作AO的垂线相交于A_1点，在脚印图上制作出坐标图，其中OA是脚的中轴线。

2. 分踵线

以平分脚后跟为依据，前端在三趾印外缘定前端点R点，后端在轴线相交于后跟脚印和轮廓边距一半处定后端点B，连接R、B点，RB即为分踵线。

3. 脚长

脚前后最突出点的直线距离即脚长（OA_1）。

4. 脚宽

脚宽包括基本宽度和斜宽。基本宽度指第一跖趾里宽和第五跖趾外宽之和，能真实反映脚的宽度。第一跖趾里宽指的是通过拇指外突点H_1向中轴线作垂线，相交于A_5点，H_1A_5的长度即为第一跖趾里宽。第五跖趾外宽指的是第五跖趾关节点H向中轴线作垂线，相交于A_6点，HA_6的长度即为第五跖趾外宽。踵心部位与分踵线的垂直宽度称为踵心全宽M_1M_2。

脚斜宽是内怀最宽位置和外怀最宽位置的连线，绘制方法为连接H和H_1点，是脚前掌轮廓宽度线，一般较脚的实际宽度大1～2mm。HH_1连线与中轴线的交点为前掌突度点，也称为“着地点”，用W表示。

5. 踵心线

脚后跟受力中心位置（从O点沿中轴线向前量取脚长18%）得到M_0点，过M_0点作分踵线垂线，交分踵线为踵心突度点，即M点，交内怀轮廓线于M_1点，交外怀轮廓线于M_2点，连接M_1、M_2点，M_1M_2即为踵心线。分踵线RB与M_1M_2相交于M点，勾心设计必须过M点，也是设计底型、跟型的重要参考点。

（五）影响脚型规律的因素

1. 性别与年龄对脚型的影响

年龄18～20岁人的脚称为成人脚型。对于成人脚型来说，男女差异很大，一般与体型、身高有关系，在相同条件下，同龄男性比女性脚长一些和宽一些。

2. 生活环境对脚型的影响

生活环境指的是生活所处的地理位置、气候、城镇、乡村等自然条件，生活环境不同，脚部的发展也有一定的差异。如全国成年农民的平均脚长大于城乡居民平均脚长，其中脚长多2mm左右，跖围大8mm左右；北方男性农民脚长256mm，南方男性农民脚长249mm；北方人脚跖围大于南方人脚跖围，大了约半个型（3.5mm）。

气候温度的变化也会带来脚部尺寸的热胀冷缩，脚长与围长一般在3～5mm变化。运动后的脚型比运动前要大1～2mm。男性双脚在行走后的跖围尺寸比悬空状态下大13.5mm；傍晚的脚比早晨的脚大2～4mm。人体运动时，脚的各部位也会发生变化。运动时脚长一般增加8～12mm，最大可达到25.5mm，脚内侧弓增加长度可达7mm，脚前部的长度增加可达20.5mm。拇偏角可以增加11.5°，脚的横断面周长可以增加15mm，脚内纵弓对投影面抬起高度可增加9.5mm。

3. 职业对脚型的影响

因为不同职业承担的劳动强度有差异，脚长也会有所不同，其中对跖围的影响最大。最大跖围与最小跖围差异可达10mm左右，劳动强度越大，跖围越大。职业不同，对脚长差异的影响较小，而对脚围的差异影响大。男、女均以运动员的脚最长。

（六）常见脚型规律

脚型规律指的是不同地区、不同职业、不同性别和不同年龄人的脚型所具有的共同特点和变化规律。

1. 脚长与脚长向各特征部位关系

脚长与脚长向各部位特征，因为方向一致，相关系数大，具有以下关系：

脚的长度部位系数＝脚长向各特征部位长度/脚长×100%

2. 跖围与跖围向各特征部位关系

脚跖围与脚跖围向各特征部位，因为方向一致，相关系数大，具有以下关系：

围度系数＝脚围向各特征部位围度/跖趾围长×100%

3. 跖围与脚宽（基本宽度）的关系

基本宽度＝第一跖趾里段宽＋第五跖趾外段宽

脚跖围与脚宽处于同一方向上，相关系数大，具有以下关系：

基本宽度系数＝基本宽度/跖趾围长×100%

4. 脚宽与脚宽的关系

脚宽与脚宽向各特征部位处于同一方向上，相关系数大，具有以下关系：

宽度系数＝各特征部位宽度/基本宽度×100%

5. 脚长与跖围的关系

脚长与跖围不在同一方向上，相关系数小，相互关系不能用比例式表示，通过对脚型规律的分析和统计，发现跖围与脚长的关系，可以用回归方程表示。

即：跖围＝回归系数×脚长＋常数

可表示为：$y=bx+a$

式中 y——跖围；

x——脚长；

b——回归系数；

a——常数。

通过对脚型的分析和统计，可得出：

全国城市成年男子，$y=0.636x+87.54$

全国农村成年男子，$y=0.685x+82.23$

分析得出，脚越长，跖围越大，成年人脚长每变化10mm，跖围变化为6.17~6.86mm，约为7mm，这是确定脚型尺寸的主要依据之一。因此，全国成年男性跖围=0.7脚长+常数。

根据国内1965年和2001年两次脚型测量的结果，进行大量数据统计后，全国成年男性脚型关键部位规律见表1-4。

表1-4 全国成年男性脚型关键部位规律 单位：mm

项目	规律	测量尺寸
脚型长度	100%脚长	250.0
拇指外突点	90%脚长	225.0
小趾外突点	78%脚长	195.0
第一跖趾关节	72.5%脚长	181.3
第五跖趾关节	63.5%脚长	158.8
腰窝部位	41%脚长	102.5
踵心部位	18%脚长	45.0
跖趾围长	100%跖围	246.5
前跗骨围长	100%跖围	246.5
兜跟围长	131%跖围	322.9
基本宽度	40.3%跖围	99.3
腰窝外段宽	46.7%基宽	46.4
踵心全宽	67.7%基宽	67.2

注：数据来源《中国人群脚型规律研究报告》，2004。

【岗课赛证技术要点】

岗位要求：

熟悉脚型知识，理解脚型规律在帮样设计中的作用，为设计出舒适美观的鞋品做好知识积累。

竞赛赛点：

能根据脚部的结构特征和脚型规律，准确确定脚部的各部分特点，为后续选择鞋楦做好准备。

证书考点：

掌握脚型特征，理解鞋款结构设计定位准确原理。

任务二　鞋楦功能与分类

【任务描述】

学习鞋楦的分类、作用，为后期根据鞋款设计和制作工艺选择鞋楦做好知识储备。

【课程思政】

★了解鞋楦的发展，感受制作鞋楦的严谨——培养精益求精的作风。

★学习鞋楦分类和不同类型鞋楦适用的鞋款，为选择合适的鞋楦做准备——提高审美情趣，学习工匠精神。

随着制鞋工艺的发展，现代皮鞋楦最早出现在英国工业革命晚期。世界上第一只机械鞋楦诞生于1812年美国的一个兵工厂，刻楦机的诞生让繁重的手工制楦变得快速又标准。但是规范的鞋楦设计方法最早出现在英国，并随着殖民扩张传到世界各地，如南欧、中欧、北欧等，并形成了各自的设计特点。如南欧以意大利、西班牙为代表，设计的鞋楦偏瘦，造型时尚；中欧以法国、德国等为代表，鞋楦造型前卫中带有理性，严谨大气，阿迪达斯、彪马、国家制鞋研究所就起源于德国；北欧以荷兰、丹麦等代表，因为天气原因，鞋楦略偏肥，显得厚重，代表企业有ECCO（爱步）；其他地区的鞋楦设计方法也以欧洲为原本进行演化。

我国是世界上较早应用鞋楦做鞋的国家之一，比如1961年在新疆出土的唐代木制鞋楦，造型十分精美，但左右脚几乎没有区别。我国第一双现代鞋楦，一般认为产生在鸦片战争前后。1842年香港开埠后，英国制鞋技术传入香港，香港传到广州，诞生了不少百年鞋楦老店。此时，俄罗斯的制鞋技术也传入我国东北地区。我国的上海、天津、厦门、福州等地的鞋楦制造较为繁盛。中华人民共和国成立后，又借鉴苏联、捷克的先进设计方法，继续提升制楦技术，形成广东、温州、晋江、成都四大制鞋区域。

一、鞋楦的功能

鞋楦是根据脚的特点进行设计和制作的，同时鞋楦也是辅助鞋款设计、加工成型的模具，鞋楦是鞋的灵魂。鞋楦的选择要依据流行时尚、款式特点、成鞋用途等。鞋楦的作用有如下几点。

（一）便于鞋样设计

与脚表面不规则状态相比，鞋楦表面光滑，便于在楦面上进行立体设计，即鞋结构设计，如贴楦、画款、样板制作等。

（二）便于生产加工

鞋楦由坚硬材料制成，便于制鞋加工阶段（如绷帮过程中鞋帮套）的定型，为皮革从平面状态变成鞋造型提供良好的支撑。鞋楦的外观形状是成规则性和持续性的线条，如绷帮子口线等，便于成型工艺中鞋帮、鞋底的准确黏合。

（三）具有时尚属性

鞋楦基于鞋面款式和花样的变化，会产生和形成流行楦型，如复古风格的小方头鞋楦、时尚的女士尖头鞋楦等。

（四）提升鞋款舒适性

鞋楦根据脚型规律制作，制楦过程中充分考虑脚部外形特点、行走特点、运动力学等，为鞋的设计与制作提供标准化支撑，使制作出来的鞋穿着更舒适。

二、鞋楦的分类

（一）按鞋楦材质分类

1. 木楦

木楦是使用木头制作的鞋楦，常用木头有桦木、槭木、榉木、枫木等。虽然具有重量轻、纹路美观、表面光滑等优点，但因为存在易吸收湿气与水分、遇温度变化易变形、不耐高压、成本高等缺点，现在很少使用，一般作为样品楦、展示楦、木楦。

2. 金属楦

金属楦主要以铝楦为主，有些地方也用精密铸钢。铝楦具有不吸湿气、不易变形、制造时间短、可回收再利用的优点，具有重量较重、碰撞声音大、制造技术复杂等缺点。在制鞋领域中，成鞋加工过程中需要使用加热、加压成型的鞋款使用金属楦，如模压鞋、硫化鞋、注塑鞋等。

3. 塑料楦

现在的鞋楦大部分都是塑料材质，一般采用高、低压合成聚乙烯树脂为原料。塑料楦有尺寸稳定、不受气候和温湿度变化影响，且含钉能力好、生产周期短、可回收利用、易脱楦等优点，也有重量较重、价格贵、不耐高温等缺点。随着制鞋技术的发展，制鞋行业转型升级，智能制造成为趋势，在加工过程中，人工被机器手代替，使用的鞋楦多为具有机器手夹持位的塑料鞋楦。

（二）按鞋楦结构分类

1. 整楦

整体楦是一种具有完整体形的鞋楦，常用于凉鞋、女浅口鞋等鞋脸长度较短或开口较大鞋的生产中，避免在脱楦过程中损坏鞋口造型，如图1-18所示。

图1-18　整楦

2. 两截楦

在楦身后端或腰窝后端分开的鞋楦，两部分对应位置有孔，可以使用楦绳和楦栓连接，具有易于成型、易脱楦、防止坏口的优点，也具有组合好后稳定性不强、易错位、跷位改变等缺点，如图1-19所示。

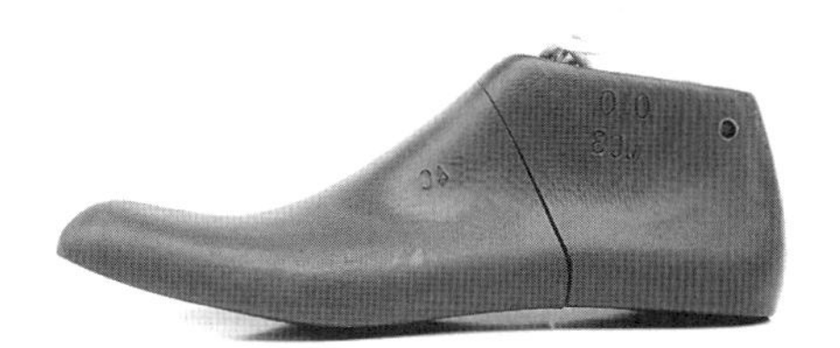

图1-19　两截楦

3. V形楦

V形楦也称可折式鞋楦或弹簧楦。在脱楦时可以把楦前段向下压，鞋楦长度缩短，便于脱楦，具有易成型、易脱楦的优点和价格昂贵、脱楦后需组合的缺点，适用于浅口鞋、马靴，如图1-20所示。

图1-20　V形楦

4. 开盖楦

鞋楦背部有活动式分离盖片，主要用于短筒靴、中筒靴、长筒靴等鞋口线较高的靴鞋，具有成本低、易脱楦的优点和盖与楦需要组合及量产时盖、楦易混合的缺点，如图1-21所示。

图1-21　开盖楦

（三）按鞋楦头型分类

鞋楦后身造型随流行趋势变化很小。对于鞋楦来说，楦体的尺寸差别主要集中在鞋楦前头部位，一般位置为第一跖趾向前部位，也就是头型变化。皮鞋造型的千变万化和楦头型的变化密不可分，头型是确定鞋款式的关键因素，是皮鞋造型设计的表现重点。

鞋楦的头型线条按照形状分类，有圆头、尖头、方头、偏头等。

圆头型是鞋楦的基本型，楦体表面多为曲线，头型圆顺流畅。圆头楦线条体现出流畅、柔美、温婉、圆润、细腻的特点。为了丰富鞋楦的形体变化，结合流行趋势，圆头楦可变化为小圆头、中圆头、大圆头等。

方头楦头型线条多以直线为主，方头楦线条体现出清新、稳重、庄重、大方的特点。为了丰富鞋楦形体变化，结合流行趋势，方头楦可变化为小方头、中方头、大方头等。

尖头楦也属于直线楦型，头部造型类似三角形，尖头楦线条体现出俊秀、轻盈、流畅、秀丽的特点。为了丰富鞋楦形体变化，结合流行趋势，尖头楦可变化为小尖头、中尖头、大尖头等。

偏头楦楦头左右形状不对称，可融合曲线和直线等线条，表现出靓丽、个性等特点，可根据设计师的设计初衷，进行单独设计。

设计鞋楦头型时，除了进行线条设计外，还要考虑以下几点。

1. 考虑脚型差异

每个人的脚趾形状存在差别，在设计鞋楦时，要考虑这一特点，让设计出的鞋楦更符合人体特点，保证成鞋的舒适性。如方形脚更适合鞋头造型宽一点的鞋楦，埃及型脚更适合鞋头造型窄一点的鞋楦。鞋楦头型的设计，也不能只考虑造型，还要考虑给脚趾留有充分的活动空间，防止拇指外翻、脚趾重叠等疾病的发生。

如罗马型脚适合大圆头，埃及型脚适合小圆头，方形脚适合方圆头等。如老年人鞋楦应突出舒适、保健性，鞋楦头型不宜太小、太窄。年轻人鞋楦应首先考虑流行性，但不能放弃舒适性要求。儿童鞋楦应便于儿童脚型生长、发育，鞋楦头型宜宽不宜窄，大圆头、方圆头是儿童鞋常见楦头造型。

2. 考虑穿着环境

头部造型是鞋款表现的重点，设计要与穿着对象、穿着环境紧密结合，充分考虑环境、季节、性别、年龄等因素。老年人追求稳重大方，上班族追求简洁干练，小朋友追求可爱俏皮，这些因素都要在头型设计中表现出来。

3. 考虑流行趋势

鞋楦头型设计要紧跟流行趋势。鞋楦头型变化具有很强的流行性，受消费者审美、服饰变化、社会等因素的影响，其中受服饰变化影响最大。如近几年的复古风潮，具有芭蕾舞鞋风格的方头型鞋楦较为流行，见表1-5。

表1-5　鞋楦头型及头型变化

鞋头	楦头型	变化
圆头	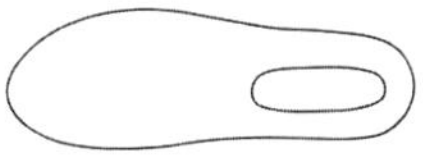	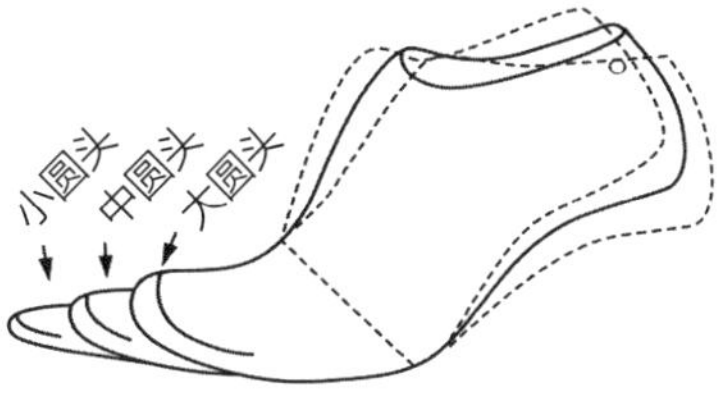 小圆头　中圆头　大圆头
方头	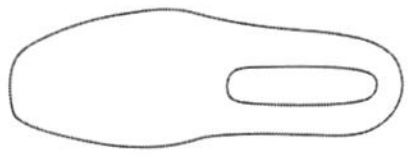	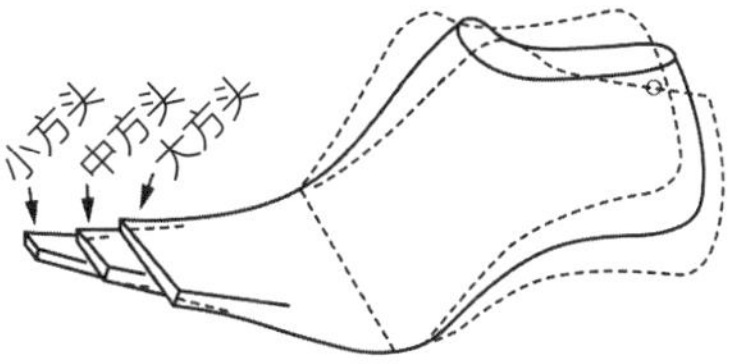 小方头　中方头　大方头
尖头	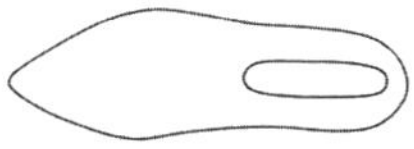	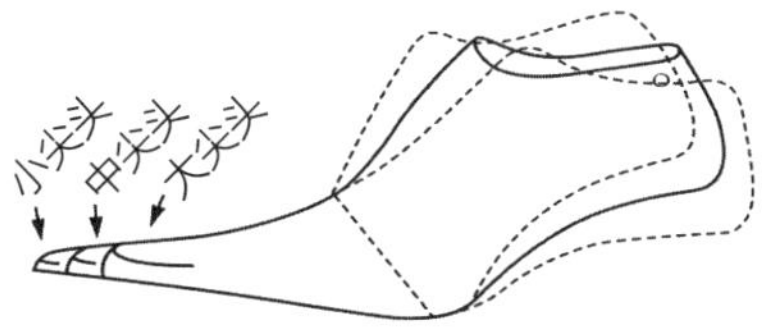 小尖头　中尖头　大尖头

（四）按鞋跟高度分

鞋楦后跷高度取决于成鞋后跟高度。根据变化范围，分为平跟、中跟、高跟三档，男鞋每5mm一档；女鞋每10mm一档。男鞋以平跟为主，女鞋则根据款式、用途不同鞋跟高度变化较大，见表1-6。

表 1-6 鞋跟高度 单位：mm

鞋跟	平跟	中跟	高跟
跟高	20以下	25~35	40~50
图例			

（五）其他分类方法

鞋楦还有很多分类方法：

①按照穿着对象分，可分为男鞋楦、女鞋楦、儿童楦、老年楦等；

②按照穿着群体分，可分为护士鞋楦、劳保鞋楦、军用鞋楦等。

③按照鞋的材料分，可分为皮鞋楦、布鞋楦、胶鞋楦、塑料鞋楦等。

④按照鞋的功能分，可分为正装皮鞋楦、浅口皮鞋楦、休闲鞋楦、拖鞋楦、凉鞋楦、运动鞋楦等。

⑤按照鞋楦的制作工艺分，可分为手工鞋楦和机械鞋楦。

⑥按照头厚分，可分为厚头、高头、扁头等类型。

【任务拓展】

分析鞋楦头型变化特点，结合流行趋势，设计鞋楦头型。

【岗课赛证技术要点】

岗位要求：

能根据既定鞋款结构设计的款式特征，选择适当的鞋楦。

竞赛赛点：

能根据提供的款式特征描述，准确找到适合的鞋楦。

证书考点：

鞋楦的款式选择。

任务三　脚型与楦型的关系

【任务描述】

了解鞋楦各部位名称、概念，学习脚与鞋楦的关系，掌握鞋楦数据的测量方法，能根据脚型规律对鞋楦进行标注。通过学习脚与楦之间的关系，为设计科学合理的鞋款打下基础。

【课程思政】

★学习鞋楦各部位的测量方法和各部位对鞋款设计的影响——以人为本。

★掌握脚与楦在长度、围度、高度之间的异同点，掌握鞋款设计舒适性原理——审美情趣，精益求精。

一、鞋楦各部位名称

（一）鞋楦的基本构成

鞋楦是由不规则曲面组成的三维物体，结合楦面上的统口前端点、统口后端点、楦底前端点、楦底后端点进行划分。

统口前端点指统口面前端的中点，是绘制背中线的结束点。统口后端点指统口面后端的中点，是绘制后弧线的起始点。楦底前端点指楦底面前端的中点，是绘制楦底中线和背中线的起始点。楦底后端点指楦底面后端的中点，是绘制楦底中线和后弧线的结束点。这4个点可使用目测法进行确定，也可根据统口面、楦底面的前后端对称的特点，通过尺子测量进行确定。

楦体由楦底面、统口面、楦面3个面组成，其中楦面以背中线、后弧中线、楦底中线连接成的闭合曲线划分为内外两个曲面，在脚外踝骨方向的是楦外怀曲面，在脚内踝骨方向的是楦内怀曲面。

在楦体中能显示其特点和功能，相互依托的曲线，在结构设计中有着重要的作用。有统口线、背中线、后弧线、楦底边沿线、楦底中线、跖围线、跗围线、兜围线。楦底、面上各点和线如图1-22至图1-24所示。楦体侧面如图1-25所示。

①楦底中线（*a*）：也称楦底样长，在鞋楦的纵剖面，从楦底前端点到楦底后端点，根据楦底曲面起伏趋势绘制的曲线，如图1-22所示。

②统口线（*b*）：在鞋楦的纵剖面，从统口前端点到统口后端点之间的闭合曲线。

③背中线（*c*）：在鞋楦的纵剖面，从楦底前端点到统口前端点之间的曲线。

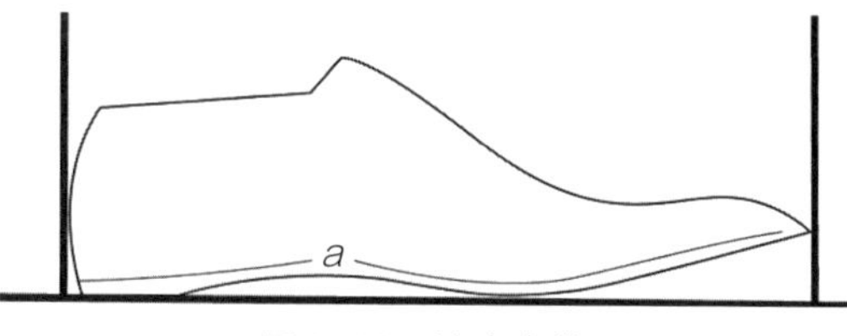

图1-22　楦底中线

④后弧线（d）：在鞋楦的纵剖面，从楦底后端点到统口后端点之间的曲线。

⑤楦底边沿线（e）：从楦底前端点绕楦底面边沿到楦底后端点一圈的闭合曲线。

⑥跖围线（A）：第一跖趾内宽点绕第五跖趾外宽点之间的围长线。

⑦跗围线（B）：楦腰窝外宽点绕楦背的围长线。

⑧兜跟线（C）：楦统口前端点绕楦后弧下端点的围长线。

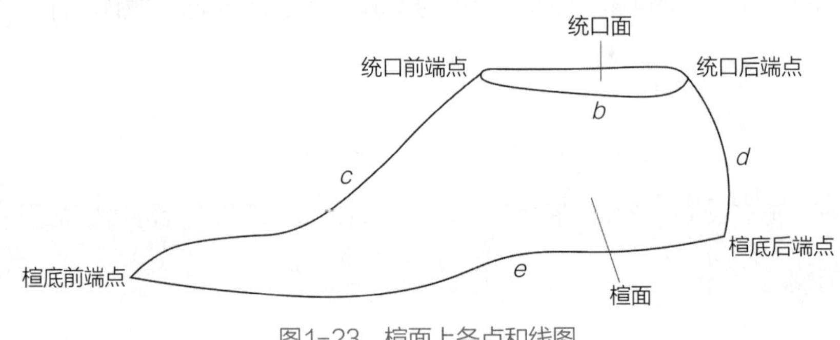

图1-23　楦面上各点和线图

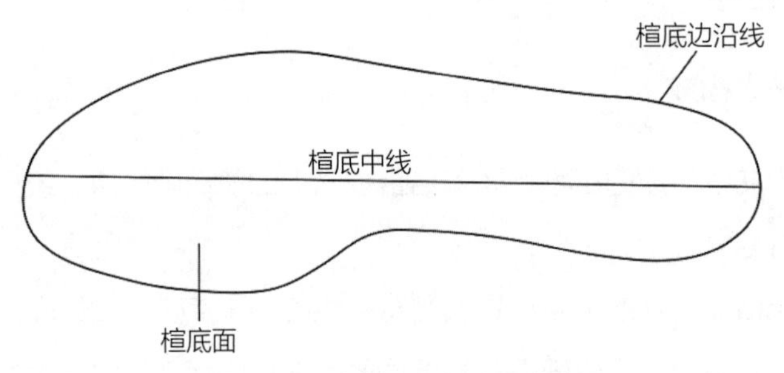

图1-24　楦底面上各点和线图

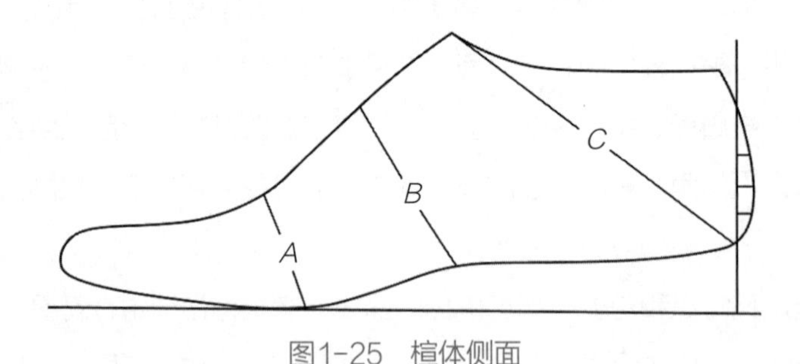

图1-25　楦体侧面

（二）鞋楦上的主要特征部位点

在鞋楦设计中使用的主要特征部位点有踵心部位点（Z）、外踝骨中心部位点（B）、腰窝部位点（C）、跗骨突点部位点（D）、第五跖趾部位点（E）、第一跖趾部位点（F）、小趾端点部位点（G）、拇指突点部位点（H）、脚趾端点部位点（I）等，如图1-26所示。

脚趾端点（I）、拇指突点部位点（H）控制楦体长度、楦头宽、楦头高，为了脚部的活动空间，该部位要放出余量，也称放余量。同时还负责小拇指里宽、小脚趾外宽尺寸。

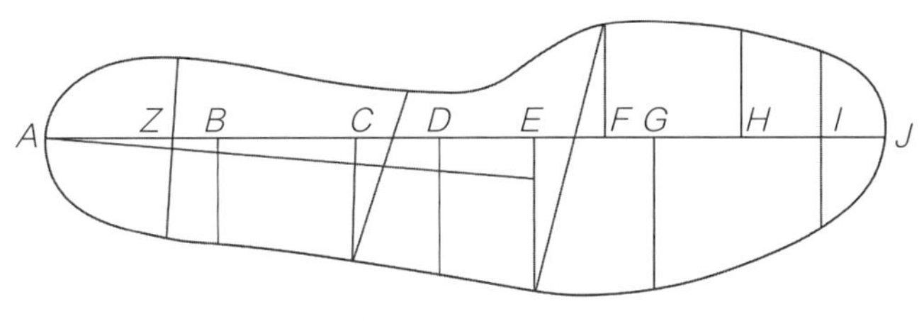

图1-26　楦底主要部位点

第一跖趾部位点（F）、第五跖趾部位点（E）是连接跖趾关节的轴线、影响鞋的造型和机能的重要点，负责第一跖趾里宽和第五跖趾外宽。

腰窝部位点（C）位于第五跖骨粗隆点，控制鞋楦后身尺寸。

踵心部位点（Z）位于脚跟部位受力踵心，对楦后跟尤其是高跟鞋鞋跟设计有着重要作用。

跗骨突点部位点（D）在跗骨中楔骨最突出部位，对成鞋适脚性、舒适性有较大影响。前跗骨高度是跗骨突点到脚底的垂直距离。

外踝骨中心部位点（B）位于脚外踝骨关节的中心位置，外踝骨高度是外踝骨中心部位下边沿点到脚底的垂直距离，控制低腰鞋鞋帮的设计高度。

脚主要特征部位点（侧视图）如图1-27所示。

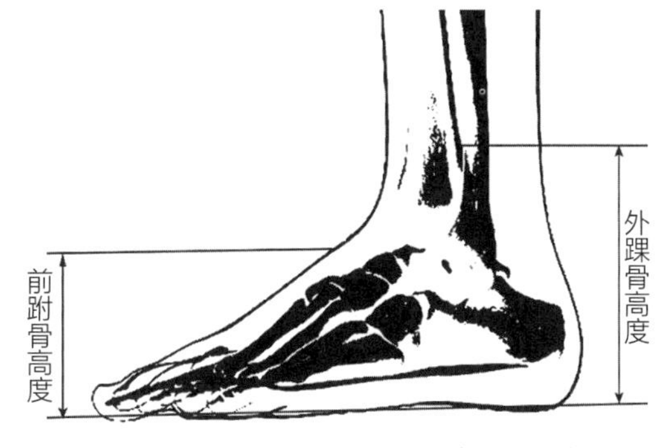

图1-27　主要特征部位点（侧视图）

（三）楦码标识

楦码标识表示鞋楦数码的大小，通常情况下使用阿拉伯数字进行标记，并用不同颜色进行表示。不同地区的鞋楦标记颜色代表的鞋楦码数有一定差异。以温州地区为例进行说明，见表1-7。

表 1-7　楦码标识　单位：mm

男皮鞋楦（中/法鞋号）	标记颜色
240/38	紫
245/39	红
250/40	黄
255/41	蓝
260/42	白
265/43	黑
270/44	橙

二、脚长与楦长的关系

脚是鞋楦的设计依据，但是为了成鞋的造型和穿鞋舒适性，楦的尺寸和脚的尺寸不完全一样（图1-28）。鞋楦和脚长之间具有如下关系：

鞋楦底样长＝脚长＋放余量－后容差

通过公式可以看出，鞋楦底样长大于脚长，原因有四点：一是在穿鞋走路时，脚向前滑动，为了便于行走，鞋楦底样长大于脚长。二是在运动时，横弓韧带疲劳后会产生松弛，从而引起纵弓韧带拉长，这也造成了脚的长度会暂时性增长。三是鞋款造型需要，在设计鞋头型时，要有一定的余量作为设计量，鞋头越尖，所需放余量越大。第四是脚的热胀冷缩特点，冬天与夏天，脚长差异在3～5mm。

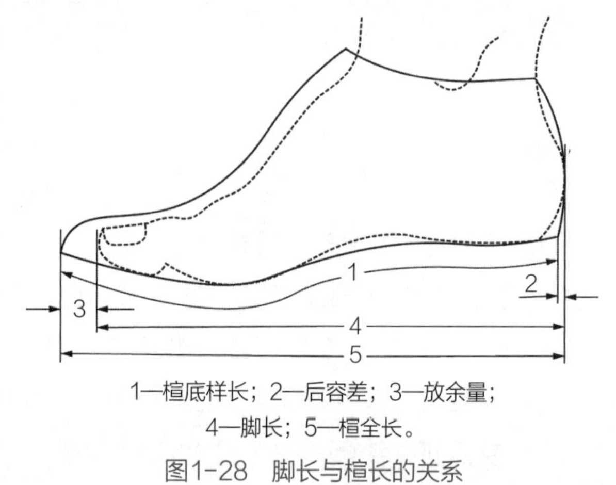

1—楦底样长；2—后容差；3—放余量；4—脚长；5—楦全长。

图1-28 脚长与楦长的关系

1. 楦底样长

在鞋楦的纵剖面，从楦底端到后端点之间的曲线为鞋楦底样长。

2. 楦底长

楦底前后端点之间的直线长度为楦底长。

3. 楦全长

楦底前端点到后跟突点之间的直线长度为楦全长。

4. 放余量

为了保证脚在鞋内有一定的活动空间，不至于顶脚而设计出多种头型，在脚趾前端点到楦底前端点之间增加的余度，称为放余量。男楦标准放余量约为20mm，女楦标准放余量约为15mm。尖头、小方头楦前端较窄，鞋头越窄的鞋楦放余量越大。为了追求造型，出现了超长放余量，超长20～30mm的鞋子也不少见。但如果放余量超出太多，容易造成行走时脚部感觉劳累酸痛。

5. 后容差

楦后跟突点与楦底后端点间的距离为后容差。男、女中间码鞋楦的后容差为脚后跟边距的一半，约为2%脚长。经过计算，男楦后容差约为5mm，女楦后容差约为4.5mm，随着鞋款式和跟高的变化，后容差也会产生些许变化。

表1-8列出了成年男性中号皮鞋相关数据，而成年男性中号素头皮鞋楦底样各部位点长度的确定见表1-9。

表1-8 成年男性中号皮鞋楦底样长、脚底长、放余量和后容差数据 单位：mm

品种	脚长	标准楦底样长度	放余量	后容差
素头楦、舌式楦、高腰楦 满帮凉鞋楦、拖鞋楦 硫化楦、劳保楦	250	265	20	5
舌式超长楦 三节头楦 高腰超长楦	250	270	25	5
三节头超长楦	250	275	30	5
全空凉鞋楦	250	255	9	4
休闲鞋楦	250	270	25	5

表1-9 成年男性中号素头皮鞋楦底样各部位点长度的确定 单位：mm

楦底样各长度部位	计算方法	计算过程
楦底样长	脚长＋放余量－后容差	250+20－5=265
脚趾端点部位	脚长－后容差	250－5=245
拇指外突点部位	90%脚长－后容差	225－5=220
小趾外突点部位	78%脚长－后容差	195－5=190
第一跖趾部位	72.5%脚长－后容差	181.3－5=176.3
第五跖趾部位	63.5%脚长－后容差	158.8－5=153.8
腰窝部位	41%脚长－后容差	102.5－5=97.5
踵心部位	18%脚长－后容差	45－5=40

6. 鞋号与脚长

中国鞋号的特点是以脚长（mm）为基础进行编码制定。例如，脚长250（248～252）mm就是250号脚，可以选择穿250号鞋，选用250号鞋楦制作鞋。依据《中国鞋楦标准》（GB/T 3293—2017），中国鞋号的整号长度差为±10mm，整型差±7mm（也就是楦跖围号差），男鞋255号楦的基本宽度为88mm。成年男性，鞋号范围是235～270号，中间号是250或255，特大号是275～305。中间号是同档鞋号的一个代表，在制作鞋楦或鞋子时，都是先设计出中间号的鞋楦样板经过试穿确认后，再进行样板扩缩获得全码样板。

法国鞋号也称法码，特点是以楦底样长（in）为基础进行编码制定。号差为 ±6.67mm。我国过去使用的就是法码，女鞋34～40码对应中国鞋号220～250号，男鞋38～46码对应中国鞋号240～280号。

国内鞋号与法码的转换公式：

法码=（中国鞋号 ×2）÷10－10

例如：

235号 ×2÷10－10=37（码）

250号 ×2÷10－10=40（码）

英国鞋号也称英码，特点是以楦底样长（in）为基准，整号差1/3in（8.467mm），半号等差4.23mm。英国鞋号以4（in）（101.6mm）为基础开始记号。

美国鞋号也称为美码，与英国鞋号一样，特点是以楦底样长（in）为基准，整号差1/3in（8.467mm），半号等差4.23mm。不同的是美国鞋号肥瘦号差为1/4in（6.35mm）。每个美国鞋号号码比相同鞋号的英码短1/12（in）（2.12mm）。

需要注意的是，不同鞋号之间的换算因为基准有差别，换算结果会出现误差。因为不同鞋号之间的基准不同、计量单位不同，没有一一对应的换算关系，只能进行“相当于”的换算；鞋号之间的换算以楦底样长近似相同看作鞋号相同，其中美码较特殊。

三、脚宽度与楦宽度之间的关系

楦宽度是指鞋楦底样上各部位的宽度。楦底样宽度是以脚宽度为依据。脚的宽度有两个：轮廓宽和脚印宽。但这两个宽度都不能作为楦底样宽。一般情况下，楦底样的宽度除了放余量、后容差需要缩放外，其余部位均须取其轮廓宽和脚印宽之间1/2的点为楦底样宽。

在设计鞋楦宽度时，为了提高脚的运动效率，鞋楦脚趾处宽度要接近或小于脚的宽度，以保证运动时脚趾力度的最大释放。腰窝宽度要明显小于脚腰窝的宽度，因为脚腰窝肉体丰满，对肉体适当压缩不会影响舒适性，还可以增加楦底弧线的美观性，在设计女性高跟鞋时，此部位压缩量更大。对于童鞋来说，为了增加稳定性，鞋楦踵心宽度需要适当加宽。以上四个部位的宽度与鞋楦宽度有着一定的对应关系，在设计时考虑的因素有脚的肉体安排、关节、鞋款穿脱方式等。其中，鞋楦的前掌宽度、后踵宽度与脚前掌宽度、后踵宽度间的关系是研究重点。

（一）前掌宽度

前掌宽度随着跟高的不同而变化，在设计鞋楦前掌宽度时一定要考虑到跟高的变化，还要考虑到所设计鞋款的种类。比如包子鞋一般跟低、使用材料柔软，所以它的前掌宽度比中、高跟时装楦少2mm左右。

前掌宽度一般选取基本宽度，也就是拇指里宽+小趾外宽。人在行走过程中，拇指向外有较大的活动量，小趾向外的活动量较小，同时拇指和小趾都允许适当压缩。因此，在大部分鞋楦的设计中，楦的基本宽度可以接近或相当脚基本宽度。

（二）踵心部位宽度

踵心部位是脚后跟主要受力部位随着鞋跟的增高，人体重心前移，该部位承载重力随之减少，肌肉缩紧，踵心部位的宽度随之变窄。

（三）楦底宽度

受前掌凸度、后踵凸度、穿鞋舒适性、鞋跟高度变化、楦体造型等因素影响，楦底宽度除脚趾突点处加放余量外，一般比脚印投影轮廓窄一些。如尖头楦设计时尺寸要适当收窄，但一些特殊楦如运动鞋楦、登山鞋楦等要大于轮廓图宽度，见表1-10。

表1-10　男250号（二型半）素头楦宽度　单位：mm

部位名称	计算方法	尺寸	等差
基本宽度	第一跖趾里宽+第五跖趾外宽	88	1.3
拇指里宽	拇指脚印里宽	33.6	0.5
小趾外宽	小趾脚印外宽+约13%小趾边距	49.3	0.73
第一跖趾里宽	第一跖趾脚印里宽+约10%第一跖趾边距	36	0.53
第五跖趾外宽	第五跖趾脚印外宽+约29%第五跖趾边距	52	0.77
腰窝外宽	腰窝脚印外宽+约12%腰窝外边距	39.5	0.58
踵心全宽	踵心脚印全宽+约54%踵心里边距+约66%踵心外边距	59.6	0.88

四、脚围度与楦围度之间的关系

鞋楦围度包括跖围、跗围、兜跟围等。这些围度是楦型设计的重要依据。虽然鞋楦围度的设计是以脚的相应位置围度为设计依据，但是鞋楦种类不同，围度设计也有差别（图1-29）。比如舌式鞋因为开口较大，脚容易从鞋内脱出，所以舌式楦的跖围、跗围设计小于脚。耳式鞋，由于鞋带可以起到绑缚作用使鞋易于跟脚，在设计时，耳式楦的跖围、跗围大于舌式楦。舌式楦虽然在围度上设计较小，但为了鞋舌服

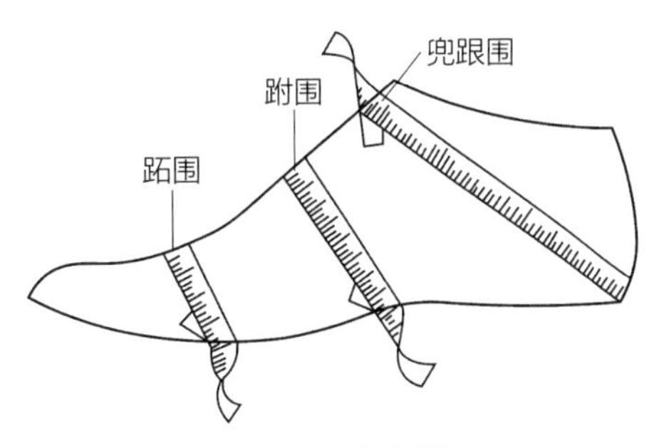

图1-29　围度测量

帖于鞋楦，其跗背设计较低，跗面较宽。耳式楦为了体现鞋耳造型的挺括，其跗背设计较高，跗面较窄。

（一）跖围是脚肥瘦的主要标志

跖趾关节处受人体重量、劳动负重、走路弯折的影响，合理处理鞋楦这部分尺寸十分重要。鞋楦跖围和脚跖围间存在着一定的关系：

楦跖围＝脚跖围－跖围感差值

脚与鞋在对应部位（如脚跖围与楦跖围、脚长与楦长等）上，所能感觉出的限度称为感觉极限。例如某人的脚长为250mm、跖围246mm，应该穿多大围度的鞋子最合适呢？可以根据其脚长做出长度一样但肥瘦不同的鞋若干双，让其试穿，如果240mm围度的鞋最合适，那么他这种脚对应于鞋最适宜的感觉极限就是6mm。也就是说，对于这种脚，若穿比240mm围度大或小的鞋不是肥了，就是瘦了。

根据鞋楦种类不同，脚跖围和楦跖围间也有差异，主要根据穿鞋过程中的包脚性进行设计。如男250号（二型半），跖趾围长舌式楦是236mm，素头楦是239.5mm，高腰楦是243mm，劳保鞋楦是246.5mm。

素头、三节头等鞋的楦跖围应比脚跖围小3.5mm，这样鞋的跖围部位卡住跖关节，保护脚趾，不至于前冲顶脚。浅口、舌式等开口大，楦跖围应比脚跖围小7mm，使成鞋在走路时跟脚。靴子、高腰、后帮有绊带的鞋，其楦跖围可等于脚跖围或略大于脚跖围。儿童正处于发育阶段，为了使脚能正常生长，楦跖围应大于脚跖围。

（二）跗围是鞋楦设计中的一个重要部位

多数情况下，楦跗围大于脚跗围。因为在绷帮过程中皮革暂时延伸，在脱楦后会收缩一部分，如果二者设计一样，鞋跗骨部位会小于脚，穿鞋过程中会出现压脚背现象；另外也是为了穿鞋过程中顺利穿脱。但跗围过大也会让成鞋没有束缚力，造成鞋子不跟脚，脚向前滑动。为了更好地增加穿鞋稳定性，跗围随着跟高的增大而变小，系带鞋跗围大于素头鞋。跗围尺寸合理的鞋子，是既能够绑住脚背，托住脚心，使脚保持在正确位置，还不会妨碍血液循环、皮肤呼吸、鞋内空气循环等。

（三）兜跟围主要在设计靴鞋时使用

兜跟围为经验值，太小造成穿脱困难，太大造成鞋子不跟脚。鞋楦兜跟围必须大于脚兜跟围，随着鞋跟的增高而变小。靴鞋的兜跟围一般比脚兜跟围大40mm左右。男250号（二型半）楦趾围、跗围表见表1-11。

表 1-11　　男 250 号（二型半）楦跖围、跗围表　　单位：mm

鞋楦类型		跖围		跗围	
		脚跖围	楦跖围	脚跗围	楦跗围
男	素头楦、三节头楦	243	239.5	243	243.5
	舌式楦		236		237.5
	高腰楦		243		248
	劳保鞋楦		246.5		248
	高筒靴楦		243		248

（四）跖围与型

型是楦、脚、鞋的肥瘦标志。型是以脚跖围长度围基础制定的，两整型间有半型。根据我国脚型规律，在脚长相同时，跖围相差很大。为了满足多种肥度脚的需要，中国鞋号中成年男性安排了5个型，一型最瘦，五型最肥，二型半为中间型。在生产中，常以男性二型半作为中间型。

在型发生变化时，楦、脚、鞋的围度发生相应变化，从而产生型差。型差是指在同一长度中，相邻两型间跖围长度的差值。整型差为 ±7mm，半型差为 ±3.5mm。型差的数值是根据感觉极限实验所得到。在穿鞋时，脚对于鞋的肥度有一个适合的范围，根据感觉极限结果分析，找到其中的变化规律。

跖围号差是根据我国人群脚型规律确定的，我国成人脚型规律中脚长和跖围的关系如下：

$$跖围=0.7脚长+71.5$$

$$跖围号差=0.7\times 长度号差$$

将脚长号差10mm代入得到跖围号差为 ±7mm，可见，长度增加一号，跖围增加7mm，所以跖围号差为7mm，半号为3.5mm。男250号（二型半）素头楦楦长、围和宽尺寸参照表见表1-12。

表 1-12　　男 250 号（二型半）素头楦楦长、围和宽尺寸参照表　　单位：mm

号型	鞋号	235	240	245	250	255	260	265	号差
	楦底样长	250	255	260	265	270	275	280	
一型	跖围	218.5	222.0	225.5	229	232.5	236.0	239.5	±3.5
	跗围	221.9	225.5	229.1	232.7	236.3	239.9	243.5	±3.6
	基本宽度	80.2	81.5	82.8	84.1	85.4	86.7	88.0	±1.3
	踵心宽度	54.3	55.2	56.1	57.0	57.8	58.7	59.6	±0.88

续表

号型	鞋号	235	240	245	250	255	260	265	号差
	楦底样长	250	255	260	265	270	275	280	
一型半	跖围	222.0	225.5	229.0	232.5	236.0	239.5	243.0	±3.5
	跗围	225.5	229.1	232.7	236.3	239.9	243.5	247.1	±3.6
	基本宽度	81.5	82.8	84.1	85.4	86.7	88.0	89.3	±1.3
	踵心宽度	55.2	56.1	57.0	57.8	58.7	59.6	60.5	±0.88
二型	跖围	225.5	229.0	232.5	236.0	239.5	243.0	246.5	±3.5
	跗围	229.1	232.7	236.3	239.9	243.5	247.1	250.7	±3.6
	基本宽度	82.8	84.1	85.4	86.7	88.0	89.3	90.6	±1.3
	踵心宽度	56.1	57.0	57.8	58.7	59.6	60.5	61.4	±0.88
二型半	跖围	229.0	232.5	236.0	239.5	243.0	246.5	250.0	±3.5
	跗围	232.7	236.3	239.9	243.5	247.1	250.7	254.3	±3.6
	基本宽度	84.1	85.4	86.7	88.0	89.3	90.6	91.9	±1.3
	踵心宽度	57.0	57.8	58.7	59.6	60.5	61.4	62.2	±0.88
三型	跖围	232.5	236.0	239.5	243.0	246.5	250.0	253.5	±3.5
	跗围	236.3	239.9	243.5	247.1	250.7	254.3	257.9	±3.6
	基本宽度	85.4	86.7	88.0	89.3	90.6	91.9	93.2	±1.3
	踵心宽度	57.8	58.7	59.6	60.5	61.4	62.2	63.1	±0.88
三型半	跖围	236.0	239.5	243.0	246.5	250.0	253.5	257.0	±3.5
	跗围	239.9	243.5	247.1	250.7	254.3	257.9	261.5	±3.6
	基本宽度	86.7	88.0	89.3	90.6	91.9	93.2	94.5	±1.3
	踵心宽度	58.7	59.6	60.5	61.4	62.2	63.1	64.0	±0.88
四型	跖围	239.5	243.0	246.5	250.0	253.5	257.0	260.5	±3.5
	跗围	243.5	247.1	250.7	254.3	257.9	261.5	265.1	±3.6
	基本宽度	88.0	89.3	90.6	91.9	93.2	94.5	95.8	±1.3
	踵心宽度	59.6	60.5	61.4	62.2	63.1	64.0	64.9	±0.88

五、脚与鞋楦其他部位的关系

（一）脚跷度与鞋楦跷度之间的关系

楦底前端点在基础坐标系里跷起的高度称为前跷高，楦底后端点在基础坐标系里跷起的高度称为后跷高（图1-30）。根据脚的特点，前后跷高的轴心在脚的前脚掌凸度部位。基础坐标系指鞋楦后跷垫高，前跷符合合适高度时进行测量的坐标。

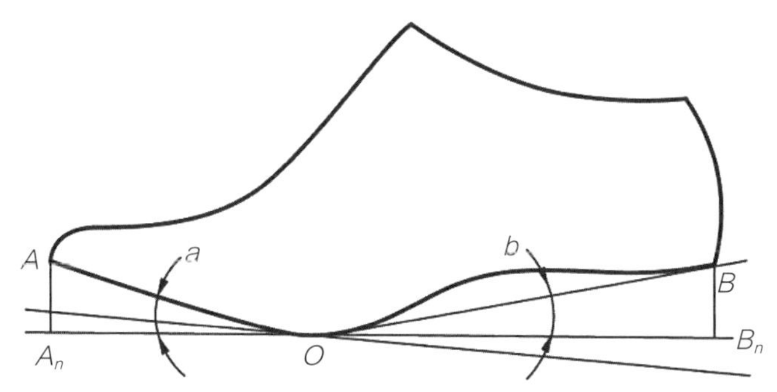

AA_n—前跷；BB_n—后跷；a—前跷角；b—后跷角。

（$a+b=r$，r称为弯曲角，行走时最适弯曲脚为25°，最大可达50°）

图1-30　鞋楦的前跷与后跷

1. 脚前跷与楦前跷

在自然悬垂状态下，脚趾向上弯曲与脚底形成约15°夹角，脚前跷就是指脚的这个跷度，为12°～15°。楦前跷以脚自然跷度角为依据，通过试穿实验，前跷高度一般控制在15～18mm为适宜。如高于18mm，脚趾感觉向上扳起，不舒适，外观也欠缺；正常跟高时，如果低于15mm，鞋子帮面易起皱褶，同时也会加快鞋头的磨损。前跷的设计可以束紧鞋口，让脚底前端和鞋前端内底服帖；减少鞋跖趾关节部位行走时的曲折量，减轻疲劳；减少跖趾部位弯折深度，从而减少鞋面起皱数量。楦前跷随着楦后跷的升高而降低。女鞋后跷每抬高 10mm，前跷降低1mm；男鞋后跷每抬高5mm，前跷降低1mm。

2. 脚后跷与楦后跷

脚的后跷是脚在运动过程中前脚掌着地后，脚后跟与地面之间形成了一定的高度。脚后跟的抬起高度一般在49mm，当穿着后跷高45mm左右的鞋子走路时，会相对舒适一些。鞋楦的后跷高度不完全以抬脚高度而定。男楦后跷多在25～45mm，女楦后跷多在20～90mm，但也存在一些超高跷度。后跷高度的设计还要结合流行趋势、客户定制需求。后跷高度测量使用专用鞋楦后跟高度测量梯，在楦体前掌凸度部位着地后，达到要求前跷后垫起的高度，如图1-31所示。男楦跷度数据见表1-13，女楦跷度数据见表1-14。

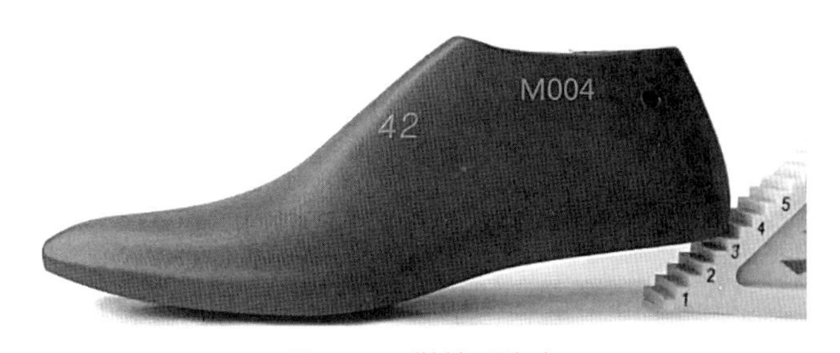

图1-31　鞋楦后跷高

表 1-13　　男楦跷度数据　　单位：mm

前跷	15	14	13	12	11	10.5	10
后跷	20	25	30	35	40	45	50

表 1-14　　女楦跷度数据　　单位：mm

前跷	11～12	10～11	9～10	8～9	7～8	6～7	5～6
后跷	20	30	40	50	60	70	80

（二）脚凸度与楦凸度之间的关系

脚的前掌凸度和踵心凸度是承担身体重量最主要的部位，鞋楦上这两个凸度大小、形状的设计影响鞋子穿着舒适性和平稳性。鞋楦前掌凸度设计要结合鞋跟高度、运动方式、流行趋势。男鞋楦前掌凸度一般在4～5mm，女鞋楦前掌凸度一般在3mm左右，平跟女楦约5mm。鞋楦踵心凸度设计根据脚踵心外形特征进行设计，但也随鞋跟的增高而降低，如男鞋楦踵心凸度一般在4mm左右。鞋楦凸度的测量使用专用的曲线规，也称为曲度规、曲线测量仪，由一排等长并紧密排列的钢针组成，如图1-32所示，有150mm和300mm两种规格。使用曲线规时，只需要固定住要测量的物体，均匀用力直按下去即可。测量完成后将弧度复制到纸板上即可。

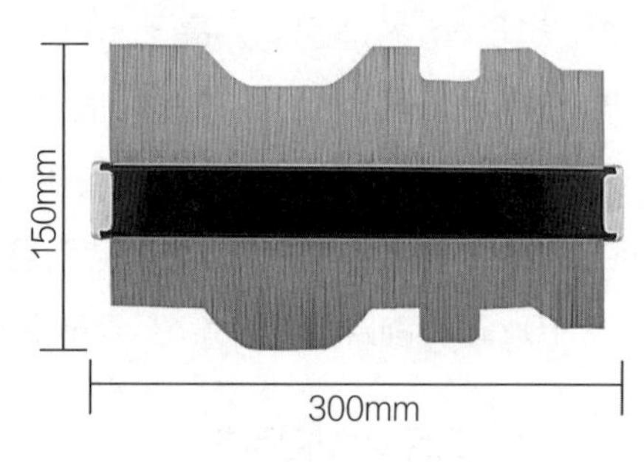

图1-32　300mm曲度规

（三）脚弓与鞋楦底心凹度的关系

鞋楦的底心凹度根据脚内、外纵弓变化的实际需求而设计，一般在8mm左右。为了使皮鞋内底受力均匀，鞋楦底心凹度接近于脚型，这样可以对脚有一个向上的托力，不要使负荷过分集中于踵心和跖趾部位。正确的底心凹度可以有效分散脚底受力情况，延长皮鞋穿着寿命，减轻长时间穿着的疲劳感，同时保护脚纵弓，防止韧带因疲劳而被拉长太多，避免产生扁平足。鞋跟越高，楦底心凹度越大；年龄越大，楦底心凹度越大。

（四）鞋楦头厚与楦底棱线

1. 鞋楦头厚

鞋楦头厚的大小对成鞋舒适性和鞋楦造型有着重要影响。鞋楦头厚的设计依据是脚拇指厚度，各种满帮鞋的头厚可大于脚拇指高度，也允许略小于拇指高度，但不能小太多。因为脚在鞋里必须有足够空间的活动量，如小于拇指高度超过了2mm，尤其是硬包头鞋耳鞋款，会产生压脚趾的现象。

2. 楦底边沿线

楦体边沿线以第一跖趾、第五跖趾到跟骨的肌肉、脂肪高度为依据，可适当描清此线条。楦体边沿线，尤其是腰窝部位线条的设计，既有舒适性要求，也有装饰性要求。腰窝部位线条设计的规律是，前部比脚稍微低一些，后部比脚稍高一些，线条平直一些。这样设计的目的是使腰窝部位能够分担踵心部位承受的重量，使鞋底的受力分布均匀、合理，保证成鞋的舒适性，同时也便于加工。男250号（二型半）主要楦型尺寸参照表见表1-15。

表1-15　　男250号（二型半）主要楦型尺寸参照表　　单位：mm

类别	部位名称	素头楦（跟高25）		舌式（跟高25）		三节头楦（跟高30）		高腰楦（跟高30）	
		尺寸	等差	尺寸	等差	尺寸	等差	尺寸	等差
长度	楦底样长	265	±5	265	±5	270	±5	265	±5
	放余量	20	±0.38	20	±0.38	25	±0.46	20	±0.38
	脚趾端点部位	245	±4.62	245	±4.60	245	±4.54	245	±4.62
	拇指外突点部位	220	±4.15	220	±4.15	220	±4.07	220	±4.15
	小趾外突点部位	190	±3.58	190	±3.58	190	±3.52	190	±3.58
	第一跖趾部位	173.6	±3.33	173.6	±3.33	173.6	±3.26	173.6	±3.33
	第五跖趾部位	153.8	±2.90	153.8	±2.90	153.8	±2.58	153.8	±2.90
	腰窝部位	97.5	±1.84	97.5	±1.84	97.5	±1.81	97.5	±1.84
	踵心部位	40	±0.75	40	±0.75	40	±0.74	40	±0.75
	后容差	5	±0.09	5	±0.09	5	±0.09	5	±0.09
围度	跖围	239.5	±3.5	236.0	±3.5	239.5	±3.5	243.0	±3.5
	跗围	243.5	±3.6	238.0	±3.6	243.5	±3.6	248.0	±3.8
宽度	基本宽度	88.0	±1.3	86.7	±1.3	88.0	±1.3	88.0	±1.3
	拇指里宽	33.6	±0.5	33.1	±0.5	33.6	±0.3	33.6	±0.5
	小趾外宽	49.30	±0.73	48.60	±0.73	49.30	±0.73	49.30	±0.73
	第一跖趾里宽	36.0	±0.53	35.5	±0.53	36.0	±0.53	36.0	±0.53
	第五跖趾外宽	52.0	±0.77	51.2	±0.77	52.0	±0.77	52.0	±0.77
	腰窝外宽	39.5	±0.58	38.9	±0.58	39.5	±0.58	39.5	±0.58
	踵心全宽	59.6	±0.88	58.7	±0.88	59.6	±0.88	59.6	±0.88

续表

类别	部位名称	素头楦（跟高25）		舌式（跟高25）		三节头楦（跟高30）		高腰楦（跟高30）	
		尺寸	等差	尺寸	等差	尺寸	等差	尺寸	等差
高度	前跷高	14	±0.21	14	±0.22	13	±0.2	13	±0.19
	后跷高	25	±0.37	25	±0.37	30	±0.44	30	±0.43
	头厚	20.0	±0.29	20.0	±0.30	21.5	±0.31	21.5	±0.3
	后跟突点高	22.4	±0.33	22.4	±0.33	22.4	±0.33	22.4	±0.32
	后身高	70	±1.02	70	±1.04	70	±1.02	100	±1.44
	前掌凸度	6	±0.09	6	±0.09	6	±0.09	6	±0.09
	底心凹度	6	±0.09	6	±0.09	6.5	±0.09	6.5	±0.09
	踵心凸度	4	±0.06	4	±0.06	4	±0.06	4	±0.06
	统口宽	26	±0.38	26	±0.39	26	±0.38	30	±0.43
	统口长	100	±1.89	100	±1.89	100	±1.85	110	±2.08
	楦斜长	263.5	±4.97	263.5	±4.97	268	±4.95	282.0	±5.24

六、脚楦肉头安排分析

鞋楦上不规则曲面趋势无法用具体数据表达，但它直接影响鞋楦的设计，这部分的实体称作鞋楦的肉头。按照楦面肉头安排的变化，分为跖趾关节部位的肉头安排、腰窝部位的肉头安排、后跟部位的肉头安排3个部分。

（一）跖趾关节部位的肉头安排

跖趾关节部位的肉头是根据脚型来设计的。脚第一跖趾关节部位骨骼粗壮，肌肉发达，第五跖趾部位远小于第一跖趾部位。楦底跖趾部位宽度小于脚轮廓宽度，楦跖围比脚尺寸小。基于以上分析，跖趾关节部位的肉头安排具有以下规律：第一跖趾部位从楦低向上的肉头要比楦底突出，肉体饱满，能够容纳脚的相应部位；第五跖趾部位同第一跖趾部位设计规律一致，但突出的肉体不能太多；鞋楦要有足够的厚度来适应楦底宽度减小后脚肉体厚度的增加，如图1-33所示。

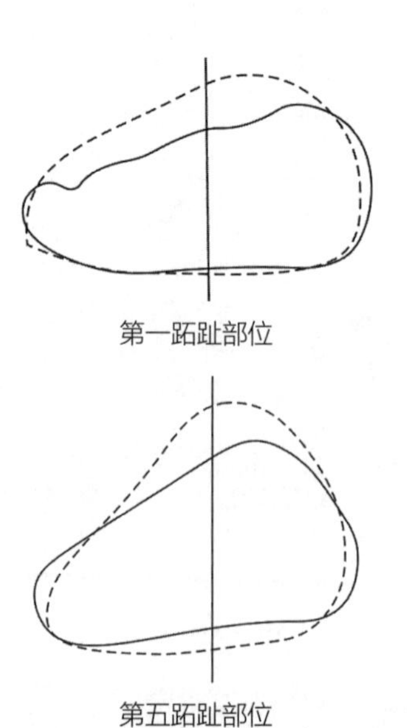

图1-33　跖趾部位肉头安排（虚线为鞋楦纵剖线轮廓）

（二）腰窝部位的肉头安排

①脚的腰窝部位在第一跖趾部位到内侧踝骨部位之间，沿

着内纵弓的上方有一条突出的肉体。因此，在设计这一部位的肉体时要饱满，否则成鞋很难具有足够的空间容纳脚部，也会导致鞋底外侧变形。

②在外怀一侧，第五跖趾至外踝骨部位下方，也有一条突出的肉体，但比内怀肉体小且低。因此，在鞋楦相应位置的肉体安排也要求饱满，并安排得靠前一些。

③鞋楦腰窝设计应适应足弓形状，腰窝部位点向后要平直一些，向前曲度要大一些，要能够完全托住脚的外纵弓。

④为了托住内纵弓，需要在跗围线处适当增加曲度，应在腰窝内怀最弯处的肉头去掉部分，去掉的部分补充在上方，使该部位更接近足弓的形状，一般男鞋此处设计高度为7mm左右。这样设计的目的使均衡跖趾部位和踵心部位的负重，并防止内纵弓下塌。

腰窝部位肉头安排如图1-34所示。

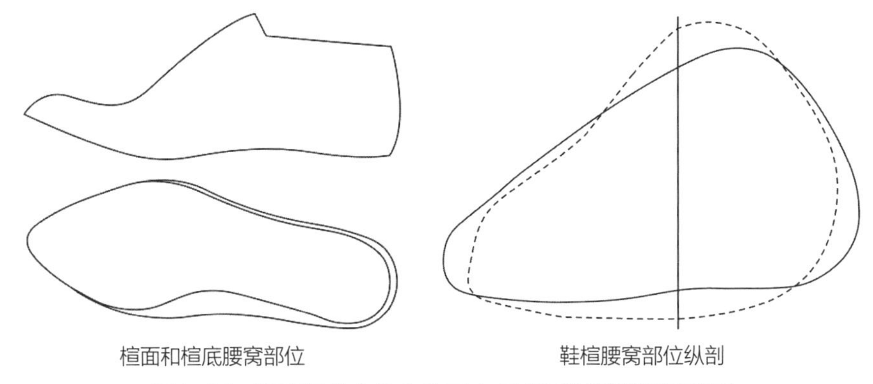

图1-34　腰窝部位肉头安排图（虚线为鞋楦纵剖线轮廓）

（三）后跟部位的肉头安排

脚的踵心部位承受人体重量和运动负荷，踵心凸度较大，肌肉饱满，活动量小。肉体安排具有如下规律:

①楦体后身肉体应安排饱满。

②楦体后身和脚型相似，肉体安排内怀大多靠上，外怀大多靠下。向前肉体加大，向后逐渐减少。

③鞋楦踵心部位内怀肉头最突点，不应低于脚的相应部位。

④踵心部位向前的两侧肉头要适当加大，向后的两侧肉头应稍有减少，但要基本对称，近似“葫芦形”，这样成鞋的后跟才能更好地包住脚。

后跟部位肉头安排如图1-35所示，虚线为鞋楦纵剖线轮廓。全国成年男性脚型规律见表1-16。

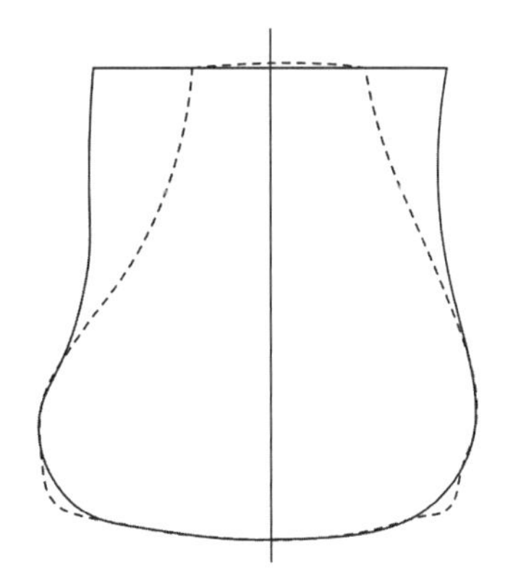

图1-35　后跟部位肉头安排

表 1-16 全国成年男性脚型规律 单位：mm

编号	部位名称	规律	脚型	
			250（三）	250（四）
1	脚长	100%脚长	250	
2	拇指外突点部位	90%脚长	225	
3	小趾端点部位	82.5%脚长	206.3	
4	小趾外突点部位	78%脚长	195	
5	第一跖趾关节部位	72.5%脚长	181.3	
6	第五跖趾关节部位	63.5%脚长	158.8	
7	腰窝部位	41%脚长	102.5	
8	踵心部位	18%脚长	45	
9	后跟部位	4%脚长	10	
10	跖趾围长	0.7脚长+常数	246.5	253.5
11	跗骨围长	100%跖围	246.5	253.5
12	兜跟围长	131%跖围	322.92	322.92
13	基本宽度	40.3%跖围	99.3	102.2
14	拇指外突点轮廓里段宽	39%基宽	38.73	39.86
15	拇指外突点里段边距	4.66%基宽	4.63	4.76
16	拇指外突点脚印里段宽	34.34%基宽	34.10	35.10
17	小趾外突点轮廓外段宽	54.10%基宽	53.72	55.29
18	小趾外突点外段边距	4.32%基宽	4.20	4.42
19	小趾外突点脚印外段宽	49.78%基宽	49.43	50.87
20	第一跖趾轮廓里段宽	43%基宽	42.70	43.95
21	第一跖趾里段边距	6.94%基宽	6.89	7.09
22	第一跖趾脚印里段宽	36.06%基宽	35.81	36.86
23	第五跖趾轮廓外段宽	57%基宽	56.60	58.25
24	第五跖趾外段边距	5.39%基宽	5.35	5.51
25	第五跖趾脚印外段宽	51.61%基宽	51.25	52.74
26	腰窝轮廓外段宽	46.7%基宽	46.37	47.73
27	腰窝外段边距	7.17%基宽	7.12	7.33
28	腰窝脚印外段宽	39.53%基宽	39.25	40.40
29	踵心全宽	67.7%基宽	67.23	69.19
30	踵心外段边距	7.63%基宽	7.58	7.80
31	踵心里段边距	9.30%基宽	9.24	9.50
32	踵心脚印全宽	50.77%基宽	50.41	51.89

注：成年男女一型常数为57.5mm，每增加1型，常数增加7mm。

任务四　楦面各点的标定

【任务描述】

了解鞋楦各点名称、位置，能够根据鞋楦数据，选取合适的方法对鞋楦上各点进行标画。通过学习楦面各点的标定，为设计科学合理的鞋款设计打基础。

【课程思政】

★学习鞋楦各部位的测量方法和标定方法——培养严谨认真、刻苦钻研的工作习惯。

一、标定部位点

（一）测量位置和数据

人脚各特征部位和关节点在楦底中线上的对应位置，包括后弧线突点A_3。部位点是与脚型规律相对应，部位点是通过脚长系数计算得来。计算公式如下：

特征部位长度＝脚长 × 部位系数－后容差

中号和中型素头皮鞋楦底数据计算方法见表1-17。

表1-17　中号和中型素头皮鞋楦底数据计算方法　单位：mm

部位名称	计算方法	部位名称	计算方法
踵心部位点	18%脚长－后容差	第一跖趾部位	72.5%脚长－后容差
外踝骨中心部位	22.5%脚长－后容差	小趾端点部位	82.5%脚长－后容差
腰窝部位	41%脚长－后容差	拇指突点部位	98%脚长－后容差
第五跖趾部位	63.5%脚长－后容差	脚趾端点部位	脚长－后容差

注：男鞋后容差一般为5mm，中号男性脚长为250mm。

（二）标定方法

用尺子自楦底后端点（*A*）起，顺楦底中线（*JA*）向前测量，并一次性地标定出踵心部位点（*Z*）、外踝骨中心部位点（*B*）、腰窝部位点（*C*）、跗骨突点部位点（*D*）、第五跖趾部位点（*E*）、第一跖趾部位点（*F*）、小趾端点部位点（*G*）、拇指突点部位点（*H*）、脚趾端点部位点（*I*）。

测量示意图如图1-36所示。表1-18列出了中号和中型素头皮鞋楦底各部位数据。

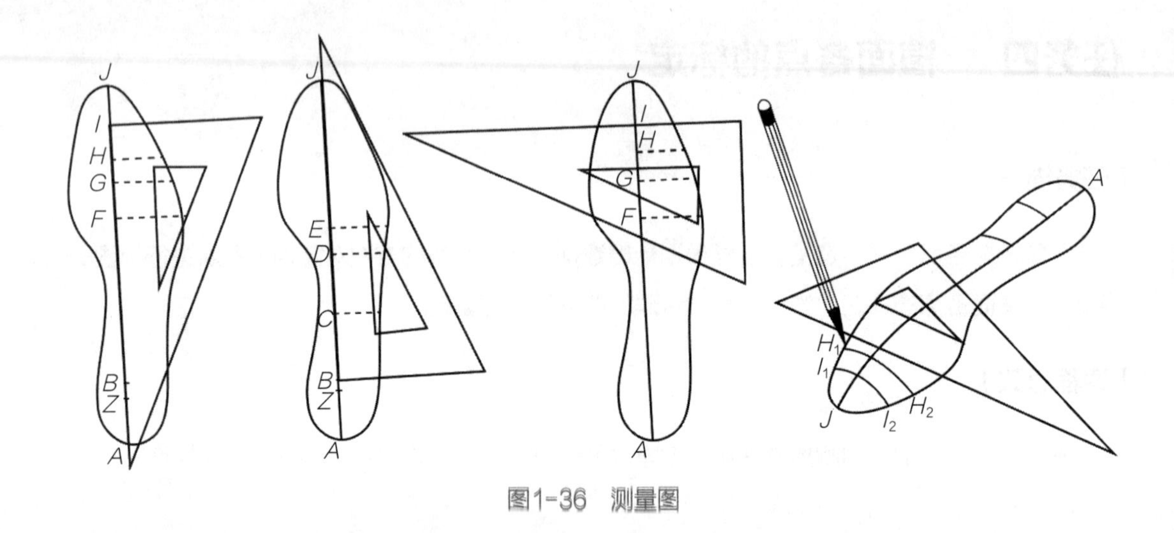

图1-36 测量图

表 1-18　　中号和中型素头皮鞋楦底各部位数据　　单位：mm

部位名称		成年男子250号	
		一般款式	全空凉鞋
后容差	—	5	4
外踝骨中心部位	*AB*	51.3	52.3
腰窝部位	*AC*	97.5	98.5
跗骨突点部位	*AD*	133.3	134.8
第五跖趾部位	*AE*	153.8	154.8
第一跖趾部位	*AF*	173.6	174.8
小趾端点部位	*AG*	201.3	202.3
拇指突点部位	*AH*	220	221
脚趾端点部位	*AI*	245	246
楦底样长	*AJ*	265	253

标定楦体后弧突点，后弧突点曲线高度A_1A_3计算方法：

$$(A_1A_3)^2 = (\text{脚长} \times \text{后跟骨突点高度脚型规律})^2 + \text{后容差}^2$$

后跟骨突点高度脚型规律及楦体后弧突点曲线高度见表1-19。

表 1-19　　后跟骨突点高度脚型规律及楦体后弧突点曲线高度

	男子	女子
后跟骨突点高度脚型规律（%脚长）	8.74%脚长	8.62%脚长
楦体后弧突点曲线高度A_1A_3/mm	22.4	20.3

二、标定边沿点、标志点

边沿点与部位点之间是对应关系，通过各个部位点作楦底轴线的垂线，与楦底边沿线相交所得的点为边沿点（图1-37）。其中第一跖趾边沿点F_2与第五跖趾边沿点E_1相连接，就得到了楦底斜宽线。楦底斜宽线与楦底轴线的交点W是前掌凸度点。

楦底边沿线上各部位点的对应点，外怀边沿点用角码1表示，内怀边沿点用角码2表示。

标志点是脚的特征部位在楦面上的标志，大部分集中在楦背中线和后弧中线上。楦面上选取的点是标志点，用角码0表示。楦体上点的名称见表1-20。

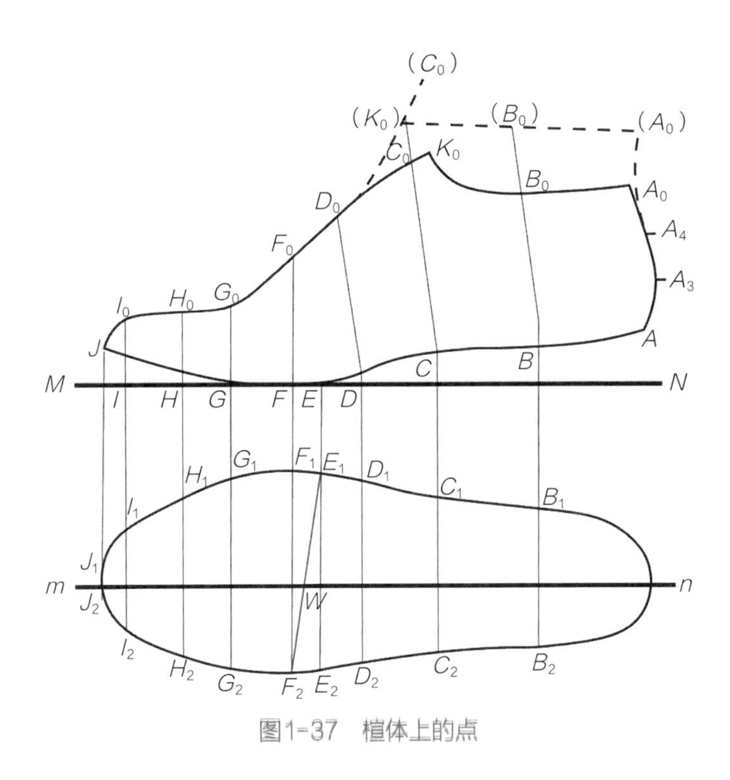

图1-37　楦体上的点

表1-20　楦体上点的名称

序号	字母	名称
1	A	楦底后端点
2	B	外踝骨中心部位点
3	C	腰窝部位点
4	D	跗骨突点部位点
5	E	第五跖趾部位点
6	F	第一跖趾部位点
7	G	小趾端点部位点

续表

序号	字母	名称
8	H	拇指突点部位点
9	I	脚趾端点部位点
10	B_1	外踝骨中心边沿点（外怀）
11	C_1	腰窝边沿点（外怀）
12	D_1	跗骨突点边沿点（外怀）
13	E_1	第五跖趾边沿点（外怀）
14	F_1	第一跖趾边沿点（外怀）
15	G_1	小趾端点边沿点（外怀）
16	H_1	拇指突点边沿点（外怀）
17	I_1	脚趾端点边沿点（外怀）
18	B_2	外踝骨中心边沿点（内怀）
19	C_2	腰窝边沿点（内怀）
20	D_2	跗骨突点边沿点（内怀）
21	E_2	第五跖趾边沿点（内怀）
22	F_2	第一跖趾边沿点（内怀）
23	G_2	小趾端点边沿点（内怀）
24	H_2	拇指突点边沿点（内怀）
25	I_2	脚趾端点边沿点（内怀）
26	A_0	统口后端标志点
27	B_0	外踝骨标志点
28	K_0	统口前端标志点
29	C_0	腰窝标志点
30	D_0	跗骨突点标志点
31	E_0	第五跖趾标志点
32	F_0	第一跖趾标志点
33	G_0	小趾端点标志点
34	H_0	拇指突点标志点
35	I_0	脚趾端点标志点
36	A_3	后跟突点
37	A_4	后跟上缘点
38	J、J_1、J_2汇集于一点	楦底前端点

(一)确定标定坐标

1. 确定鞋楦踵心垫高

鞋楦踵心垫高数据是基础坐标状态的主要标志之一，它与楦的前后跷密切相关，鞋楦踵心垫高可以通过测量直接得到。使楦底的前掌凸度点位于接触面的正中间，用直尺在垂直于工作台的情况下进行测量，如图1-38所示。

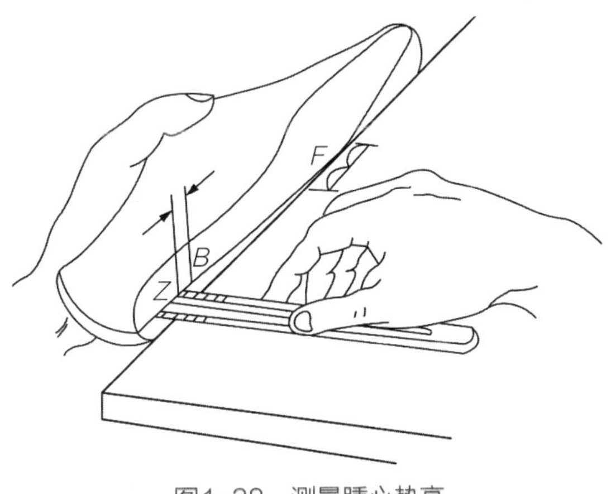

图1-38　测量踵心垫高

2. 确定标定坐标

鞋楦底部各部位点与楦面边沿点、标志点之间存在对应关系，并和前后跷有直接关系。根据脚的结构和生理特点，楦面边沿点、标志点的确定，必须以前掌凸度点为分界线，分成前后两端，并按照具体情况进行标定。

在标定时，要先确定基础坐标、平均坐标、后跷坐标。基础坐标是指楦体前掌凸度点着地后，后跟垫上踵心垫高时楦体所处的状态。后跷坐标是指楦体前掌凸度点于楦底后端点之间的连线。平均坐标是指基础坐标和后跷坐标的平分线位置。

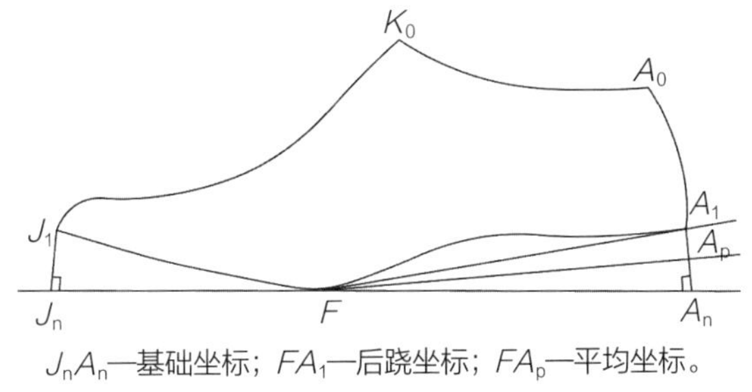

J_nA_n—基础坐标；FA_1—后跷坐标；FA_p—平均坐标。

图1-39　楦体坐标

3. 楦体前部各点标画

楦体前部各点标画选择基础坐标，包括脚趾端点、拇指外突点、小趾端点。鞋楦前跷变化较小，结合脚趾和跖趾部位的楦体造型，在活动过程中需要较大空间，采用基础坐标进行标定，正好是运动过程中最前的位置。

4. 楦体后部各点标画

楦体后部各点标画选择后跷坐标，包括外踝骨中心、腰窝、跗骨突点、第五跖趾。用后跷坐标进行标画，正是在人体重力作用下，脚型各关节前移的实际位置。

（二）标定方法

1. 划盘针

可以使用划盘针进行楦面标志点、边沿点的标画，如图1-40所示。根据楦前后部位的不同，选择合适的坐标系，垫高合适的楦底高度，使用划盘针在楦面上绘制。

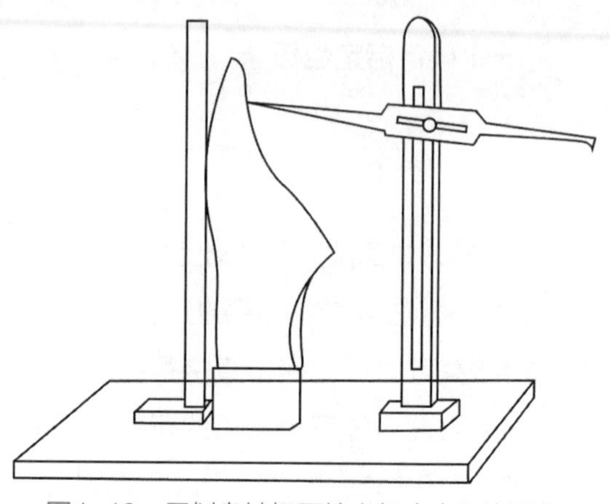

图1-40 用划盘针标画楦上标志点和边沿点

2. 横位标定边沿点

使用横位标定法就是用三角板或直尺等工具标画楦底边沿点的方法。用左手握住鞋楦，确定基础坐标，对准脚趾端点部位点、拇指端点部位点、小趾端点部位点、前掌凸度点等，垂直于楦底中线画线交楦底边沿线上于一点，标画好一侧后标画另外一侧。

确定后跷坐标，标画楦后部各边沿点，包括第五跖趾内边沿点、外边沿点，跗骨突点内边沿点、外边沿点，腰窝内边沿点、外边沿点，踝骨内边沿点、外边沿点等，绘制方法如上。边沿点横位标定如图1-41所示。

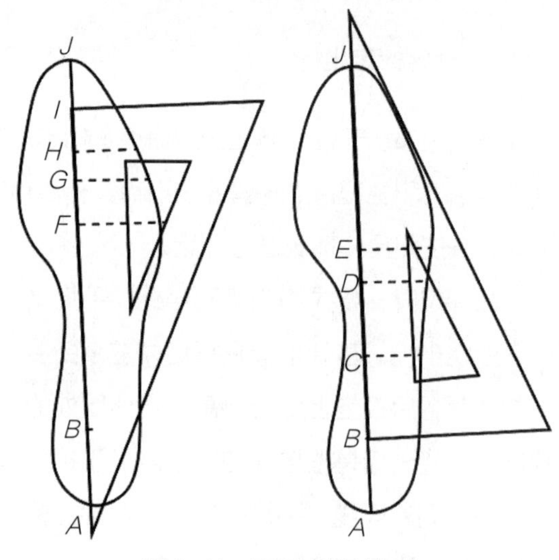

图1-41 边沿点横位标定

3. 标志点横位标定

楦面各标志点分别位于背中线、统口线、后弧线上。首先确定前后两部分在测量时对应的坐标，然后在平面上绘制平行线，用三角板或直尺在楦面标画标志点，如图1-42所示。

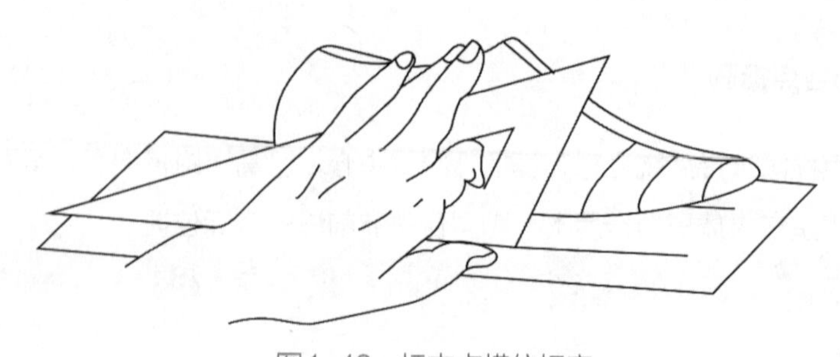

图1-42 标志点横位标定

【任务拓展】

选择一款男鞋楦，使用手工标定的方法进行楦面各点的标定，并阐述坐标选择的原因。

【岗课赛证技术要点】

岗位要求：

能根据结构设计要求，独立完成楦面各点的标画。

竞赛赛点：

能根据提供鞋楦的特点，准确进行楦面各点的标画。

证书考点：

楦面各点选取的准确性直接影响结构设计的准确性。

项目二

鞋类结构设计原理

本项目主要介绍鞋类结构设计过程中的设计方法、标志点与控制线、取跷操作等。从鞋类设计的出现开始，为设计出更舒适的鞋，制鞋工匠一直在总结设计方法。标志点和控制线是鞋款结构设计第一步，对鞋款造型、位置以及后期制鞋工艺、穿鞋舒适度都有着一定的影响。取跷操作可以有效地平衡平面的结构设计与三维的楦表面之间的关系，是平面鞋样板变为立体鞋的有效方法。

【学习目标】

知识目标	技能目标	素质目标
掌握鞋类结构设计流程	能准确进行鞋类结构设计规划	对接设计师岗位要求，提升线条规划能力
理解点标定的原则	能准确找到定位点	
掌握基本控制线的绘制和作用	能完成基本控制线标画	扎实掌握知识，能灵活运用、举一反三进行技术操作
掌握样板的取跷方法	能进行帮部件取跷操作	

【岗课赛证融合目标】

❶ 对接设计师岗位能力要求，学习贴楦操作和控制线规划。

❷ 对接鞋类设计技能竞赛，能掌握取跷的原理和样板取跷方法。

任务一　结构设计方法与流程

【任务描述】

鞋类结构设计是设计师在鞋楦上根据一定的规范，将平面设计款式转移成楦面设计线条，再根据各部件的属性要求，制作成种子样板、标准样板、折边（做帮）样板、里样板的过程。为后期工艺加工、生产刀模做准备，是保证鞋类生产顺利进行的重要步骤。

【课程思政】

★根据结构设计原理，了解设计流程规划，在转型升级背景下，接受发展新趋势——传承创新、精益求精。

一、常见男鞋结构款式

口门指脚在穿鞋过程中首先需要伸进去的位置。如果把鞋比作房屋，口门就是进入房屋的大门。并且这个门比较特别，有多种类型。常见男鞋的鞋款结构按照口门类型分为明口门和暗口门。直接能被看到的“门”称作明口门，隐藏在其他部件后面的称作暗口门；“门”左右形状不对称的称作旁开口门。同时，这个“门”还有多种轮廓线条，可以让鞋款的造型看起来更丰富。对于口门轮廓线条的造型来说，男式鞋变化少，一般选用直线条，便于后期工艺加工，同时体现男性阳刚果断的性格特征。

口门类型不同，适合的鞋款式也有差异。明口门如凉鞋、内耳式鞋、横条舌式鞋等；暗口门如外耳式鞋、整体舌式鞋等；特殊口门如靴的旁开口门，装配拉链、弹力布等便于穿脱。口门类型见表2-1。

表 2-1　　口门类型

<table>
<tr><th>口门类型</th><th colspan="3">鞋款</th></tr>
<tr><td rowspan="2">明口门</td><td>凉鞋</td><td>内耳式鞋</td><td>横条舌式鞋</td></tr>
<tr><td></td><td></td><td></td></tr>
</table>

续表

口门类型	鞋款		
暗口门	素头外耳鞋	外盖外耳鞋	整体舌式
特殊口门	靴鞋		

常见的男鞋鞋款按照结构分为耳式鞋、舌式鞋、运动休闲鞋、靴鞋、凉鞋等；按照结构分类也是鞋款设计中的分类方式。本书选取比较有代表性的鞋款为例进行结构设计讲解，款式有素头外耳式、围盖横条舌式、围盖外耳式、双破缝旋转式、燕尾三节头式、整体舌盖式、切尔西靴、休闲通勤鞋等。

（一）耳式鞋

耳式鞋俗称系带鞋，是低腰鞋中较常见的款式之一。耳式鞋帮面以鞋耳为主要特征部件，以穿系鞋围的方式控制鞋口的开闭。耳式鞋的造型变化点主要集中于鞋耳结构、前帮结构、鞋耳造型、前帮造型、后帮造型等，如图2-1所示。

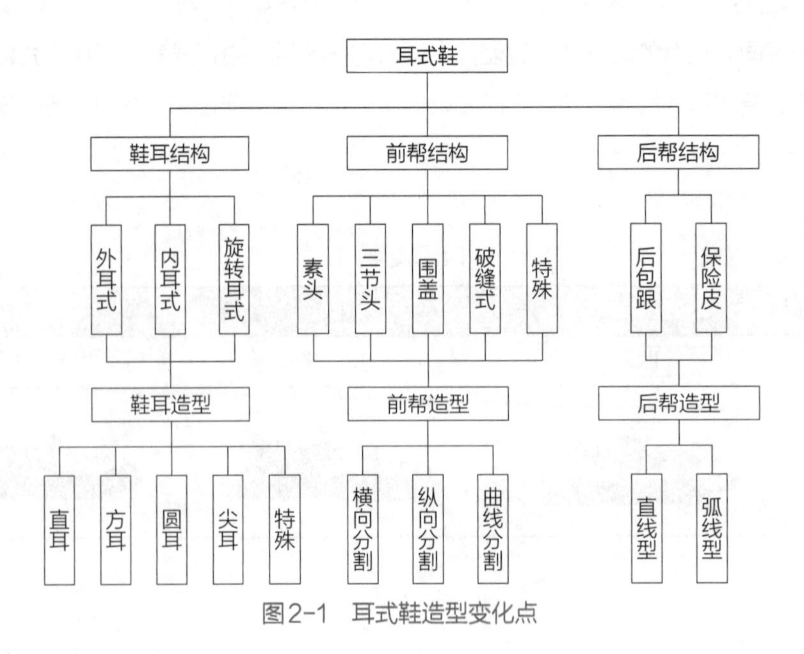

图2-1 耳式鞋造型变化点

耳式结构包括外耳式、内耳式、旋转耳式3种基本类型，一般前帮不进行分割、完整一体的称作素头耳式鞋，如图2-2所示。

素头外耳式鞋　　素头内耳式鞋　　素头旋转式鞋

图2-2　素头耳式鞋

1. 外耳式鞋

外耳式鞋指的是鞋耳压在前帮上的一类鞋，前帮不进行分割的称作素头外耳式鞋。为了丰富造型，设计前帮部分结构时可进行分割，分割线条有横向分割、纵向分割、曲线分割等，如图2-3所示。典型的横向分割款式有平头、燕尾三节头款式；纵向分割的款式有围盖外耳式；曲线分割设计较为自由，可根据设计要求进行设计。

横向分割

纵向分割　　曲线分割

图2-3　外耳式鞋多种造型

2. 内耳式鞋

内耳式鞋指的是前帮压在鞋耳上的一类鞋款，前帮不进行分割的称作素头内耳式鞋。根据造型需要前帮也可以进行分割，分割方式与外耳式鞋相似。三节头内耳式鞋（横向分割）如图2-4所示。

图2-4　三节头内耳式鞋（横向分割）

3. 旋转耳式鞋

旋转耳式鞋从外形上可以看作是外耳式鞋的变形，即将外耳式内怀一侧的鞋耳进行变形和延伸，以扣绊或者粘贴的形式结合在外怀一侧的款式。旋转耳式前帮部分线条可有多种分割方式，如整前帮（素头）、直线分割、纵向分割等；扣绊也有多种造型，如单扣绊、双扣绊等，如图2-5所示。

单扣绊

双扣绊

图2-5　旋转耳式鞋

（二）舌式鞋

舌式鞋结构以鞋款具有鞋舌为典型特征，是低腰鞋中较常见的款式之一。舌式鞋根据鞋舌结构的特点，分为整体舌式、横条舌式鞋等。由于没有鞋带、纽扣、绊带等附件，穿脱非常方便，也称作一脚蹬鞋。舌式鞋的造型点主要集中在鞋舌结构、前帮结构、横条造型和后帮造型等部分，结合工艺，让舌式鞋具有丰富的变化，如图2-6所示。

1. 整体舌式鞋

整体舌式鞋指鞋舌与前帮或者鞋舌与前帮盖连成一体的鞋款，造型简洁明快，整体感强，如图2-7所示。

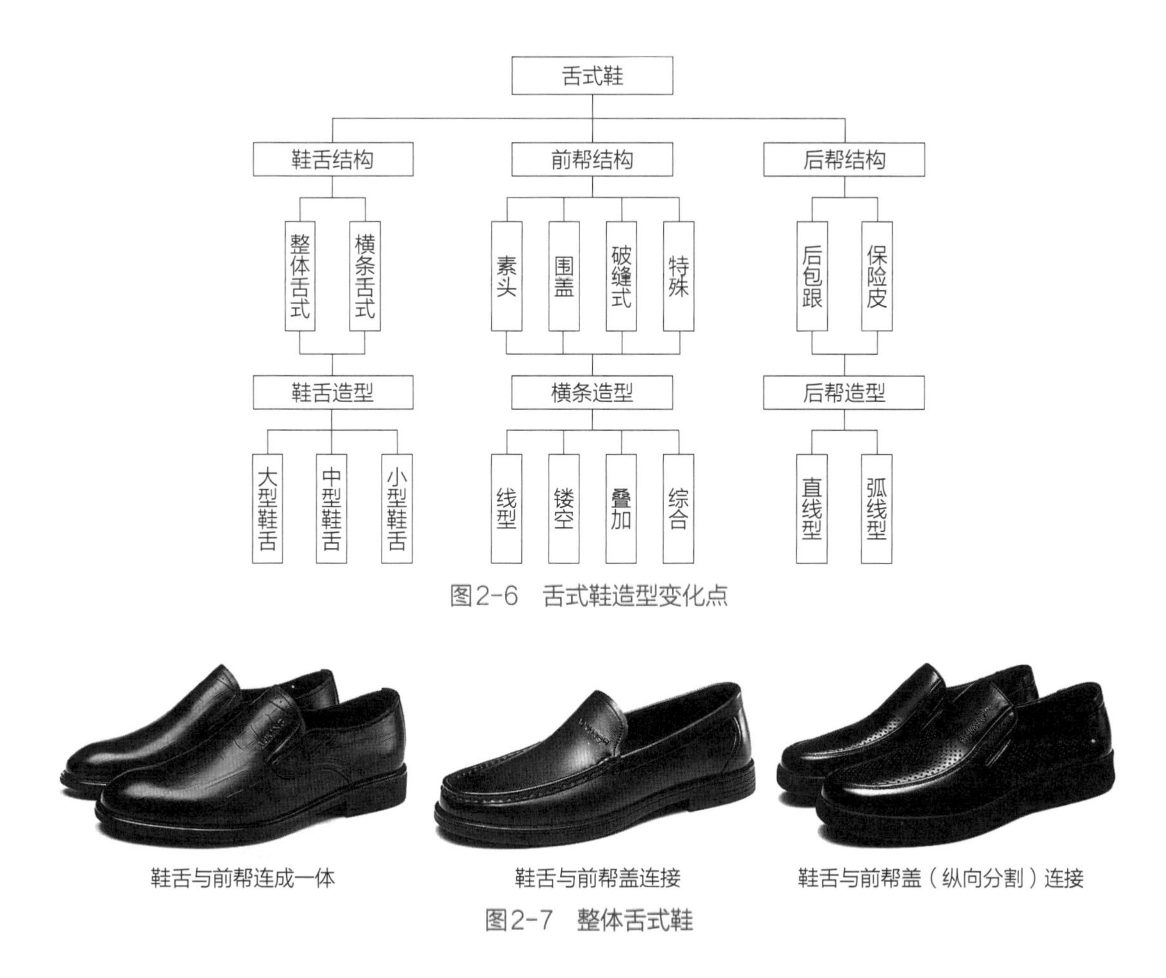

图2-6　舌式鞋造型变化点

鞋舌与前帮连成一体　　鞋舌与前帮盖连接　　鞋舌与前帮盖（纵向分割）连接

图2-7　整体舌式鞋

2. 横条舌式鞋

横条舌式鞋也称作分体式舌式鞋，典型特征是鞋舌与前帮横向断开，常在断开处设计横条遮挡断帮线，同时横条也起到装饰美化作用，横条款式变化非常丰富，如图2-8所示。

图2-8　横条舌式鞋

（三）运动休闲鞋

随着流行趋势的变化，具备休闲风格的皮鞋备受欢迎。运动休闲鞋（图2-9）拥有运动鞋的脚感，在款型设计上，做出商务+运动风格的大胆创新，将舒适灵活的运动鞋和传统优雅的皮鞋进行融合，打破了对男士鞋履的传统定义。

图2-9 运动休闲鞋

（四）靴鞋

后帮高度超过脚踝骨高度的鞋子都可以称为靴鞋。根据靴筒高度，可分为高腰靴、矮筒靴、半筒靴、中筒靴、高筒靴、长筒靴。高腰靴是指后帮高度介于脚踝骨和脚腕之间的靴子；矮筒靴是指靴筒高度在脚腕附近的靴子；半筒靴是指靴筒高度介于脚腕和腿肚之间的靴子；中筒靴是指靴筒高度在腿肚附近的靴子；高筒靴是指靴筒高度在膝盖附近的靴子；长筒靴是指靴筒高度在膝盖上的靴子。对于男靴来说，较为常见的款式是高腰靴和矮筒靴。不同高度靴鞋如图2-10所示。

图2-10 不同高度靴鞋

二、结构设计一般流程

鞋类结构设计在鞋类整体造型设计中占有主要地位，是决定鞋类产品款式和造型的核心部分。最早的鞋类结构设计是比脚做鞋，根据脚的长短、肥瘦制作鞋样；制鞋的品种以布鞋为主，难以形成规模，以家庭做鞋为主。随着鞋楦的发展，现在的鞋类结构设计主要指以通过鞋楦制取样板并用于制鞋的方法。这种方法适用性更强，推动了现代制鞋的发展，以生产线批量化为主。现在的鞋类结构设计主要包含传统手工制板和现代电脑软件制板两种。手工制板是学习鞋类结构设计的基础，包括选楦、贴楦、标点画线、展平、样板制作等部分。现代电脑软件制板是鞋类结构设计趋势，适应于制鞋行业智能制造转型升级，提高效率。

本书主要适用于鞋类结构设计的初学者，以基础的手工制板为主。主要包含以下流程。

（一）选楦

1. 鞋楦品种的选择

鞋的结构变化多样，选择的鞋款款式也需要根据鞋款特点的变化，否则会出现成鞋穿着不舒适的情况。如在设计一脚蹬鞋时，设计者为了保证成鞋在穿着过程中的跟脚性，会选择偏瘦的鞋楦，否则选择较宽的凉鞋楦就不合适。设计适于春、秋季节穿着的满帮鞋（素头外耳式鞋、三节头鞋等）时，若选择浅口鞋楦，就会出现成鞋压脚背的情况。所以，合理分析鞋款的特点，选择合适的鞋楦对于成鞋的合脚性非常重要。一般情况如下：

①男素头楦，跗背较高，跗面较窄，避免鞋带或扣绊对脚束缚过紧，适合设计内耳式鞋、外耳式鞋、各种开口式鞋。

②男三节头楦，跗背较高，跗面较窄，避免鞋带或扣绊对脚束缚过紧，但为了鞋头造型，楦长比普通素头鞋长，适合设计男式三节头鞋。

③男舌式鞋楦，跗背较低，便于成鞋跟脚，适合设计各种男舌式鞋。

④男围盖楦，具有明显的鞋楦侧楞线，适合围子鞋、盖鞋、缝埂鞋、包底鞋等。

2. 鞋号的选择

鞋企研发部门开发样品鞋时，一般选用中间号鞋楦，指中间码、中间型。原因如下：

①中间号的鞋楦大小视觉比例合适，制作出来的鞋款感官比例好，便于造型修改和确定鞋款。

②节约成本，确定批量化生产后，通过样板扩缩的手段即可获得全鞋号样板。

③可以满足大多数顾客的要求。

④中间号的标样楦是机械制楦缩放大小号的前提和依据。一般情况下，男中间码选用250号或者255号，在设计外销鞋款时根据订单要求进行鞋码选择，如欧美款可能会选择加大鞋码。男中间型为二型半，是最常见的男楦肥瘦型，但男特殊工种鞋会选择三型，如劳保鞋、糖尿病鞋等。

中国鞋号的尺码与脚长相对应，在进行后续操作中，各部位系数的对应较为方便。需要注意的是，有些鞋楦不够标准，选用前要进行核对。

3. 鞋楦质量

确定鞋楦的款式和尺码后，在选择鞋楦时，还需要进行质量检查，主要是感官检查。鞋楦质量应该光滑、平整、无形变、无损伤，同时，鞋楦编码清晰，保证鞋类结构设计的准确性。

（二）贴楦

1. 贴楦

现多用美纹纸在鞋楦上进行粘贴，根据鞋类加工工艺的不同，包含半贴、全贴等方式。耳式鞋、舌式鞋、休闲皮鞋、靴鞋等一般采用半贴法；半套鞋、全套鞋、条带凉鞋等一般采用全贴法。

2. 三点一线

在进行鞋类结构设计前，需要对鞋楦进行标画，首先需要确定的是三点一线。三点一线将鞋楦用纵剖线分为内、外两部分。在进行楦面结构设计时，主要在楦外侧进行绘制，然后通过一定方法完成结构设计。所以三点一线的标画是做好结构设计的首要条件之一。

（三）标点画线

鞋的造型多种多样，但楦面结构线条的绘制不能天马行空，需要有一定的规矩进行规范，才可以设计出合理、美观的鞋。这个规范就是鞋楦上的设计点和控制线。

1. 标定鞋楦各设计点

根据脚型规律进行计算，选择合适的坐标，在鞋楦上标定部位点、边沿点、标志点。在楦底轴线上的称为部位点，在楦面背中线上的称为标志点，在楦底边沿线上的称为边沿点。

2. 标画基本控制线

以脚型规律为基础，选取一些有代表性的标志点、边沿点，用直线进行连接，构成基本框架，形成基本控制线，主要用于帮样设计时的一种标尺，控制鞋款设计的基本轮廓，保证鞋款设计的直观效果和穿着过程中的舒适性。

一般情况下，控制线包括前帮控制线、腰帮控制线、外怀帮高控制线、后帮中缝高控制线、腰怀控制线、后帮上口控制线。

3. 设计楦面结构线条

描画时根据基本控制线的位置，描画鞋帮款式，应先以细线轻轻描画，修改满意后再加深线条。注意，各个定位点之间的连线要连贯、顺滑。设计者可根据经典款式进行线条描画，也可以根据款式特点融入设计者的创作理念和情感。图2-11所示为楦面结构线条。

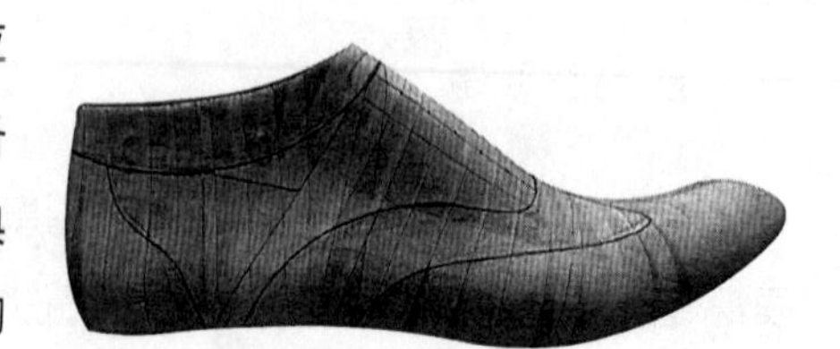

图2-11　楦面结构线条

（四）展平

楦面款式线条绘制完成后，将楦体上的美纹纸沿楦体中线、后弧中线、统口边沿线、楦底边沿线切开，并从前到后慢慢撕下，避免撕破，如图2-12所示。揭下来的纸形与楦面相似，呈现曲面状态，需要进一步整理，将其展平。展平过程中注意手法，尽可能保持楦斜长、楦宽、楦后跷高度不变化，保证展楦的准确度。

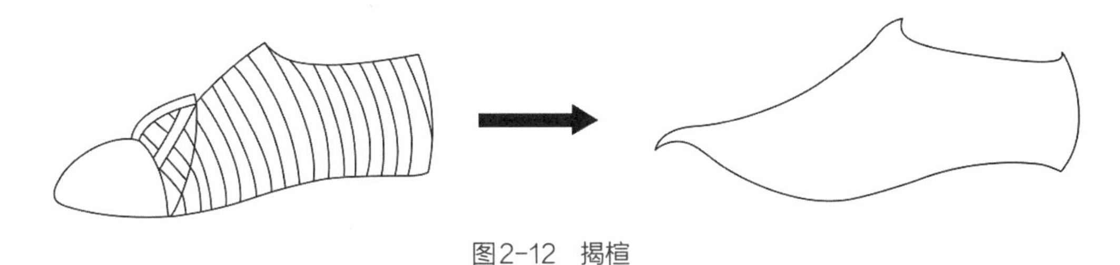

图2-12　揭楦

先用左右手拉住楦前尖和后弧突点部位的美纹胶带纸，使楦面纵向自然展直，尽量保持楦面总长度不变，再轻轻地将其粘贴在备好的样板纸上。然后使用直尺、剪刀等工具进行展楦操作。展平时，可先将半球状的后跟、前尖部位用剪刀垂直楦底边沿线方向打剪口，数量为3~4个，再用直尺推平。

打剪口后，楦底边线变长，在半面板制作中会对后弧线进行重新修正。

在跖趾部位，处于鞋楦跷度最大处，呈马鞍状，在均匀用力贴平过程中会出现褶皱，导致背中线变短，属于正常现象，在制作该部位标准样板过程中通过转跷、补长等方式还原褶皱缩短量。

（五）样板制作

1. 种子样板

种子样板是根据从鞋面上揭下并在白卡纸上展平的原始样板进行内外怀差别处理、绷帮余量的添加、后跟弧度线修正等步骤后得到的样板。种子样板又称为基础样板，是在结构设计完成后到样板分片制作前的基础样板。种子样板是后续样板的基础，它的美观度和准确度直接影响成鞋造型。

（1）内外怀差别处理

鞋楦属于不规则曲面，将其进行纵剖后，内外怀肉体安排存在差异。根据测量分析得出，楦跖趾线之前内外差异较小，内怀部分肉体安排有向前向上1~2mm的趋势。腰窝部分肉体安排差异最为明显，楦面差异为3~5mm，楦边楞线差异5~8mm。楦后跟部分，差异逐渐变小并消失。

楦面上的内外怀差别需在制作标准样板过程中处理，如围盖、围条、鞋耳、鞋舌、后帮上口等部位。按照内外怀肉体安排区别，内怀部件向前向上处理，如图2-13所示。

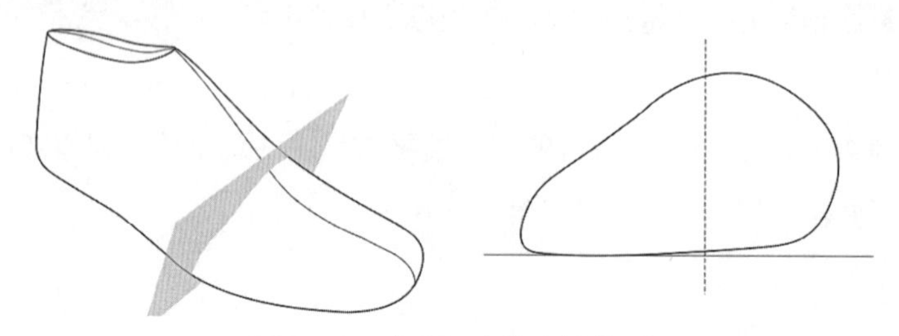

图2-13　内外怀肉体安排差别

除了肉体安排差异外，内外怀样板展开后，跷度也有差异。楦体上，内外怀楦面连为整体，跷度相同。展平后，内外怀跷度不同，内怀低于外怀。

内外怀楦面种子样板背中线前半部分重合，则楦底后中心点相对于前掌凸度部位点或统口后端点相对于前掌凸度标志点存在夹角，称为内外怀跷差。这个跷差较大，尤其在腰窝部位，所以在样板处理时，此部分需要特别处理。后跟部分，因为同类型鞋楦后跟造型变化不大，在实际样板制作时不做差别化处理，这样便于样板和工艺制作，如图2-14所示，实线为外怀，虚线为内怀。

楦底边沿内外怀差别处理，从楦底角度分析鞋楦，前帮控制线至外怀帮高控制线处，内怀肉头明显多于外怀。腰窝部位尤其明显，在下部有很大的弯度，所以，中部底边沿线，内怀大于外怀且位于外怀的外面，最大差别在腰窝部位处。所以从跖趾线附近到跗骨和腰窝部位处差值最大（5~8mm），至踝骨附近内外怀重合，如图2-15所示。

由楦体可以看出，外怀帮高部位往后直至后端点处，内外怀楦面的肉头基本相当，所以此处楦面（原始）样板的内外怀底边沿线相互重合，没有差别。通常，重合点控制在踝骨附近比较合适。

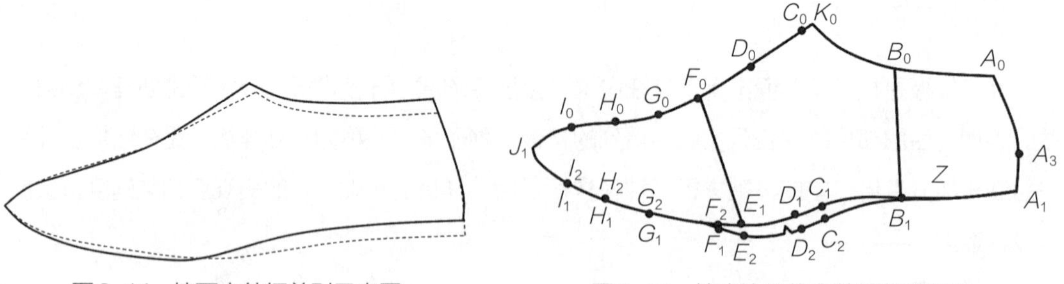

图2-14　楦面内外怀差别示意图　　图2-15　楦底边沿线内外怀差别处理

（2）绷帮余量

大部分皮鞋属于胶粘鞋，也就是帮面、鞋底的结合方式为胶粘成型。为了保证成鞋质量，提高剥离强度，鞋帮边脚有一部分需要压在楦底，这部分多出来的量就是绷帮余量，如

图2-16所示。根据大量测试分析，绷帮余量不是越大越好。依据保证品质、节约材料的原则，柔软皮革材质的参考放量数据为：13～17～15mm，如果帮面材质厚硬，则绷帮余量适当加大2～3mm。

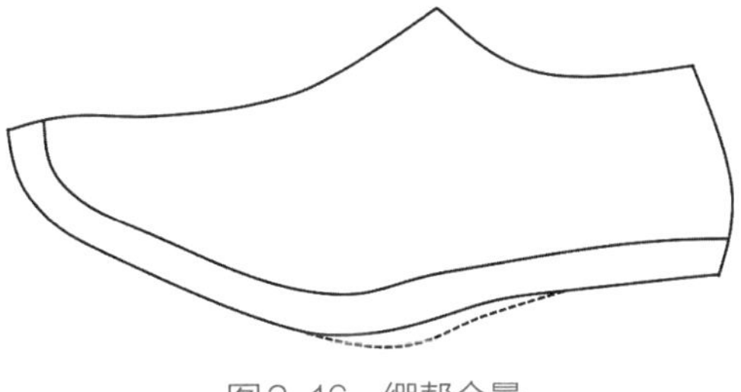

图2-16　绷帮余量

（3）线条修正

线条修正包括楦面线条修正和后弧线条修正两部分。

楦面线条修正是指楦面进行展平处理后，因为楦面褶皱的出现导致线条出现一定的变化。根据结构设计款式，使用曲线板进行线条光顺的线条修正，保证曲面转平面后的线条符合设计美观和准确要求。

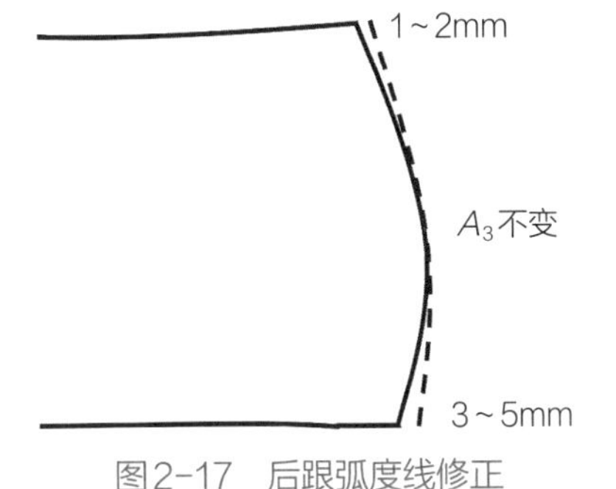

图2-17　后跟弧度线修正

后弧线条修正，通常不需要进行后弧线的分怀处理，用外怀后弧线代替内怀后弧线，借助材料的延伸性和弹性以及绷帮的拉力等工艺手段来弥补内外怀后弧线的差别。但为了保证鞋帮套比较伏楦，需要对后弧进行修正。修正后的后弧线与鞋楦后弧线的正投影形状基本类似，但比鞋楦后弧线的正投影形状稍直。上端点收1～2mm；凸度点不变；楦后跟处在展平过程中打剪口，尺寸变大，所以下端点收3～5mm，如图2-17所示。

2. 标准样板（净样板）

通过取跷等操作获得的具有内外怀两侧的样板，具备完整的标志点、线及中点标志、内外怀标并标出样板名称和所用鞋楦编号。

3. 折边（做帮）样板

折边样板用于皮鞋制作的做帮工段，用于折边和画线。在标准样板的基础上放出除折边量之外的工艺加工量；复制出标准样板上的所有标志点、线（也称为“定针”），并标记出部分工艺加工量（如压茬量等）。

4. 下料样板

在做帮样板的基础上加放折边量，只有中点标志和内怀标志。供划料车间工人进行材料套划或者制作下裁刀模使用。

5. 鞋里样板

根据种子样板或标准样板制作，用于鞋里材料的工艺处理，包括中心点、里怀标记、压茬量、合缝量、冲里量、翻缝量等。

6. 其他样板

为了保证成鞋的稳定性，根据种子样板、标准样板制作衬布、主跟、内包头等样板。

三、结构设计发展趋势

《中国制造2025》是2015年5月经国务院部署全面推进实施制造强国的战略行动纲领文件，在纲领指导下，鞋类企业从传统制造向智能制造转型。2021年2月的数字化改革大会，全面部署数字化改革工作，鞋类产业迎来了大规模数字化流程改造。

一直以来，制鞋企业属于劳动密集型产业，随着劳动力成本越来越高和全球经济一体化进程的加快，鞋类生产营销模式需要转变。鞋类产业实际生产需求和智能制造化转型过程中需要将新工艺、新技术、新设备等引入，实现鞋类“智造”，节省人工成本，提高生产效率。鞋类“智造”，是以智能设计、智能裁剪、智能缝制、智能流水线、智能工序为特征的模块化体系。传统制鞋企业，需要加快产业转型升级步伐，有效降低综合成本，提升效率，可持续发展。

建立“虚拟化设计研发—数字化工业制板—智能化大货生产”的“智造工序”是鞋企改革的趋势。在鞋类结构设计部分对应的是数字化工业制板。在国内大部分企业，如百丽、奥康、红蜻蜓等企业，鞋类结构设计从传统手工制板向电脑软件开板转变，鞋类开板软件有意大利Shoemaster、葡萄牙Mind、英国Delcam和ShoeDoctor（鞋博士）等，企业对制板人员需求明显下降。电脑开板可连接智能裁断机直接进行排板和裁断，加快了鞋企设计，缩短了加工周期。鞋类“智造”加快了对传统制鞋生产线、生产制造设备的转型、换代，提高了制鞋生产水平和效率。

计算机样板制作过程主要是将制作好的半面板导入样板软件中，描绘线条后进行分片操作，制作出标准样板。根据工艺要求，在标准样板基础上增加工艺量，完成下料样板和里样板的制作。样板制作完成后，转化为数字化样板，生成刀模路径，使用智能切割机切割样板或者直接用于智能裁断机，完成鞋款帮面材料的下裁。数字化结构设计如图2-18所示。

与手工开板相比，计算机开板更快、更节省资源，但手工开板是基础，只有掌握扎实的手工开板知识，才能提高软件开板的速度和准确率。本书将系统讲解手工开板基础知识，为从事鞋类开发设计打下坚实的理论基础。

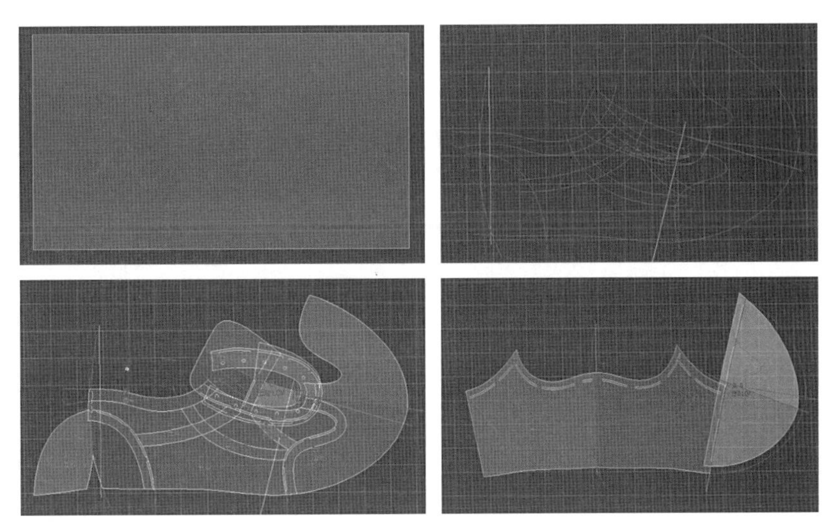

图2-18　数字化结构设计

【任务拓展】

❶ 根据结构设计原理，选择指定鞋款，规划结构设计流程。

❷ 结合结构设计发展趋势，对鞋企转型升级需求进行资料收集。

【岗课赛证技术要点】

岗位要求：

能根据鞋靴款式特点进行结构设计流程规划，为后续开板做准备。

竞赛赛点：

能根据提供款式特征描述，规划结构设计流程。

证书考点：

规定时间内完成既定鞋款结构设计规划。

任务二　标画“三点一线”及基本控制线

【任务描述】

在鞋楦上进行贴楦操作，根据帮面设计的特点，对有代表性的点进行标记，根据美观和舒适性原则，标画基本控制线。设计点和控制线的准确找取，是进行鞋类结构设计的首要任务。

【课程思政】

★准确找取鞋楦上的设计点、控制线，保证结构设计的准确性和成鞋的舒适性——以人为本、精工细琢。

一、贴楦操作

贴楦操作

（一）贴楦

贴楦的目的是将楦面线条转移到平面样板纸上，制作种子样板。早期贴楦材料选择的是牛皮纸，使用时需要先将牛皮纸揉软，再用胶黏剂粘贴在楦面上。随着材料的发展和制鞋技术的不断提升，现在进行贴楦操作的材料一般选用美纹纸。美纹纸具有一定弹性，粘贴和展平过程中不易破，误差小，并且方便快捷。

1. 贴补强条

为防止在揭下楦面过程中出现美纹纸断开、散开等问题，在贴楦过程中首先要粘贴补强条，补强条位置为楦背中线、后弧中线、楦斜长等位置，在贴楦和展平过程中起到固定、连接美纹纸的作用，如图2-19所示。为了减少形变误差，贴补强条时不要用力拉拽美纹纸，轻轻抚平楦面美纹纸，跖趾部位贴不平可用美工刀或剪刀打剪口，数量为3～5个，方向为垂直美纹纸边线。贴补强条选用的美纹纸可以选择较细的尺寸，如宽度20mm或25mm的美纹纸。

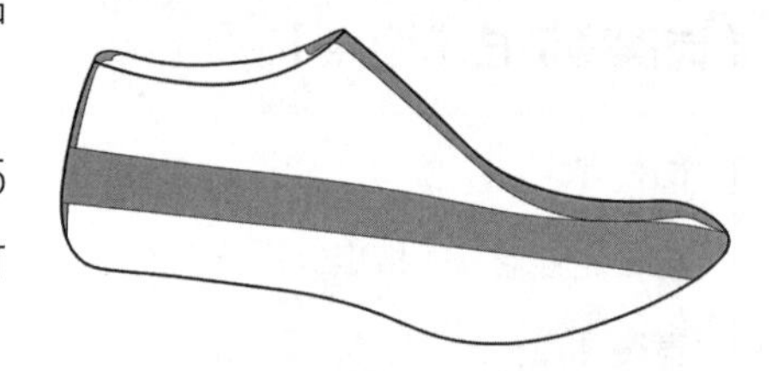

图2-19　贴补强条

2. 贴楦面

为了便于揭下美纹纸粘贴出的楦面，在贴楦过程中要求按照一定方向进行粘贴，一般情况选择从前向后粘贴。在粘贴过程中要求美纹纸1/3～1/2重叠，基本不要出现单层，可有效防止揭下时美纹纸断裂。为了减少形变误差，贴补强条时不要用力拉拽美纹纸，轻轻抚平楦面美纹纸。贴楦面选用的美纹纸可以选择较宽的尺寸，使粘贴过程更快速，如宽度30，40，50mm的美纹纸。

常用的贴楦方法有3种，即横向贴楦法、纵向+横向贴楦法、斜向贴楦法。使用横向贴楦法时，粘楦前身，需要注意美纹纸方向与鞋头方向基本平行；过跖趾位置之后，楦面肉体安排较多，适当调整方向；到鞋楦后身时，美纹纸方向垂直于楦底边沿线，如图2-20所示。

使用纵向+横向贴楦法时，要求与横向贴楦法相同，差异为贴到鞋楦后身时，美纹纸方向平行于楦底边沿线，如图2-21所示。

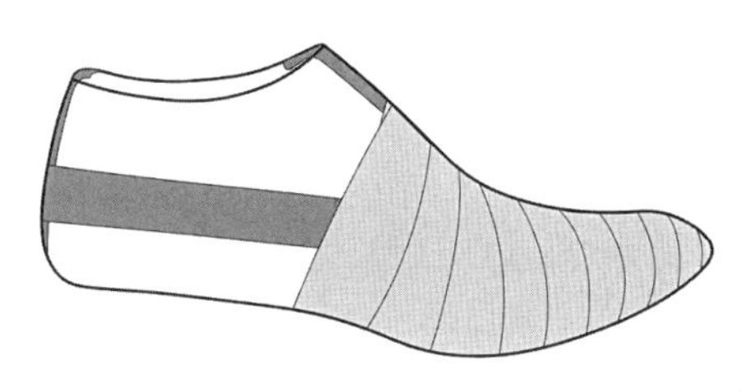
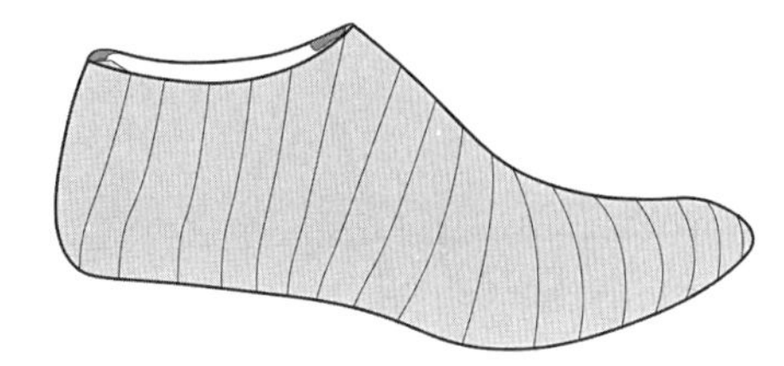

图2-20　横向贴楦法

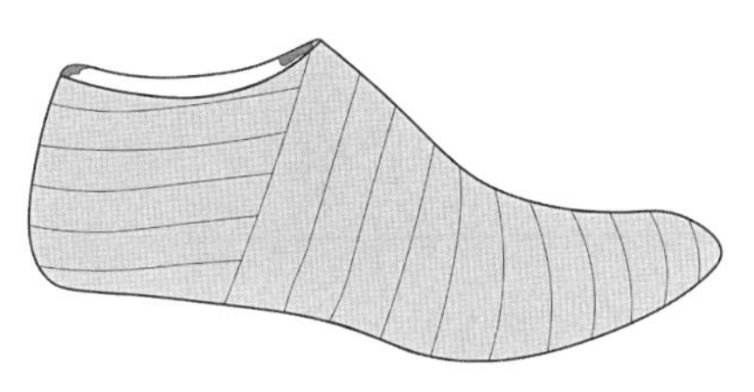

图2-21　纵向+横向贴楦法

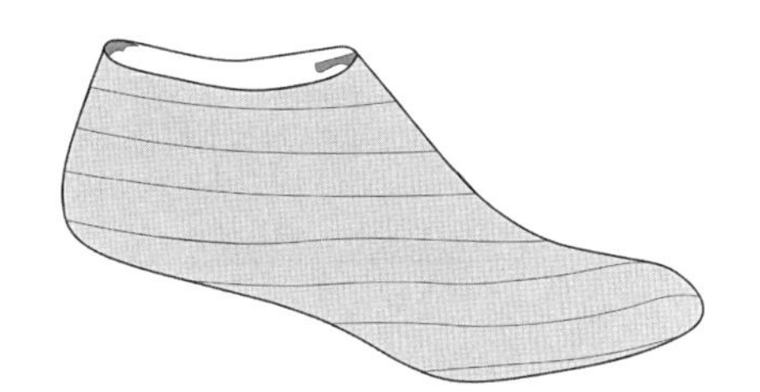

图2-22　斜纵向贴楦法

使用斜向贴楦法时，美纹纸方向平行于楦斜长。斜向贴楦法较适用于贴半楦，如图2-22所示。

3. 楦面处理

楦面处理主要指统口处理、楦底边沿线处理。处理方法是，使用铅笔等工具在统口、楦底边沿线进行描画，按照楦面统口、边沿处的楞线趋势及绘制的线条，使用美工刀进行切割，切割要准确，不能多也不能少；切割方向为从前向后，注意安全。接下来按照楦面美纹纸粘贴方向将多余的美纹纸撕下，检查并修正切割线条。

（二）标画“三点一线”

“三点”指楦底前端点（J_1）、楦底后端点（A_1）、统口后端点（A_0）。“三点一线”指这3个点处于同一平面上时，连接成的封闭曲线，包括背中线、楦底中线、后弧线，如图2-23所示。

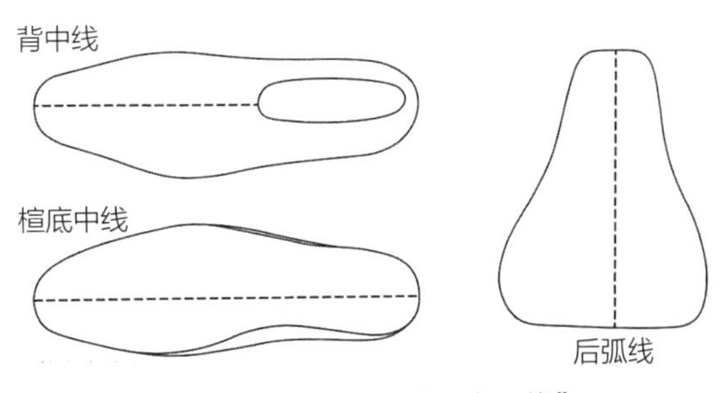

图2-23　三视图“三点一线”

1. 标画“三点”

如图2-24所示鞋楦为不规则三维曲面，需要通过手比+目测的方式确定鞋楦背中线的楦底前端点（J_1）、楦底后端点（A_1）、统口前端点（K_0）、统口后端点（A_0）等位置，并用笔做好记号。因为鞋楦前尖和后跟通常情况下是对称的，也可以用尺子测量找中心点的方法进行标画。

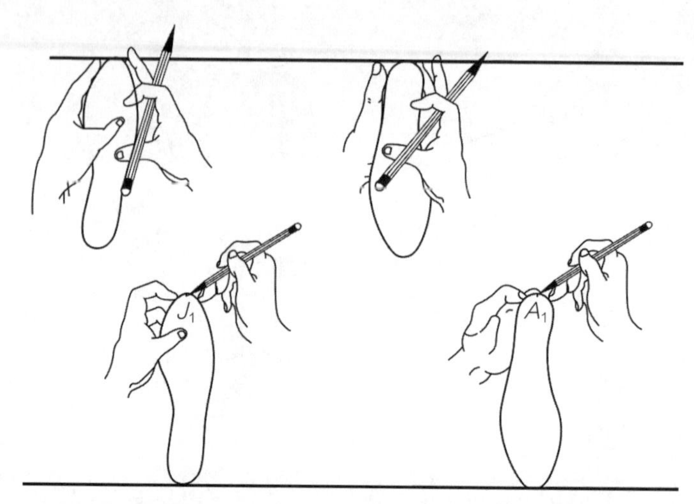

图2-24 标画“三点”

（1）标定楦底前端点（J_1）

首先左手握楦，楦底朝上，左手大拇指放在楦底前掌面上，中指、无名指、小指握住楦面跖趾部位，左手食指伸直，顺楦底边沿线方向卡住楦底边沿。然后右手握笔，沿楦底边沿线切线反向，卡住另一侧楦底边沿。接下来鞋楦前尖和指尖对齐，双手卡住鞋楦，手指尖和楦底前端边沿接触工作台边棱，同时保证两手指悬空长度相等。最后手卡鞋楦前端中点，固定楦后身不动，两手指尖沿楦底边沿线向前滚动，用手指甲卡住楦前尖圆弧边棱转角处，用笔标记出中点，确定为楦底前端点（J_1）。

（2）标定楦底后端点（A_1）

手卡鞋楦后端点，大拇指伸直卡住楦底后端圆弧边棱的一侧，其余四指握住楦统口，找到中点并用笔标记出，确定为楦底后端点（A_1）。

（3）标定统口前端点（K_0）、后端点（A_0）

将鞋楦平放在工作台上，左手拇指卡住鞋楦统口的前后圆弧边沿中点，其余手指按住鞋楦，右手握笔标画出统口前端点（K_0）、后端点（A_0）。因统口较窄，也可直接目测进行标记。

2. 标画“一线”

“三点一线”的标画依靠较强的经验，需要反复练习才能保证准确性。“三点一线”一般使用手绘法、滚动法、划盘针法、贴纸带法等方法进行标画。

（1）手绘法

手绘法指不借用其他工具，目测标画“三点”后直接使用记号笔进行标画的方法，这种方法适用于经验丰富的师傅。

需要找到楦底前端点（J_1）、统口前端点（K_0），以及J_1与K_0间的一点，作为辅助点，运用这3点确定背中线。找到统口后端点（A_0）与楦底后端点（A_1），以及A_0与A_1间的一点，作为辅助点，运用这3点确定后弧线。找到楦底前端点（J_1）、楦底后端点（A_1），以及J_1与A_1间的一点，作为辅助点，运用这3点确定楦底中线。

（2）滚动法

手持鞋楦，让其垂直于水平桌面，用铅笔将标记好的点连接成为一条闭合线条，注意笔尖与桌面相贴并平行，此为初学者必须画法。要求画线过程中铅笔笔头不晃动，笔杆不滚动，保证绘制线条的光顺、美观、准确。

①画背中线：右手拿住铅笔在工作台上移动，同时调整左手鞋楦在工作台边棱上的高度和角度，使铅笔尖分别对准楦底的前后端点和统口前端点。然后右手卡住铅笔在工作台上，由鞋楦一端滑到另一端，将点连接成为一条曲线。

②画楦底中线：将鞋楦外怀放置于左手掌心，大拇指放置于楦背，虎口夹住楦背，食指与小指配合握住楦底边沿，对准楦底前后端点，滑动铅笔画出楦底中线。

③画后弧线：后弧线较短，可以使用软尺对准楦底后端点和统口后端点直接连接，即可完成后弧线的标画。

滚动法画“一线”如图2-25所示。

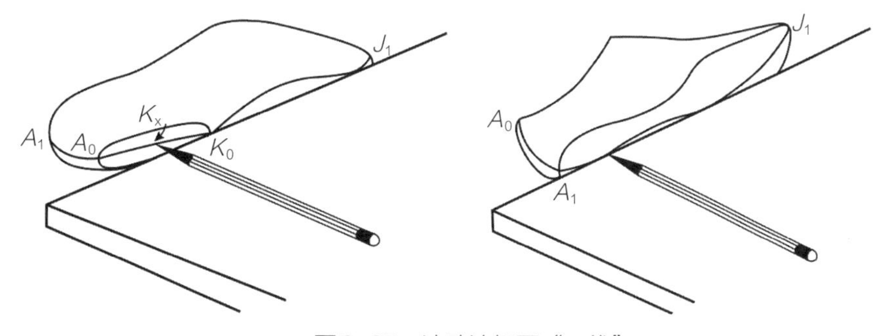

图2-25　滚动法标画“一线”

（3）划盘针法

将鞋楦的内怀向下安装在垫高之上，使用划盘针分别对准楦底前后端点和统口后端点，调节鞋楦在垫高上的位置，使这3点处于同一高度，使用划盘针围绕楦体转动一周，将3点连接成一条封闭的曲线。划盘针法标画“一线”如图2-26所示。

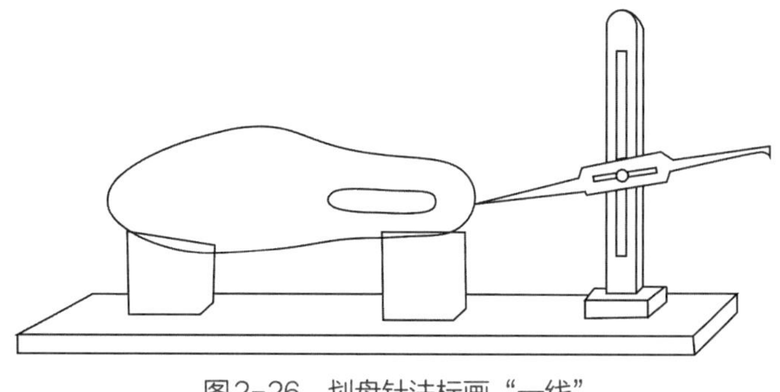

图2-26　划盘针法标画“一线”

（4）贴纸带法

前3种标画“一线”的方法都有一定的技术性，对于新手来说，都需要反复练习，提高准确度。贴纸带法更方便快速，适用于初学者学习，提高初学者的准确度。

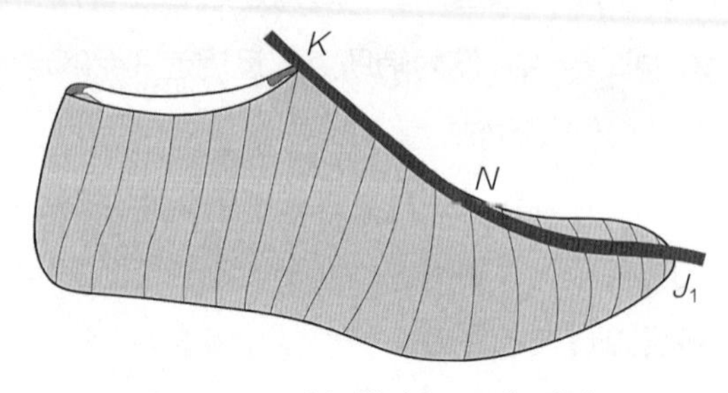

图2-27 贴纸带法标画“一线”

使用具有一定长度、硬度的纸带作为辅助工具，沿着“三点”进行对位，使用铅笔描画出“一线”，常用的辅助工具是5mm宽度的双面胶，如图2-27所示。

3. 准确度检验

大多数鞋款在结构设计过程中使用半面板进行样板制作，所以“三点一线”的准确标画对后期样板的准确性有着非常重要的影响。绘制完成“三点一线”后，主要使用目测方法检查“一线”是否处于同一个平面上，如果出现线条歪斜，要及时进行修正。

还可以将以上绘制“三点一线”的4种方法两两使用，相互验证，提高标画准确度。

二、基本控制线及作用

学习并掌握基本控制线与帮样设计的重要关系。通过学习低腰鞋6条基本控制线的位置及作用，重点掌握口门位置等常见设计点的确定规律和基本数据。通过学习靴鞋基本控制线的位置及其作用，重点掌握筒高、筒前控制线的位置及脚腕、腿肚、膝下筒宽控制线的规律。

（一）控制线的概念及作用

1. 概念

以脚型规律为基础，根据鞋靴帮样设计的通用性，选取一些有代表性的标志点和边沿点，将其以直线连接，构成皮鞋帮样的基本框架，就是鞋靴帮样设计的基本控制线。

2. 作用

作为帮样设计的标尺，控制鞋帮式样基本轮廓，从而获得良好的直观效果。

（二）低腰鞋基本控制线

低腰鞋基本控制线如图2-28所示。

1. 前帮控制线F_0E_1

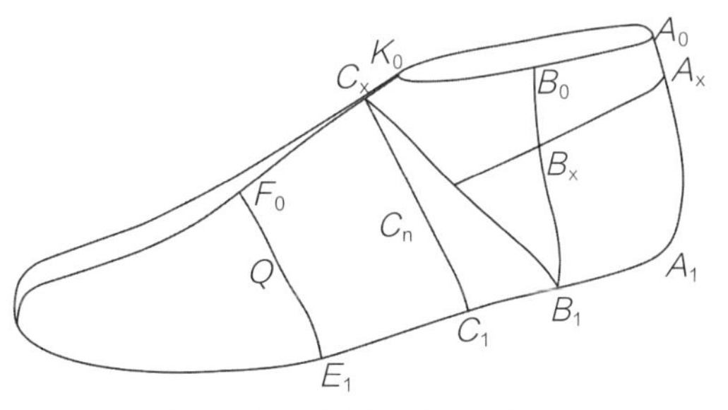

图2-28　低腰鞋基本控制线

前帮控制线是前掌凸度标志点F_0和第五趾跖外边沿点E_1的连线。F_0E_1是楦体、半面板和鞋帮的前后分界线。F_0E_1的中点Q为取跷中心，如图2-29所示。

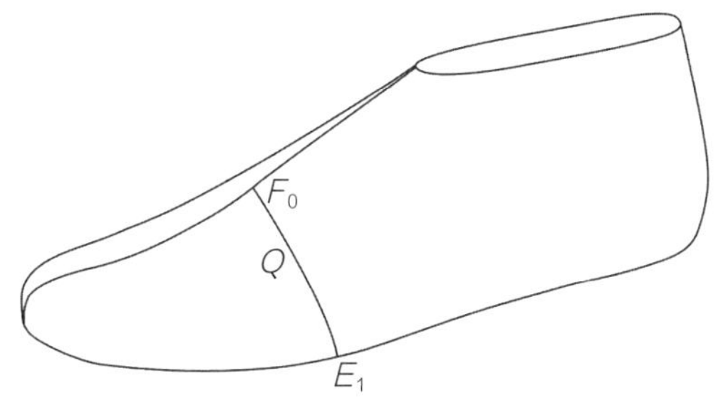

图2-29　前帮控制线

前帮控制线F_0E_1数据：F_0点是口门长度F_x的变化原点，低腰鞋口门长度点F_x在F_0点前后12～15mm。F_0E_1的中点Q是口门宽度Q_y的变化原点，低腰鞋口门宽度点Q_y在Q点上2～4mm至Q点下4～6mm。F_0E_1的中点Q是口门位置Q_y的控制原点，低腰鞋口门位置Q_y在Q点附近半径6mm的圆周内。前帮控制线数据如图2-30所示。

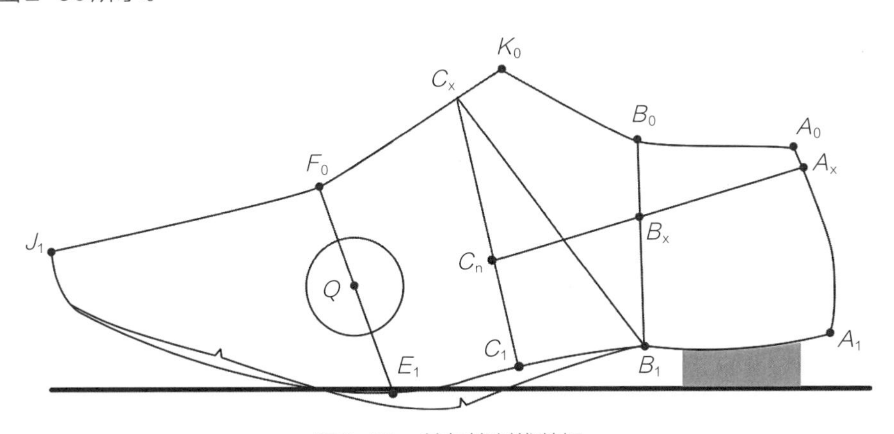

图2-30　前帮控制线数据

2. 腰帮控制线C_xC_1

腰帮控制线C_xC_1（图2-31），C_x为男鞋设计的鞋脸末端位置，一般在K_0以下10～15mm。C_x通常为鞋耳、鞋舌、绊带等腰帮部件末端，确保鞋帮设计的穿着效果，不卡脚腕和脚踝。

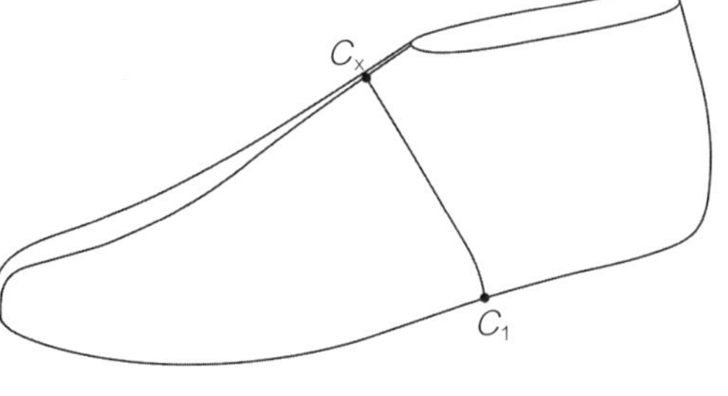

图2-31　腰帮控制线

腰帮控制线C_xC_1数据：C_x点是鞋脸长度（即前帮长度）的控制原点，C_n点控制腰帮两翼的高度，一般C_n点在C_1的上面，约占C_1C_x长度的2/5。腰帮控制线数据如图2-32所示。

鞋脸长度一般规律如下：

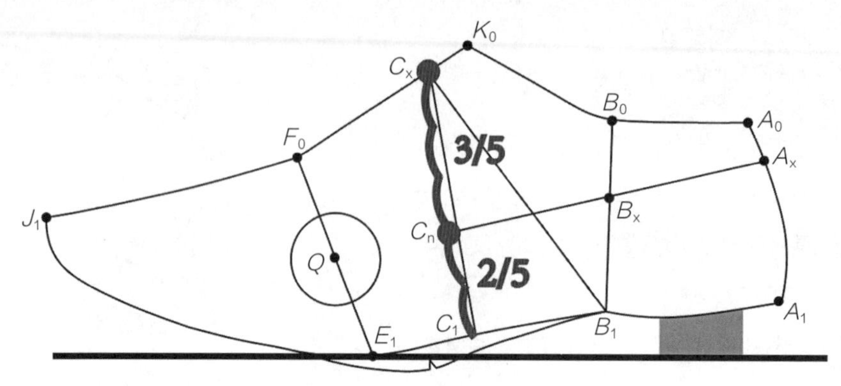

图2-32 腰帮控制线数据

①男三节头内耳式：鞋脸长度占楦底样长66%。

②男外耳式：C_x在K_0前10～15mm，或鞋脸长度占楦底样长65%。

③男舌式鞋：C_x在K_0前15～20mm，或鞋脸长度占楦底样长63%。

3. 外怀帮高控制线B_0B_1

外怀帮高控制线B_0B_1，上端点位于外踝骨标志点B_0处，下端点位于外踝骨边沿点B_1处。控制外踝骨部位的鞋帮高度B_1B_x，尤其是装有硬主跟的低腰皮鞋，必须严格按照外踝骨高度的脚型规律来设计，如图2-33所示。

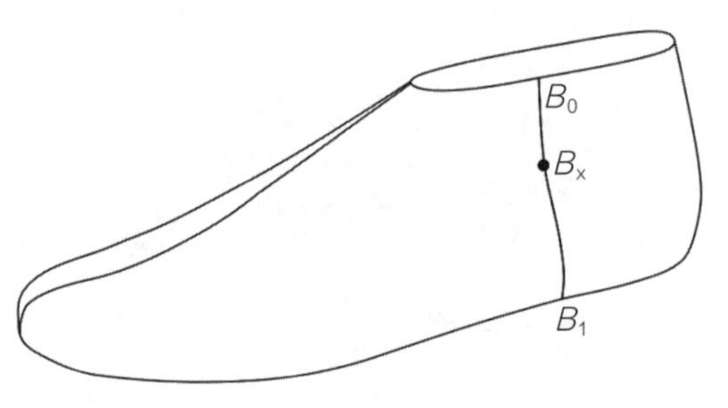

图2-33 外怀帮高控制线

设计规律：外怀帮高B_1B_x不得超过外踝骨下边沿点高度。

外怀帮高控制线B_0B_1数据：B_1B_x=脚长×20.14%−n，其中，20.14%是外踝骨下边沿点高度的脚型规律，常数n取0～3mm。

数据：男250号皮鞋外怀帮高B_1B_x≈50−（0～3）≈47～50（mm）。

4. 后帮中缝高控制线A_0A_1

后帮中缝高控制线A_0A_1，上端点位于统口后端标志点A_0处，下端点位于楦底后端点A_1处，控制低腰鞋后帮中缝高度A_1A_x。

规律：低腰鞋后帮中缝高度A_1A_x应高于后跟骨上端点高度5mm以上。

后帮中缝高控制线A_0A_1数据：A_1A_x=脚长×21.66%+n，其中，21.66%是后跟骨上端点高度的脚型规律，常数n取5～10mm。

数据：男250号皮鞋后帮中缝高A_1A_x≈250×21.66%+（5～10）≈59～64（mm）。

5. 腰怀控制线C_xB_1

腰怀控制线C_xB_1，C_x为鞋脸长度控制点，B_1为外踝骨中心外边沿点。该控制线可以控制较深鞋帮的后帮上口线，在C_x点和B_x点之间是半径40～45mm的圆弧。腰怀控制线与后帮上口线如图2-34所示。

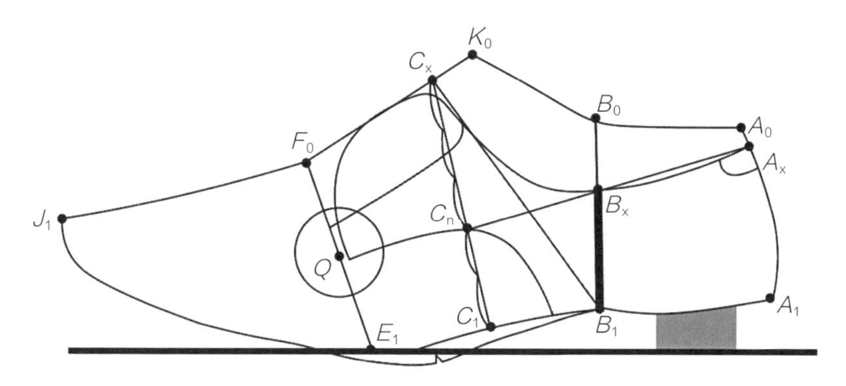

图2-34　腰怀控制线与后帮上口线

该控制线还可以控制腰帮部件鞋耳、鞋舌等轮廓形状。控制绊带的位置和方向，一般绊带位置在C_x点前并紧靠C_x处，绊带方向顺C_xB_1的方向，如图2-35所示。

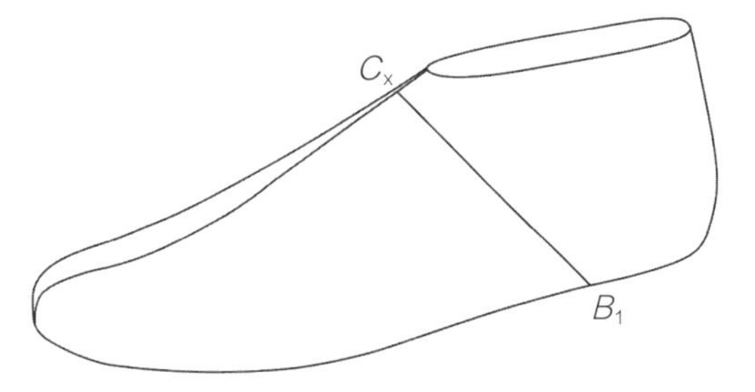

图2-35　腰怀控制线作用图

6. 后帮上口控制线A_xB_x

后帮上口控制线A_xB_x，前端点位于外怀帮高高度点B_x处，后端点位于后帮中缝高度点A_x处。它可以控制后帮上口轮廓线的形状，可向前延长至C_n点，控制后帮上口轮廓线的形状。

鞋脸较长的鞋（内耳式、外耳式、橡筋式、丁带式等），在A_x和B_x之间是弦高约3mm的弧线，如图2-36所示。

鞋脸较短的鞋（横条舌式、整体舌式、浅口式等），在A_x和B_x之间是一条直线，如图2-37所示。

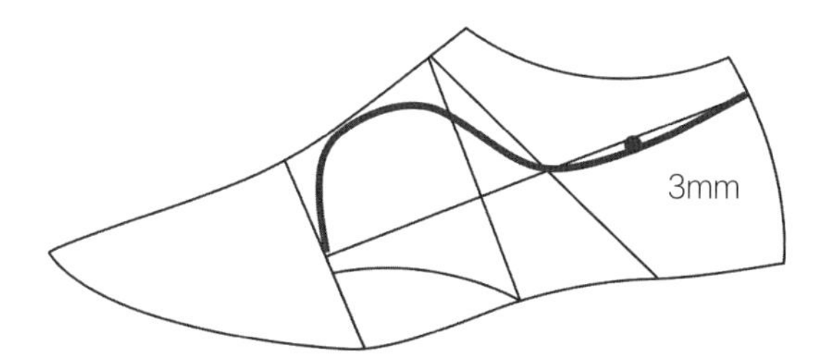

图2-36　后帮上口控制线作用（1）

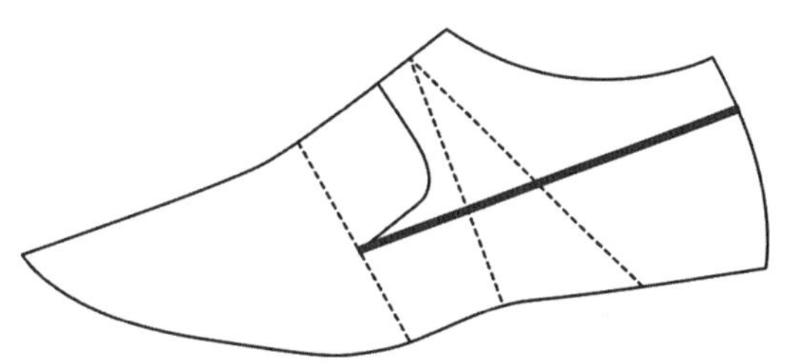

图2-37　后帮上口控制线作用（2）

（三）高腰鞋基本控制线

高腰鞋基本控制线如图2-38所示。

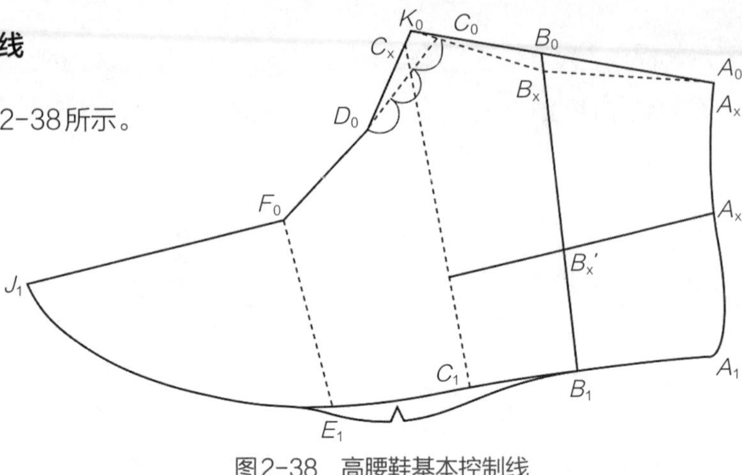

图2-38　高腰鞋基本控制线

1. 前帮控制线F_0E_1

前帮控制线F_0E_1与低腰鞋相同。

2. 腰帮控制线C_xC_1

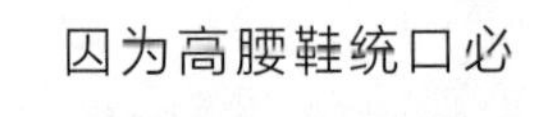

因为高腰鞋统口必须向前加宽，所以腰窝标志点C_0在展平面中的相对位置发生了变化，位于统口前端标志点K_0的后面。取直线D_0C_0的2/3处，然后与C_1点直线连接交弯折线于C_x点，即为腰怀控制点。作用与低腰鞋基本相同。

3. 外怀帮高控制线B_0B_1

控制线的位置（起止点）与低腰鞋相同。可以控制踝骨部位的外包跟高度B_1B_x'，主要用来控制腰筒的高度B_1B_x，一般取75%~80%的脚腕高度。

$$B_1B_x=(52.19\%\times \text{脚长})\times(75\sim80)$$

式中　52.19%×脚长——脚腕高度的脚型规律。

4. 后帮中缝高控制线A_0A_1

后帮中缝高控制线A_0A_1的位置（起止点）与低腰鞋相同。因高腰鞋后帮中缝高度由后帮腰筒高度确定，所以不作硬性规定，以踝骨标志点B_0处的夹角$\angle A_0B_0B_1$呈76°~79°为控制标准，使成鞋后帮上口呈水平形状。还用来控制外包跟后端的高度A_1A_x'。

5. 外包跟控制线$A_x'B_x'$

与低腰鞋后帮上口控制线的方位和作用基本相同。不同之处是它必须比低腰鞋后帮上口控制线低3~4mm。

6. 后帮筒宽控制线A_0K_0

控制高腰鞋展平面的统口边沿线，即后帮统口宽度控制线。一般取58%~62%的脚腕围长。但要注意，腰筒高，取值可小一些；腰筒低，取值可大一些。

$$A_0K_0=（86.23\%\times 跖围）\times（58\sim62）\%$$

式中　86.23%×跖围——脚腕围长的脚型规律。

（四）靴鞋基本控制线

靴鞋基本控制线分为上下两部分，下部是高腰鞋的展平面，基本控制线有五条，但略有区别，如图2-39所示。上部为靴筒，基本控制线有四条。

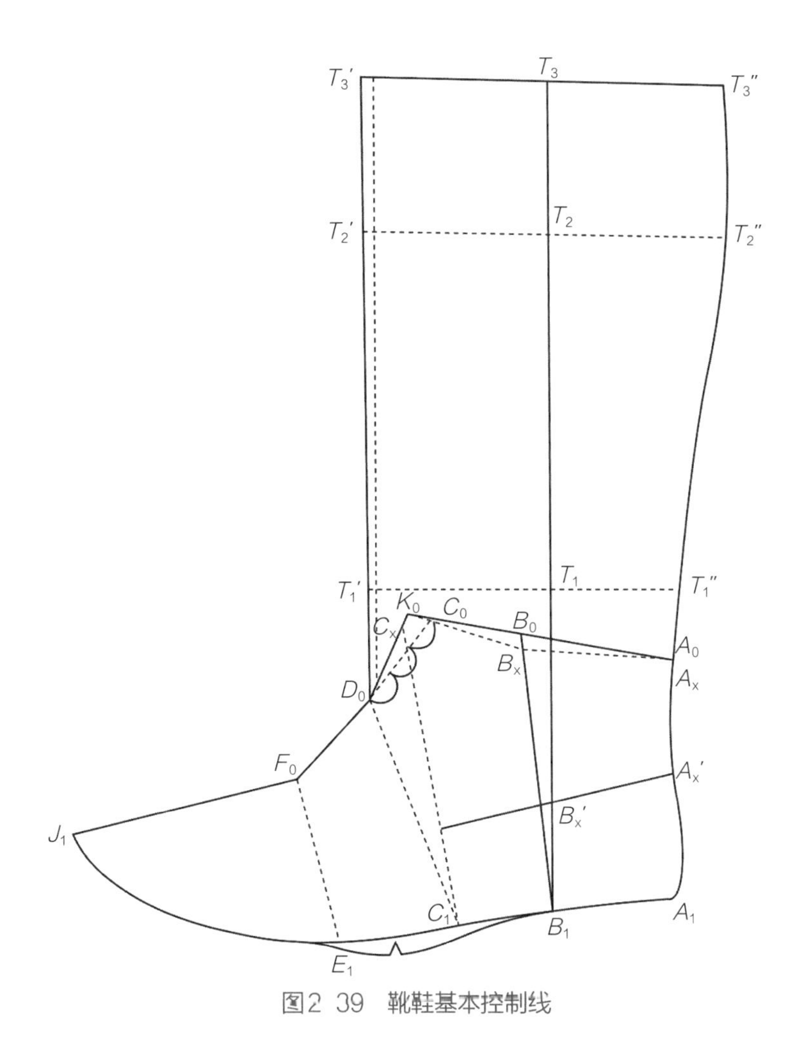

图2-39　靴鞋基本控制线

1. 前帮控制线F_0E_1

前帮控制线F_0E_1与低腰皮鞋相同。

2. 跗腰控制线D_0C_1

这条控制线的上端位于跗骨标志点D_0处，特殊情况下，可位于跗骨标志点D_0和腰窝标志点C_0所连直线1/5处的D_x点上；下端仍然在腰窝外边沿点C_1处。作用与低腰鞋相同，另外，还控制鞋帮口门、靴筒以及前后帮接缝的位置等。

3. 筒高控制线B_1T_3

控制线的位置（起止点）与低腰鞋和高腰鞋都不同，是过踝骨外边沿点B_1作基础坐标的垂线，因此不通过B_0点。控制踝骨部位的外包跟高度B_1B_x'，主要作用是按照脚腕、腿肚和膝下高度，控制其靴筒高度：

脚腕高度B_1T_1=52.19%×脚长

腿肚高度B_1T_2=121.88%×脚长

膝下高度B_1T_3=154.02%×脚长

4. 后帮中缝高控制线A_0A_1

后帮中缝高控制线A_0A_1与低腰鞋相同，用于控制外包跟后端高度A_1A_x'。

5. 外包跟控制线$A_x'B_x'$

外包跟控制线$A_x'B_x'$与低腰鞋相同，但比低腰鞋的后帮上口控制线低3~4mm。

6. 筒前控制线D_0T_3'

D_0T_3'这条控制线必须垂直于基础坐标线，用于控制靴筒前端位置。控制线最前不得超过跗骨标志点D_0，应位于跗骨标志点D_0和腰窝标志点C_0所连直线的1/5处的D_x点处。最后端位置不得超过1/3D_0C_0处，具体应根据靴筒的基本结构来确定。

7. 脚腕筒宽控制线$T_1'T_1''$

脚腕筒宽控制线$T_1'T_1''$位于脚腕高度线上，用脚兜跟围长的一半控制该部位筒宽，确保穿脱方便和跟脚。一般应比半个兜跟围长稍大些，因靴筒衬里占据一定的空间。

计算： $T_1'T_1''$=1/2（129.31%×跖围）+r_1

式中 129.31%×跖围——兜跟围长的脚型规律；

r_1——常数，取5~20mm。

8. 腿肚筒宽控制线$T_2'T_2''$

腿肚筒宽控制线$T_2'T_2''$位于腿肚高度线上，一般采用腿肚围长的一半控制该部位筒宽。考虑到靴筒衬里的容量，所以腿肚筒宽比腿肚围长的一半大得多。

计算： $T_2'T_2''$=1/2（135.55%×跖围）+r_2

式中　135.55% × 跖围——腿肚围长的脚型规律；

r_2——常数，取15～32mm。

9. 膝下筒宽控制线 $T_3'T_3''$

膝下筒宽控制线 $T_3'T_3''$ 位于膝下高度线上，一般采用膝下围长的一半控制该部位筒宽，通常膝下筒宽比腿肚筒宽要窄4mm左右。

计算：　$T_3'T_3''=1/2(125.95\% \times 跖围)+r_3$

式中　125.95% × 跖围——膝下围长的脚型规律；

r_3——常数，取20～40mm。

【任务拓展】

选择本年度流行的鞋楦，在此基础上进行贴楦练习，并找取设计点和基本控制线。

【岗课赛证技术要点】

岗位要求：
能根据楦型特点在楦面完成贴楦、标点、画线，帮面比例适当及线条顺畅。
竞赛赛点：
能根据不同款式的鞋楦特点，准确标点、画线。
证书考点：
规定时间内完成既定鞋款贴楦、标点、画线，定位准确，线条流畅。

任务三　取跷操作基本术语与规范

【任务描述】

种子样板又称半面板，是一个展开为平面的样板。样板只有通过一定的取跷处理，才能在绷帮工艺中实现鞋帮套与楦面相吻合，达到伏楦的目的。通过对取跷定义、分类、应用分析，理解取跷原理。

【课程思政】

★根据半面板不同部位跷度的差异，合理规划取跷方法，让鞋帮套更好伏楦，制作出符合设计要求的鞋款——精工细琢、精益求精。

★取跷过程中，根据脚型规律选取部位和数据进行操作——分毫不差、精益求精。

一、跷度的定义

（一）跷的产生

楦面有凸度、凹度位置，在展平楦面美纹纸的过程中，为了让“壳”状美纹纸在样板纸上贴平，在后跟、前尖部分打剪口，跖趾关节处打褶皱，这几处就是楦面跷度存在的地方。其中最重要的是跖趾关节处的自然跷度角。由于是楦面本身具有的自然空间，如果只是对因为褶皱缩短量进行补齐，鞋帮套在后期绷帮工艺中会导致鞋面不伏楦。

使用一片圆形、有弹性纸张作为实验片，在跖趾关节部位进行绷帮模拟。内怀直接进行粘贴，会发现纸张出现了明显的褶皱，这种褶皱不能因为增大绷帮力而消失。外怀部分剪开一个剪口，进行粘贴，可以发现纸张可以很好、快速地贴伏在楦面上。这个剪口就是跖趾关节处的自然跷度角，需要使用一定的方法进行处理，在样板制作中还原此跷度角，才能保证鞋帮套较好地伏于楦上。楦面跷度角如图2-40所示。

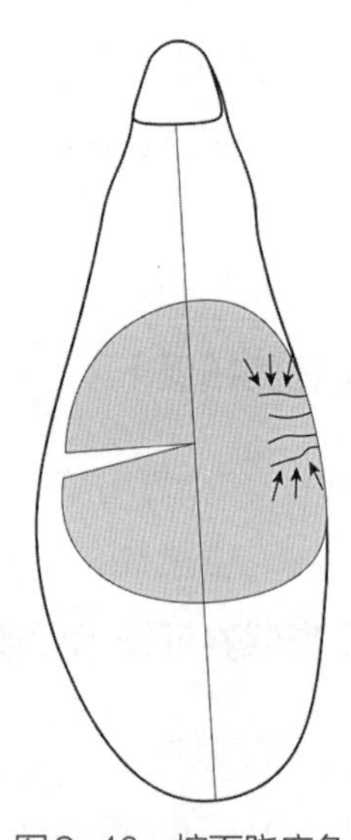

图2-40 楦面跷度角

（二）取跷原理

在样板设计中，贴楦是从平面纸张到曲面鞋楦的转换，展平是从曲面鞋楦到平面样板的转换，在这个转换过程中，除了出现角度变化，还出现了力。

贴楦过程中，从平面纸张到曲面鞋楦，跖跗部位存在撕裂力，鞋头和后跟部位存在压缩力。而鞋楦是一个不规则的三维曲面，原本是不能够进行平面展开的，但因为制鞋所用材料都是平面，所以这个转换过程必须存在，同时还要在曲转平的过程中消除存在的角度和力。不同鞋款选用的鞋楦种类也有差别，对于鞋楦来说，鞋楦的三维曲面弯曲程度越大、越复杂，展平的难度就越大，误差也越大。

展平过程中，从立体楦面到平面纸样，使用打褶皱的方法消除跖趾部位的压缩力，用打剪口的方法消除鞋头和后跟部位的撕裂力，如图2-41所示。跖趾部位褶皱数量一般为4~6个，前尖和后跟部位剪口数量一般为3~4个，方向为垂直于样板外轮廓边线。

显然贴楦和展平是一对逆变换。变换时跷度的大小相等，力的大小相等。

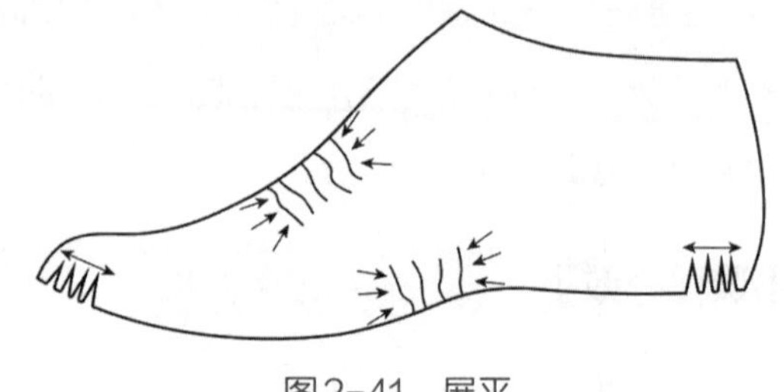

图2-41 展平

贴楦时，鞋头和后跟处存在压缩力。展平时，力的变化正好相反。但此处力的大小比跖趾部位处存在的力要小一些。实际应用中，借助材料弹性即可消除。

展平的纸样称作种子样板，是制作工艺样板的基础。在制取单独部件样板时，需要将力和跷度角进行还原，这个还原过程就是取跷。经过取跷操作的部件，使用合适材料进行工艺制作后，才能通过绷帮操作，制作出符合穿着和视觉需求的鞋款。

二、常见取跷方法

取跷处理包括升跷、降跷、补跷和平跷四种。

（一）升跷处理

所谓升跷，就是在保障楦面长度和宽度尺寸不受影响的情况下，采用旋转的方法，将鞋帮样板前部轮廓向上位移一定距离，使得该鞋帮样板还原为楦面的曲面状态，表现为取跷过程中种子样板的前尖点J_1点处于超出对折纸向上抬升。

（二）降跷处理

所谓降跷，就是在保障楦面长度和宽度尺寸不受影响的情况下，采用旋转的方法，将鞋帮样板某部件的轮廓向下位移一定距离，使得该鞋帮样板还原为植面的曲面状态，表现为取跷过程中种子样板的前尖点J_1点对照对折纸，不断在对折线向下降低的状态。

（三）补跷处理

所谓补跷，经过升跷处理后帮面面积出现压缩，必须将余下的面积部分补足，使该鞋帮样板与楦面的曲面和鞋帮特定结构相吻合。补跷根据帮面结构不同补在不同的部位。

（四）平跷处理

所谓平跷，就是平衡或平稳跷度的意思。它不需要移动和改变鞋帮样板的轮廓和位置，直接依靠鞋帮的结构尺寸和材料的弹性还原成实际的楦面，通常在样板制作中表现为背中线拉直处理或者直接复制种子样板的部件。

（五）部件跷、工艺跷

部件跷、工艺跷是鞋帮制作过程中出于节约材料、方便排料和工艺制作需要，人为改变楦面和原有样板轮廓的位置而出现的跷度变化。在进行部件跷或工艺跷处理过程中，注意要保证部件面积基本不变和接帮线（即两个部件需要缝合连接在一起）长度不变。需要进行处理的部位有围盖缝合处、楦跖趾部位、里腰窝等。

1. 前帮头部的部件跷

鞋楦前部由于展平后补充余量，形成一个拉直的背中线状态。在标准样板制作中，为了还原帮面跷度，同时增加前帮绷帮操作难度，也从提升帮面套划的成本角度考虑，进行部件跷处理。例如围盖类鞋围条部件的跷度处理、双破缝鞋的前中帮和侧帮部件跷处理等。

2. 内腰窝部位上的工艺跷

在鞋楦的外腰窝处较为平顺，一般不做工艺跷处理。内腰窝部位弯曲较大，对于鞋口较长的鞋款，如浅口鞋、舌式鞋等，如不取工艺跷，用力拉伸此处帮脚，虽然可以伏楦，但会出现鞋口外翻情况，造成成鞋敞口、不贴脚的问题。

3. 后弧线上的工艺跷

后弧线上需要进行工艺跷处理的主要是具有外包跟结构的鞋款。包跟的上端是中线，使里外怀连接在一起。但是与后弧线合缝的款式相比，多出了1~2mm的量，如果不进行去除，在绷帮时容易产生敞口。所以在处理时，A_x处向内收1~2mm后，再与后帮凸度点向下5mm处相连，这样就做了工艺跷处理。

三、影响取跷的因素

除楦面跷度角，贴楦、展平过程中力的转换以及制鞋的材料、加工对取跷的准确度也有一定的影响。在实际加工生产时，还要结合所用材料的性能差异，主要指皮革部位差异、下裁方向、绷帮操作、帮部件划分等因素的影响，通过鞋品试制，调整取跷方法。

（一）皮革部位差异

天然皮革存在着部位差别，即不同部位纤维的编织、强度、厚薄、用途等也不相同。因此，对天然皮革进行部位划分和研究是“看皮下料”的前提。天然皮革的部位划分是根据动物的形体特征来进行的，一般来说，大牲畜的皮可以分为臀部、背部、肩颈部、腹部、腋部、四肢部，如图2-42所示。在样板制作过程中，结合所选材料的部位特点，选择合适的取跷中心，控制部件边线的长度变化。

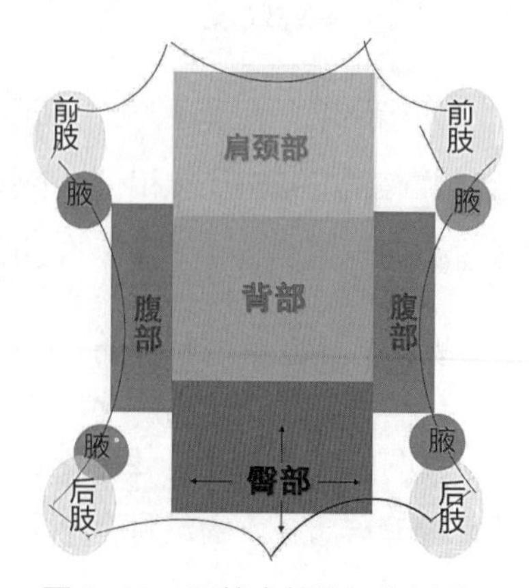

图2-42　天然皮革的部位划分

（二）下裁方向影响

不同部位取跷方法是结合长期的制鞋工艺经验总结出来的，在制鞋工艺中对部件的受力方向有严格要求。做出一双好鞋，取跷方法的选择和正确的皮革下裁方向缺一不可。

1. 皮革各部位延伸方向

天然皮革是由以胶原纤维为主要成分编织而成的，其织角为0°～90°。纤维编织紧密且织角大，该部位的延伸性就小；反之，纤维编织疏松、织角小，该部位的延伸性就大。在天然皮革上划裁鞋帮部件时，必须综合考虑部件的受力情况和划裁部位的力学性能。皮革各部位延伸方向如图2-43所示。

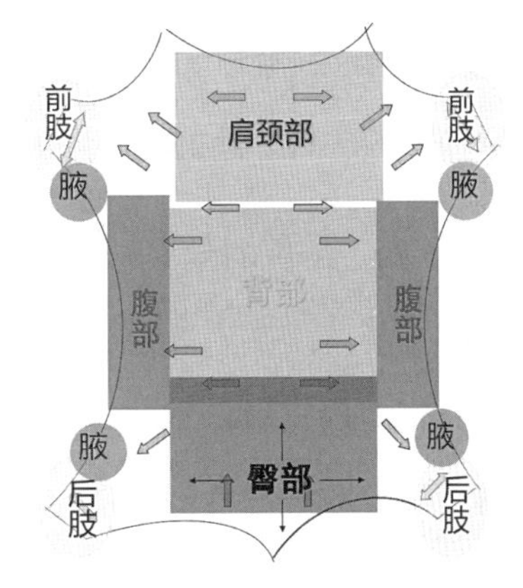

图2-43　皮革各部位延伸方向

2. 天然皮革与帮部件的裁断关系

在天然皮革上下裁鞋帮部件时，必须综合考虑部件的受力情况和下裁部位的力学性能，即不同的鞋帮部件应在不同的部位，按照不同的方向进行下裁。

受力强弱不同的部件要分别在革的不同优劣区段裁取，例如：前帮在臀背部裁取，中帮、后帮、包跟、靴筒在肩背部裁取，鞋舌、护耳皮、后垫在颈、腹、肷等部位裁取。

部件的受力方向与皮革的纤维走向相对应（顺丝裁剪）。

3. 鞋帮材料的力学性能

样板的取跷处理以及帮部件的缝制是绷帮成型的前提条件和基础。皮鞋生产中所使用的帮面材料主要是天然皮革、合成革、毡呢以及绸布等材料，它们的主体都是由无数的天然纤维或合成纤维交织成的网状结构。由于网结联动原理，这些材料在外力作用下都具有延伸性和收缩性。天然皮革具有成型和定型所必不可少的可塑性及弹性。如由*A*、*B*、*C*和*D*四点组成一个网结，当*A*、*C*两点受到横向拉伸力时，*A*、*C*两点发生位移，使两点之间的距离增大，同时*B*、*D*两点也发生位移，但两点的距离缩小，如图2-44所示。

在鞋类结构设计过程中，要充分考虑材料的这一特点。为了鞋款更伏楦和利于绷帮操作，设计具有围盖类的鞋款时，根据材料弹性大小，围盖位置要向后缩进2～3mm。

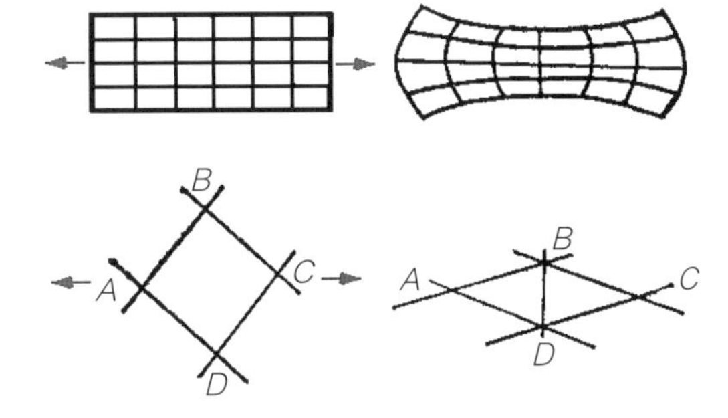

图2-44　网结联动

（三）绷帮操作影响

样板制作如取跷、工艺跷等处理，也要结合绷帮过程中力的方向对材料的影响。因为在绷帮力的作用下，皮革沿着受力方向发生弹性变形，但由于楦体对皮革有反作用力，使得变形后的皮革无法恢复原来的形状，只能紧紧地贴附在楦体表面，从而达到成型的目的，如图2-45所示。

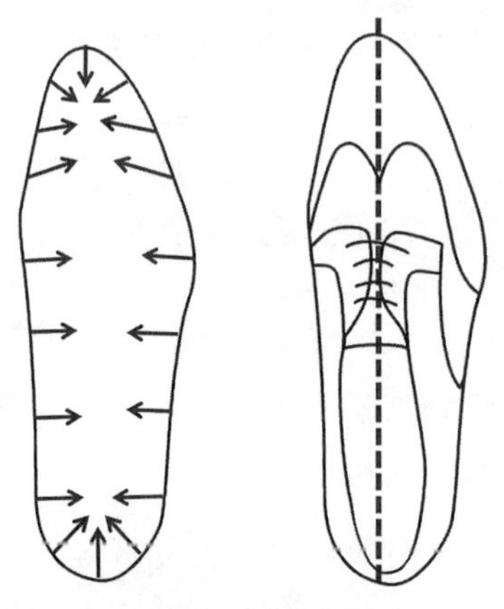

图2-45 绷帮方向

（四）部件划分

进行鞋款设计时，根据款式造型需要，对前帮部件进行设计。前帮不进行分割的整前帮款式，跖趾部位的马鞍型曲面完整，取跷难度最大。随着前帮部件划分的段数增加，也就是将楦面曲线进行了分割，分割越多，曲线越逼近直线，取跷难度随之降低，如图2-46所示。

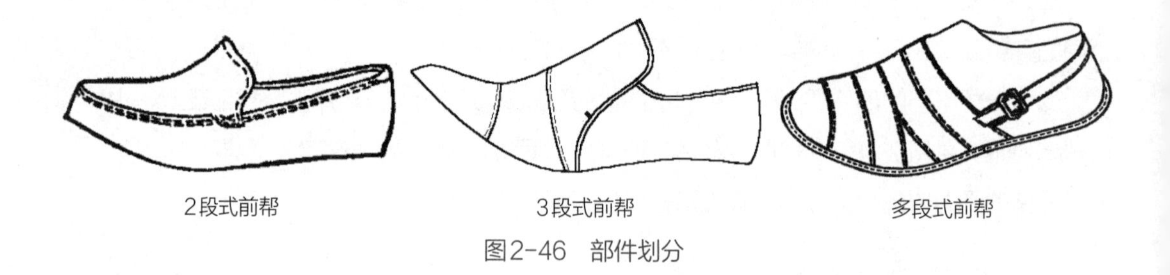

图2-46 部件划分

【任务拓展】

❶ 鞋楦样板跷度由哪几种组成？取跷过程中的注意点有哪些？

❷ 选择一款男士皮鞋，分析不同部件适合的取跷方法。

【岗课赛证技术要点】

岗位要求：

能根据款式特征，合理分析技术要点，进行适当的取跷操作。

竞赛赛点：

能在规定时间内，根据样板特点，分析取跷方法并进行取跷操作。

证书考点：

规定时间内完成既定鞋款特点，选择适合的取跷操作，取跷准确。

任务四　工艺放量

【任务描述】

样板的制作以鞋款外观造型、后期工艺加工为依据，所以制作下料样板、里样板、衬布样板等时需要以部件边缘处理的外观要求和缝帮工艺要求为参照，增加或者减少一定的量，也就是工艺放量。

【课程思政】

★制作样板，注意工艺放量的正确加放，保证成鞋品质——精益求精，以人为本。

一、部件边缘处理

对鞋款外观造型有一定影响的部件边缘处理有折边、一刀光、翻缝、冲里、沿口、滚边、嵌线、起埂等。设计鞋款时，为了丰富外观效果，往往选择多种部件边缘处理方式。各个部件边缘的不同处理方式给人的视觉也有差异，见表2-2。

1. 折边

折边是指部件边缘向里折叠的边缘处理，呈现圆润、严谨的效果，是皮鞋部件边缘处理中最常见的处理方式，该部件边缘一般增加4～5mm工艺放量。

2. 一刀光

一刀光也叫光边、毛边，指的是裁断后直接使用的边缘处理，呈现休闲、粗犷效果，是休闲鞋部件边缘处理中最常见的处理方式。该部件边缘一般不加工艺放量。

3. 翻缝

翻缝是指部件反面缝合后进行翻转折边，正面无线条，呈现工艺精细、光顺的效果，常见于帮里结合处。该部件边缘一般增加3～4mm工艺放量。

4. 冲里

冲里是帮面帮里结合时常用的一种工艺，在帮里结合好后，将里皮多余的量修剪掉，这个操作就称作冲里，也称作修边。该部件边缘一般增加3～4mm工艺放量。

表 2-2 部件边缘处理实物效果

折边	一刀光	嵌线	起埂
沿口	滚口	翻缝	冲里

5. 滚口、沿口

滚口、沿口工艺操作相似，均需用沿口皮包裹部件边缘，处理后边缘较窄的叫滚口，较宽的称作沿口或撸口，呈现出精致、高档的效果，常见于横条舌式鞋的后帮上口处理。该部件边缘一般不加工艺放量。

6. 嵌线

嵌线是两个部件之间加入具有一定造型的嵌线条，突出部件的边缘线条，在儿童鞋，尤其是女童鞋中较为常见。该部件边缘一般增加3~4mm工艺放量。

7. 起埂

起埂是两个部件在缝制过程中，通过一定的工艺手法，使两部件结合的边缘出现高出的埂，在围盖类鞋款中较常出现，呈现出手工艺的美感。

二、缝帮工艺

缝合工艺是按照部件的边缘形状和一定的缝制要求，将多个部件缝合在一起的加工手段。常见的缝合工艺有：合缝、拼缝、压茬、翻缝、包缝、立埂缝等。

（一）合缝

两个部件正面相对，边口对齐，并沿着边口缝一道线的方法，即合缝。合缝一般用在后帮合缝、后跟里合缝、前帮围条与盖合缝、前帮围条前端中缝的合缝、前帮围条与后帮的对接合缝等，有时也用在前帮中缝的合缝上。实际缝合时要求距边1.0～1.2mm缝线，所以样板制作中合缝处工艺放量为+1.5～2.0mm。

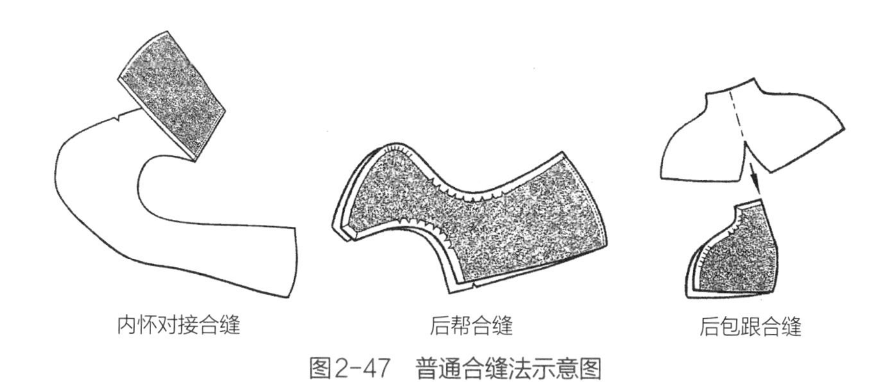

图2-47　普通合缝法示意图

（二）拼缝

两个部件边缘并齐后，使用摆针缝纫机沿后缝轮廓线缝合“齿形线”（也称之字线）。拼缝后，两个部件平整无楞地拼接在一起，所以叫拼缝法。拼缝法常用于花式、自由分割式、里外怀两片式等鞋帮的拼接，直接将“之字线”暴露在鞋帮表面，具有独特的外观缝合效果。为了确保缝合强度，也可在拼接的“之字线”上覆盖诸如保险皮、立柱、外包跟等部件，可以大大提高鞋帮的缝接强度，同时能遮盖拼接线迹。因此，拼缝也常用在运动鞋、休闲鞋、登山鞋、军用鞋和劳保鞋的后缝上。根据缝合特点，样板制作中拼缝处工艺放量为0。拼缝法如图2-48所示。

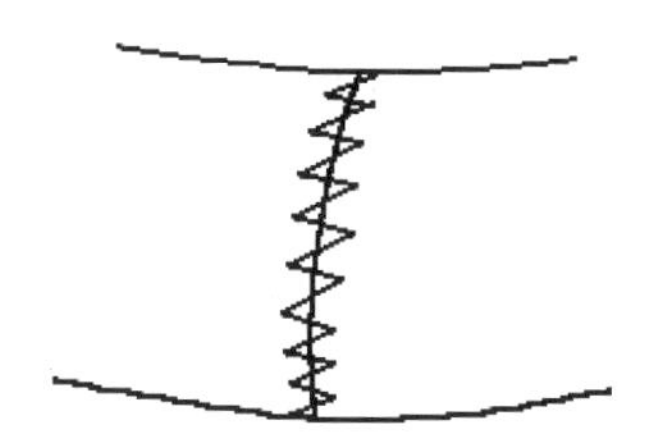

图2-48　拼缝法示意图

（三）压茬

压茬是一个部件压在另一个部件上，指沿面上部件边缘缝一道或几道缝线的缝接方法，也叫搭接缝法，如图2-49所示。压茬工艺也是鞋款缝帮时的最常用工艺，具有外观效果好，缝合牢度强的特点。一般应用于鞋帮的明显部位和对牢度要求较高的部位，如三节头式的包头线、镶盖式的前帮盖线、耳式的镶鞋耳线，以及镶外包跟、前后帮的总装缝接等。

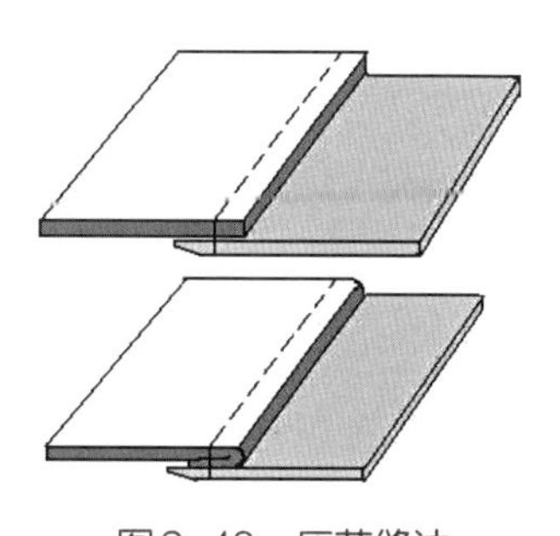

图2-49　压茬缝法

进行压茬处理的部件，位于上面的部件称作上压件，边缘做一刀光、折边、翻缝处理；位于下部的部件称作被压件或下压件，需要根据缝合线迹数量做工艺放量处理，样板制作时此处增加的工艺放量称作压茬量。根据缝合特点，样板制作中压茬处工艺放量为8～10mm。压茬工艺镶接如图2-50所示。

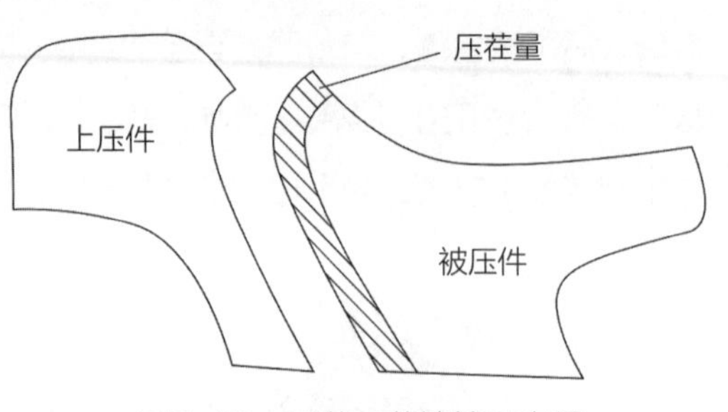

图2-50 压茬工艺镶接示意图

（四）翻缝

翻缝多为二次加工工艺，第一次按工艺标准进行部件缝合，第二次则根据要求对部件进行翻折。特点是部件表面不露缝线，可避免缝线受外界的磨损，而且帮件相接处线条清爽、素雅，表面光滑美观。根据缝合特点，样板制作中翻缝处工艺放量为3～4mm。翻缝如图2-51所示。

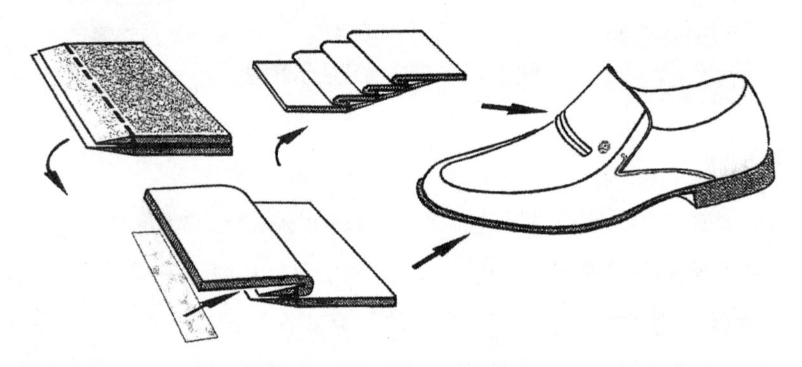
图2-51 翻缝示意图

（五）包缝

包缝操作是使用沿口皮包住部件边缘进行缝制的方法，因为二次缝合才完成的包口操作过程，也称作二次缝合包边。这种工艺只是让部件边缘出现了不一样的边缘效果，部件尺寸并不需要变化。根据缝合特点，样板制作中包缝处工艺放量为0。包缝如图2-52所示。

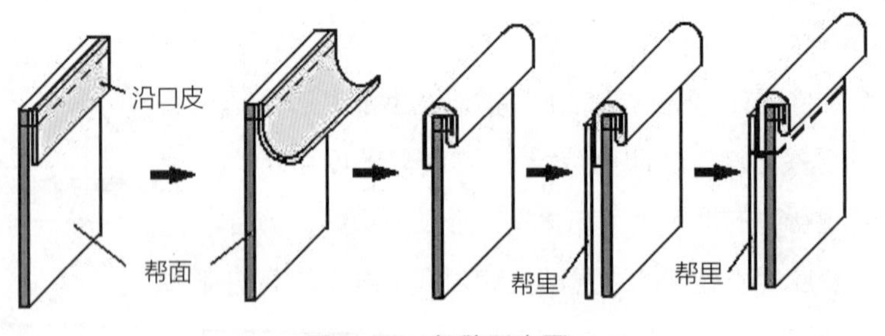

图2-52 包缝示意图

（六）立埂缝

立埂缝法即在鞋帮面上竖立起一条埂楞，其缝法有对缝立埂、平面抓缝立埂、绕缝捆埂、包边缝埂、挤埂等形式。特点是相对缝合出埂，有楞，具有强劲、粗犷、稳健的风格。

立埂缝法大多采用专用缝纫机进行缝制，也可事先冲好针眼孔采用手缝完成，或者机缝与手缝配合缝制。

以鞋盖包围条为例，鞋埂的高度一般为3mm左右，样板制作时，围条工艺放量为鞋埂高度3mm。围盖工艺放量与埂高具有如下关系：围盖工艺放量=2倍埂高+材料厚度+出边量。

其中，材料厚度一般为1.5~2.0mm，出边量一般为2~3mm。经过计算得出围盖工艺放量为10mm左右。

如果是围条包裹围盖，鞋埂的高度一般为3mm左右，样板制作时，围盖工艺放量为鞋埂高度3mm，围条工艺放量为鞋埂高度10mm左右。立埂缝如图2-53所示。

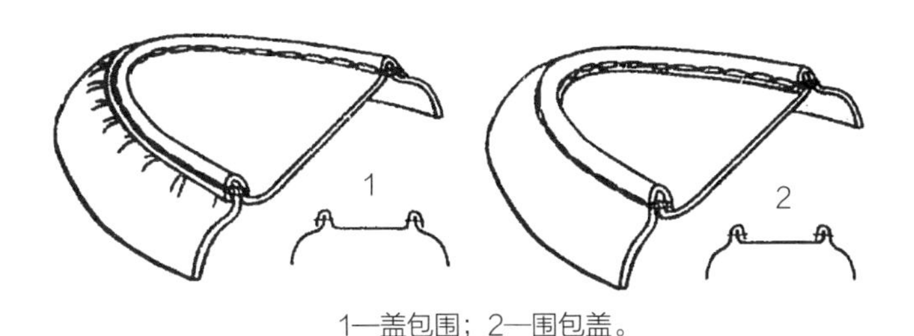

1—盖包围；2—围包盖。

图2-53 立埂缝示意图

三、工艺放量

在样板制作过程中，根据工艺要求进行放量处理。本书中不同部位的工艺使用不同图案进行标识，具体标识见表2-3。

表2-3 工艺放量及图示说明 单位：mm

序号	名称	尺寸	线条	图示
1	折边	4~5	斜向虚线	
2	冲里	3~4	斜向格子	
3	压茬	8~10	细斜线	
4	合缝	1.2~1.5	竖虚线	
5	翻缝	3~4	斜向虚线+“拥”标识	拥
6	花齿	2~3	双实线	
7	内外怀差别	—	灰色	

续表

序号	名称	尺寸	线条	图示
8	轮廓线	—	细实线	————
9	里样板收量	5~7	虚线	----------------
10	衬布板收量	—	点划线	-·-·-·-·-·-
11	中心标记	—	圆形标记	○
12	里怀标记	—	三角形标记	△
13	一刀光	0	不加量	—
14	滚口	0	不加量	—
15	拼缝	0	不加量	—

四、制板工具

制板工具及作用说明见表2-4。

表 2-4 制板工具及作用说明

序号	工具名称	工具	作用
1	美工刀		切割样板纸时使用的刀具，刀尖角度常选用30°，便于切割样板转角处
2	切割板		一般使用塑胶材料切割板，与美工刀配合使用，防止留下切割痕迹，有多种规格可选用
3	样板纸		制作样板的主要材料，一般比制作服装样板的纸张厚、硬，现多选用白卡纸
4	卷尺		也称软尺，因其可弯折的特点，多用来测量曲面上的数据，如楦面、楦底等
5	钢尺		多用来测量平面上的数据，如楦底样板的制作，以及在进行靴鞋样板制作时，可用来绘制所需直线
6	美纹纸		具有一定弹性，粘贴在曲面上时可以有效减少褶皱，从而减少误差。用来粘贴在楦面上，便于绘制线条

续表

序号	工具名称	工具	作用
7	分规		在样板上进行加量或者减量操作时使用，如内外怀差别等
8	冲子		用于打孔操作，如中心点、鞋眼、装饰孔等，常用规格有1.0mm、2.0mm、3.0mm
9	锥子		制作样板过程中，使用扎孔的方式复制线条或者在转跷过程中用于定位取跷中心
10	曲线板		用于练习美工刀基本功时的辅助工具或画楦面线条、修正样板线条时的辅助工具
11	剪刀		可用于修剪美纹纸、样板纸

【任务拓展】

❶ 休闲鞋的工艺放量一般如何进行设计？原因是什么？

❷ 结合工艺，分析折边和包缝工艺在鞋部件边缘处理时工艺放量如何设计。

【岗课赛证技术要点】

岗位要求：

能根据款式特征，合理分析技术要点，设计工艺放量。

能根据样板制作要求，准确完成4套样板制作。

竞赛赛点：

能在规定时间内，根据结构设计图纸，准确进行全套样板制作，各类技术指标到位。

证书考点：

规定时间内完成既定鞋款样板制作，工艺放量准确，帮部件线条流畅，各类标志点、线规范无误。

项目三

素头外耳式鞋的设计与样板制作

本项目主要介绍素头外耳式男鞋的结构设计和样板制作方法。素头外耳式长期占据男正装鞋销售大数据前列，是深受消费者欢迎的一款男士正装皮鞋。其款式素雅大方，线条流畅，帮面设计主要集中在耳型变化，适合初学者学习。如图3-1所示鞋款为素头外耳式。

图3-1 素头外耳式鞋

【学习目标】

知识目标	技能目标	素质目标
掌握素头外耳式的款式特点及设计要点	能准确进行素头外耳式款式线条的绘制	对接设计师岗位要求，提升线条规划和装饰审美能力
理解基本控制线与定位画线的关系	能准确找到定位点，完成基本控制线标画	
掌握标准样板的取跷方法	能进行帮部件取跷操作	灵活掌握知识，能举一反三进行技术操作
理解部件样板分怀的原理	能根据视频教学合理进行分怀操作	
掌握鞋里的分段及取跷方法	能进行合理分段，并进行鞋里样板的制作	能运用基础知识提升对鞋款内部结构的分析能力

【岗课赛证融合目标】

❶ 对接设计师岗位能力要求，能对照脚型规律分析帮面基本结构。

❷ 对接技能等级证书中耳式鞋结构设计与样板制作考点，进行部件解构与取跷操作。

❸ 对接鞋类设计技能竞赛，根据鞋楦特点规划线条和比例，准确进行结构设计。

任务一　素头外耳式鞋款式分析及结构设计

【任务描述】

根据帮面设计的特点，选取有代表性的点、线构成基本控制线，在此基础上根据美观和舒适性因素进行定位和线条设计，完成结构设计部分的操作。

【课程思政】

★根据鞋楦造型，合理规划鞋耳的造型，充分反映鞋楦与鞋耳部件的呼应——审美情趣、精益求精。

★分析脚型规律，根据设计原则细致入微地进行基本控制线的绘制和特征部位的定位——以人为本、精工细琢。

一、款式分析

（一）造型特点

素头外耳式男鞋的特征是鞋耳位于前帮口门之外，后帮叠缝在前帮上面，前帮为整帮结构，是男式低腰鞋中具有代表性的经典款式之一，又称德比鞋。帮面造型简单大方，线条流畅，属于经典的男鞋款型。适合选用方、圆、尖等鞋楦头型进行设计。通过材质和色彩的搭配、楦型的变化，呈现出正装、休闲或者时装鞋等风格。

（二）鞋耳结构特点

1. 鞋耳大小的设计

一般来说，鞋耳越大，鞋款越显成熟稳重，而小耳型往往较适合女鞋、童鞋的设计，表现的是秀气和轻盈的感觉。根据耳型大小设计鞋眼数量，常见的鞋眼数量有单眼、三眼、五眼等。

2. 鞋耳开合方式

内外两片鞋耳多以系鞋带的方式实现口门的开合，为了增加设计感和美观度，也可以用绊带结合粘扣、金属扣方式实现开合，更方便穿脱。

3. 耳式鞋的耳型设计

在选择鞋耳轮廓形状时，应该充分考虑鞋耳轮廓线的形状如何与楦头型协调，注意与皮鞋的整体造型风格相协调。如圆楦头更多采用的是圆耳型或棱角圆顺一些的方圆耳型，而方头楦则多采用方耳型设计，做到整体造型的统一。鞋耳造型如图3-2所示。

（1）方耳型线条以直线为主，耳朵轮廓线近似长方形，耳型大方、稳重，给人以精明、干练、刚毅、自信的感觉，是男耳式鞋设计的主要款式，如图3-3所示。

（2）圆耳型线条以曲线为主，耳朵轮廓近似半圆形，线条柔和、圆润，使人产生优雅、含蓄、柔和、舒展的感觉，设计时着重强调与楦楞线的对应，如图3-4所示。

（3）尖耳型，整个耳形近似三角形，所以也被称作三角形鞋耳，线条锐利简洁，整体造型有明快、进取感，形状较前卫，给人以个性张扬的感觉，如图3-5所示。

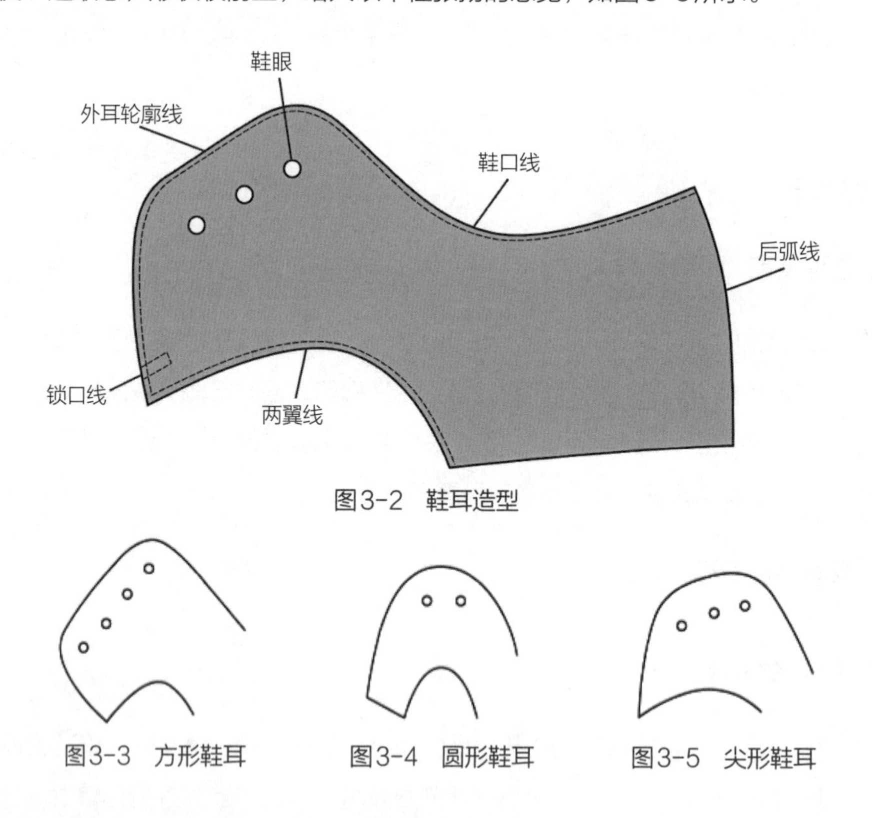

图3-2 鞋耳造型

图3-3 方形鞋耳　　图3-4 圆形鞋耳　　图3-5 尖形鞋耳

★专业素养提升小案例：合理搭配，相得益彰

根据不同鞋楦绘制鞋耳，如何体现出耳型美感，让两者相得益彰？

- 观察鞋楦头型特点，理解线条的适配感。
- 根据正装鞋鞋楦及顾客审美特征，合理进行“方圆尖直”不同耳型搭配，充分体现浑然天成、相得益彰的设计美感。

（三）鞋楦的选择

一般选择跗背部位较高的鞋楦，便于表现鞋耳的造型特点；内销男鞋一般选择250号（二型半），外销鞋根据消费市场的脚型规律，可以酌情变化。

二、结构设计

基本控制线如图3-6所示。

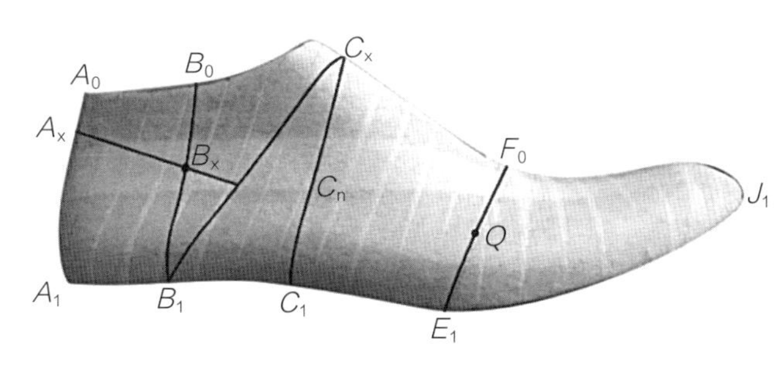

图3-6　基本控制线图

（一）基本控制线及作用

1. 前帮控制线F_0E_1

前帮控制线的上端点位于前掌凸度点F_0处，下端点位于第五跖趾边沿点E_1处。作用如下：

①前帮控制线F_0E_1将鞋楦的楦体和鞋楦的展平面以及皮鞋的鞋帮分为前后两部分，是鞋帮的前后分界线。

②前帮F_0E_1的1/2处，是取跷处理的中心位置Q点。

③前帮控制线F_0E_1的中点Q点是口门位置Q_y的控制原点。

④前帮控制线F_0E_1上的F_0点是口门长度点F_x的变化原点。（F_x在F_0前后15mm的区域内）

2. 腰帮控制线C_xC_1

腰帮控制线的上端点C_x（65%楦底样长）位于跗骨标志点D_0和腰窝标志点C_0之间（J_1C_x约为65%楦底样长），从跗骨的标志点D_0向后的D_0C_0的2/3处，下端点位于腰窝外边沿点C_1处。作用如下：

①腰帮控制线的位置恰好处于低腰皮鞋的鞋耳、鞋舌、鞋绊带等腰帮部件所在的位置，确保鞋样设计的穿用效果。

②控制腰帮两翼的高度C_n点的位置。C_n点的位置约占C_1C_x的2/5。一般情况下，常见低腰皮鞋的两翼高度都应该在C_n点或C_n点以上的位置。

3. 外怀帮高控制线B_0B_1

外怀帮高控制线的上端点位于外踝骨标志点B_0处，下端点位于外踝骨边沿点B_1处。作用如下：

①控制低腰皮鞋在外踝骨部位的鞋帮高度B_1B_x（男鞋49mm左右，女鞋45mm左右）。

②在皮鞋的质量检验中，外怀帮高是重要的考核标准之一。

4. 后帮中缝高控制线A_0A_1

后帮中缝高控制线的上端点位于统口后端标志点A_0处，下端点位于楦底后端点A_1处，控制低腰皮鞋后帮中缝高度A_1A_x（男鞋60mm左右，女鞋55mm左右）。

5. 腰怀控制线C_xB_1

腰怀控制线的上端点位于C_x点，下端点位于外踝骨边沿点B_1处。作用如下：

①控制较深鞋帮的后帮上口线。

②控制腰帮部件鞋耳、鞋舌等轮廓形状。

③控制低腰皮鞋的绊带位置和方向。

6. 后帮上口控制线A_xB_x

后帮上口控制线的前端点位于外怀帮高高度点B_x处，后端点位于后帮中缝高度点A_x处。作用如下：

①控制鞋帮的总长度。控制规律与鞋帮的款式变化有关，主要影响因素是口门和鞋脸的长度。

②控制后帮上口轮廓线的形状。

★专业素养提升小案例：

基本控制线绘制过程中，不仔细、不认真，不按照脚型规律绘制会出现什么问题？

- 深入思考为顾客服务、以人为本开展鞋产品设计的意义。
- 感悟细致入微、精工细琢的工匠精神。

（二）结构部件定位

1. 鞋脸长度定位点C_x

耳式鞋鞋脸长度的位置在鞋耳末端，定位方法有以下两种：

①从前向后沿背中线上量取：J_1C_x为楦底样长的65%。

②从统口前端点K_0点沿背中线向下量取：15~20mm。

2. 锁口定位点Q_n

①锁口点长度J_1F_x'：$J_1F_x'=J_1F_0+$（10~20）mm。

②锁口点宽度$F_x'Q_n$：$F_x'Q_n=F_0Q+$（2～3）mm。

3. 两翼线的定位

①两翼线高度：按照设计基本规律，在C_n点附近。

②两翼线落脚点C_y：按照设计基本规律，在腰窝外边沿点与鞋跟口之间。

4. 鞋眼定位

距耳边线15mm，鞋眼数量与鞋耳大小有关，设计为3～5个，方向应与耳边轮廓线平行。

5. 鞋舌设计

一般鞋舌前端位于第一、二眼之间，并偏向于第二个鞋眼，前端轮廓线为弧线形状；后端则超出鞋耳5～8mm；鞋舌宽度应以超过眼位13～15mm为原则，半宽28～30mm。

6. 口门线设计

口门线上端在第一、二鞋眼之间，下端与两翼线相交于Q_y。

7. 锁口线设计

锁口线设计为矩形，距Q_y点5～8mm，长约8mm，宽3mm。

8. 上口线设计

上口线设计为前端圆弧后端略直。

9. 保险皮设计

保险皮设计上半宽10～12mm，下半宽15～20mm。

素头外耳式鞋耳结构设计

（三）帮面线条设计

1. 线条要求

①曲线线条流畅无尖角。

②圆弧拐角处连接顺畅，无连接的痕迹。

③帮样线条要肯定，不得或有或无、或前或后、或高或低等。

2. 绘制要点

①锁口位置鞋耳线型可以设计为圆弧形、直角形和非直角形。

②鞋耳压住锁口点，鞋耳前端下边线在锁口以下8mm左右为宜。

③鞋口线拐角处不宜过高，建议以“腰怀控制线”“后帮上口控制线”和“半径为45mm的圆弧”作为参考。

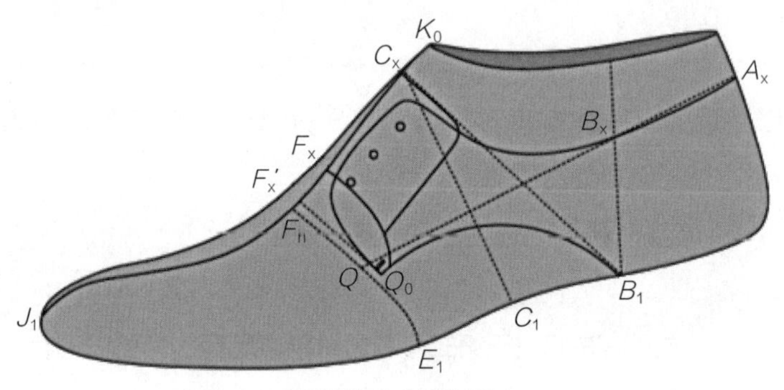

图3-7 素头外耳式结构图

鞋耳周边部件线条绘制

【任务拓展】

❶ 选择流行鞋楦，在此基础上自行设计一款素头外耳式鞋。

❷ 尝试根据不同的鞋楦头型绘制不同的耳型。

❸ 在鞋耳部件上进行假线设计。

【岗课赛证技术要点】

岗位要求：

根据当季市场潮流和消费数据分析，能在楦型库找到适合的鞋楦造型。

能根据楦型特点，在楦面完成结构线绘制，要求帮面比例及线条顺畅。

竞赛赛点：

能根据提供的款式特征描述，准确找到适合的鞋楦，并能分析其适配的鞋耳造型。

在规定时间内完成帮面结构绘制，根据款式特征适当进行装饰设计美化。

证书考点：

规定时间内完成既定鞋款结构设计，定位准确，线条流畅。

任务二　素头外耳式鞋样板制作

【任务描述】

在种子样板基础上，运用取跷原理及分怀处理完成标准样板，通过放量完成下料样板制作。通过对种子样板的分段及取跷操作、收放量操作完成里样板制作。

【课程思政】

★制作种子样板，注意笔触细腻和刀工流畅，反映结构设计的精细——工匠精神。

★取跷和分怀环节，根据脚型规律选取部位和数据进行操作，分毫不差——精益求精。

一、种子样板制作

种子样板又称基础样板，是在结构设计完成后到样板分片制作前的基础样板。种子样板是后续样板的基础，它的美观度和准确度直接影响成鞋的造型。

（一）揭纸展平

①刻除鞋口线至统口线之间的美纹纸。

②量取J_1点到鞋舌前端点的背中线长度、帮面上斜长J_1A_x、帮面中长J_1A_3及后弧底口线的部分长度，记录在相应位置。

③从前向后缓慢将画好帮样的美纹纸从鞋楦剥离，保持完整不破损。

④在样板卡纸上画出定位直线，将帮面中长J_1A_3与定位线近似重合。

⑤帮样展平顺序为先展平帮面中长J_1A_3方向，后向上下两侧延展均匀美纹纸的褶皱，褶皱尽量均匀分散在背中线F_0和底边沿线C_1附近。

揭纸展平操作

（二）修整展平样板

1. 后弧线修整

修整后的后弧线与鞋楦后弧线的正投影形状基本类似，但比鞋楦后弧线的正投影形状稍直。

2. 放绷帮余量

柔软皮革材质的参考放量数据为：13～17～15mm，如果帮面材质厚硬，则绷帮余量适当加大2～3mm。

3. 底口线分怀处理

前面从设计到种子样板修整各操作均在外怀帮面进行，由于鞋楦内外怀的肉头差别需要在外怀底边沿线上加放一定的余量。这个位置在腰窝部位，大小为5~8mm。

修整种子样板

（三）分离种子样板

①分析部件的数量和每块部件的轮廓线条位置。

②采用刻线法分离种子样板。

③分离（复制）出来的各个部件的种子样板必须与展平样板上相应的部件尺寸一致，边沿线条流畅。

素头外耳式种子样板如图3-8所示。

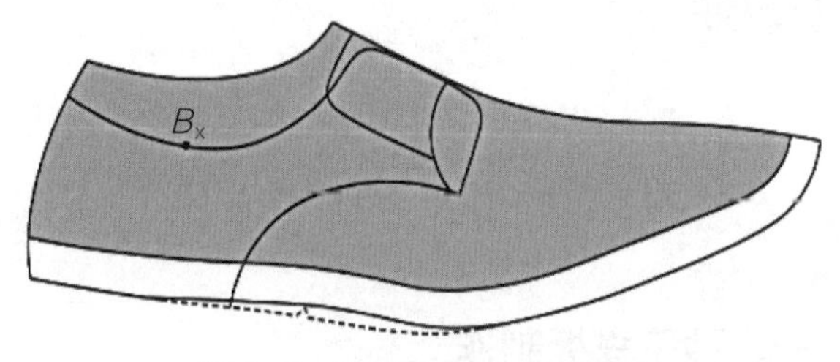

图3-8 素头外耳式种子样板

分离种子样板

★专业素养提升小案例：

种子样板制作中不重视线条修整、刀工不细致会出现什么问题？

- 种子样板是后续样板的基础，会导致后续鞋帮的不美观，牵一发而动全身。
- 细节成就整体，第一步的精致和追求完美是保证成功的关键。

二、标准样板

部件分离的种子样板通过取跷处理及分怀处理后所得的样板称为标准样板（净样板）。跷度处理和内外怀差别是制作标准样板的核心；标准样板要求具备完整的标志点、线及中点标志、内外怀标志，并要求在样板上标出名称和所用鞋楦编号。

（一）鞋耳标准样板制作

鞋耳标准样板如图3-9所示。

1. 外耳标准样板制作

①将种子样板放置于制作样板的卡纸上，沿鞋耳轮廓描画下整个鞋耳的形状。

②修整鞋耳轮廓线条，保证顺畅与种子样板不失真。

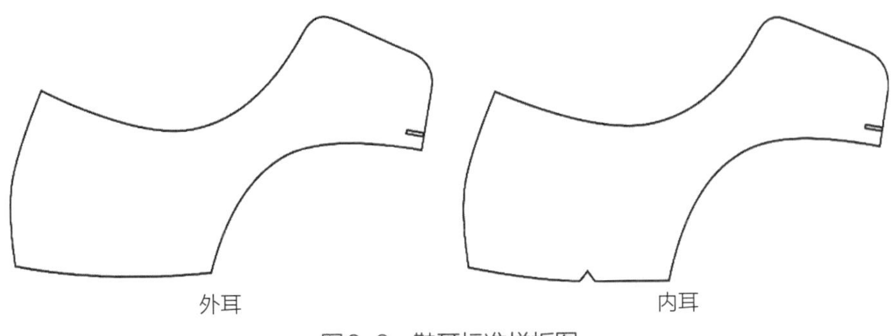

图3-9　鞋耳标准样板图

③用冲子冲出鞋眼、刻刀刻出锁口线及装饰假线、保险皮缝线标志、内怀标志。

2. 分怀处理

由于鞋楦前部内怀肉头与外怀相比整体偏前靠上，在内怀鞋耳样板制作中要考虑这一因素。内怀鞋耳样板制作先复制外耳样板，之后进行如下分怀处理：

①锁口点位置：内怀向前向上2～3mm。

②两翼线：内怀前部向上2～3mm，落脚点处根据靠近B_1还是靠近C_1分情况做分怀处理，分怀操作为内怀向前1～5mm。落脚点越靠近C_1分怀差别越大，落脚点越靠近B_1内怀差别越小，B_1点开始向后无须分怀。

③耳边线：内怀耳边线前部超出外怀2～3mm，向上向后逐渐消失与外怀在鞋耳后部小圆弧处平顺相接。

④上口线：人脚的内踝骨比外踝骨略高，在低腰男鞋鞋口部位，内怀比外怀略高一些，一般数据为2～3mm。最大分怀量位置在B_x处。

图3-10所示为鞋耳标准样板分怀示意图。

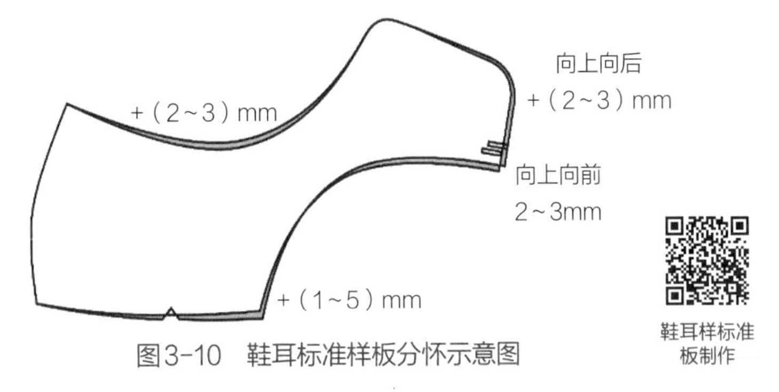

图3-10　鞋耳标准样板分怀示意图

鞋耳样标准板制作

★专业素养提升小案例：

分怀处理中1～2mm的细节处理，如果忽略或者不仔细，会出现什么问题？

- 分怀是确保鞋品舒适的关键因素，也是保证美观的重要操作。
- 分怀的数据是根据脚部骨骼特征确定的，必须实事求是、精准细致地进行操作。

（二）前帮样板制作

1. 取跷处理

（1）升跷操作

将样板卡纸对折，将前帮种子样板前部对齐对折线，并画出相对应的部分种子样板的底边沿轮廓线，然后从前向后旋转种子样板，旋转的支点是帮面宽度对应的美纹纸所在段的中心位置，依次逐段画出相应轮廓线条，直至旋转到口门长度点对准对折线。这一操作过程中前尖部位一直处于向上升的状态，称为升跷。

（2）降跷、补跷操作

当口门长度点与对折线重合时，此时画出口门线并以口门位置点为旋转中心前尖向下降，降至起始取跷位置，画出对应的后部底边沿线、两翼线、标定处鞋耳锁口点位置，这个操作称为降跷、补跷操作。

前帮样板取跷如图3-11所示。

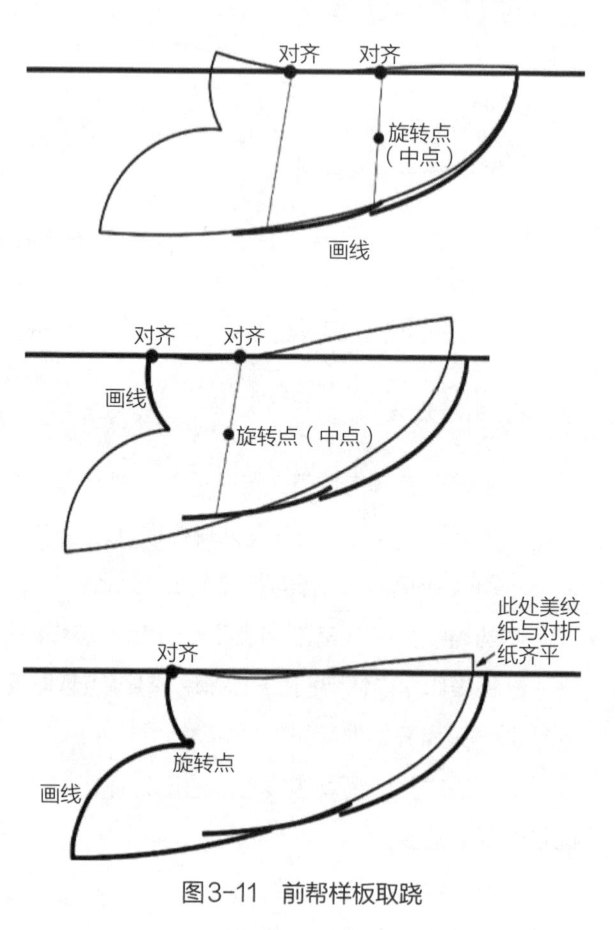

图3-11 前帮样板取跷

2. 分怀处理

由于前帮与鞋耳在两翼线处是缝接关系，因此前帮两翼线及锁口位置的分怀与鞋耳相同。前帮标准样板如图3-12所示。

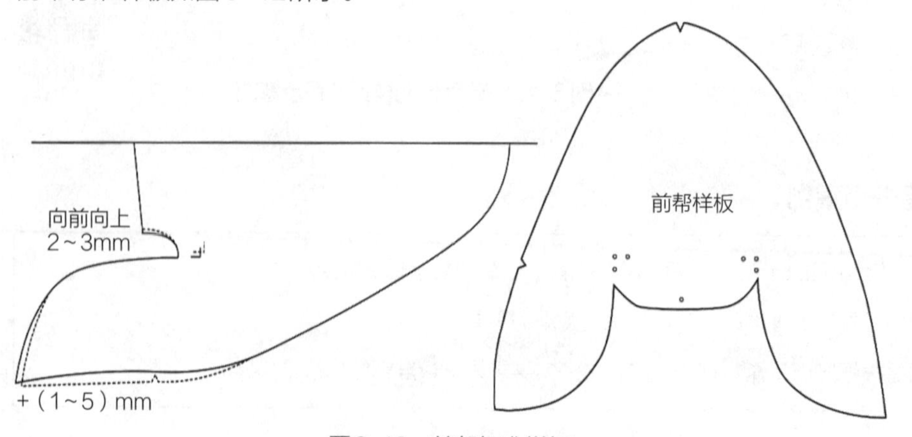

图3-12 前帮标准样板

前帮取跷

（三）鞋舌样板制作

鞋舌部件所在背中线比较平直，跷度较小，采用两点拉直的取跷方法。将鞋舌前端点和鞋舌后端点与对折纸重合，画出鞋舌轮廓线即可。鞋舌部件的标志点只有前后中点标志。

（四）保险皮样板制作

保险皮采用比楦法的样板制作方式，测量保险皮轮廓线长度，确定其上、下半宽，直接在对折纸上完成样板绘制。保险皮部件的标志点也只有前后中点标志。

三、折边样板

折边样板如图3-13所示。

（一）工艺分析

前帮压接鞋舌，鞋舌放出压茬量，前帮外露边缘毛边，鞋舌周围处理成毛边；鞋耳压接前帮，前帮放出压茬量，后帮鞋耳外露边缘采用折边，其中帮面上设计假线做装饰，看起来使鞋更加美观。后弧线处放合缝量，两片鞋耳在后弧处缝合。保险皮压接内外后帮鞋耳片，使帮面更加牢固。

（二）放量操作

①折边样板用于皮鞋制作的做帮工段，用来折边和划线。

②折边样板是在标准样板的基础上放出除折边量之外的工艺加工量；复制出标准样板上的所有标志点、线（也称为“定针”），并标记出部分工艺加工量（如压茬量等）。

③常用工艺加工量类型及数据：压茬量8～10mm、合缝量1.5～2.0mm。

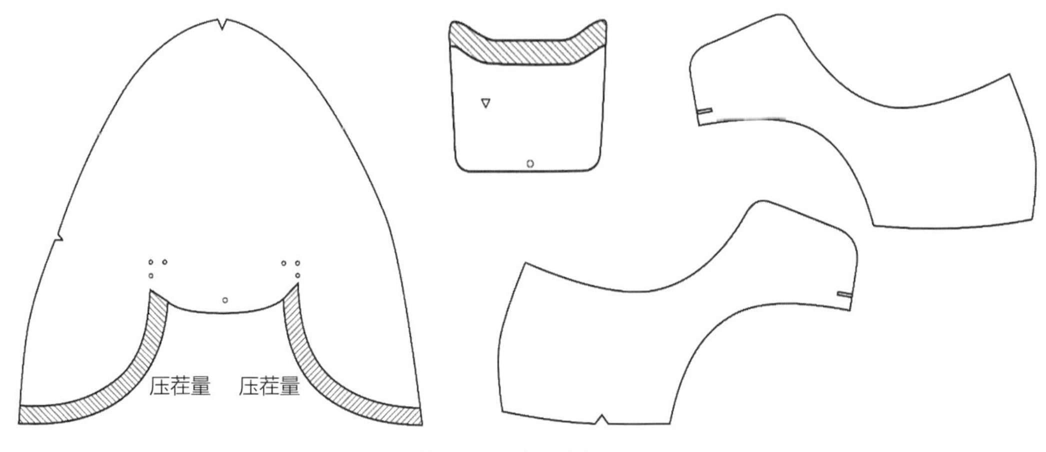

图3-13　折边样板

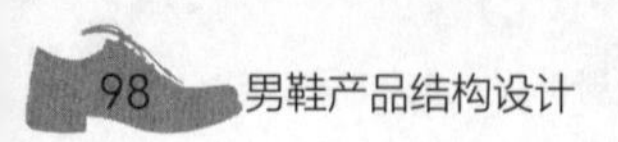

（三）标定标志

折边样板上要求标定所有中点、内怀及缝接标志点、线。

四、下料样板（划料样板）

下料样板如图3-14所示。

（一）放量操作

①下料样板是供划料车间工人进行材料套划或者制作下裁刀模使用的。
②下料样板是在折边样板的基础上放出折边量的样板。

（二）标定标志

下料样板只有中点标志和内怀标志。

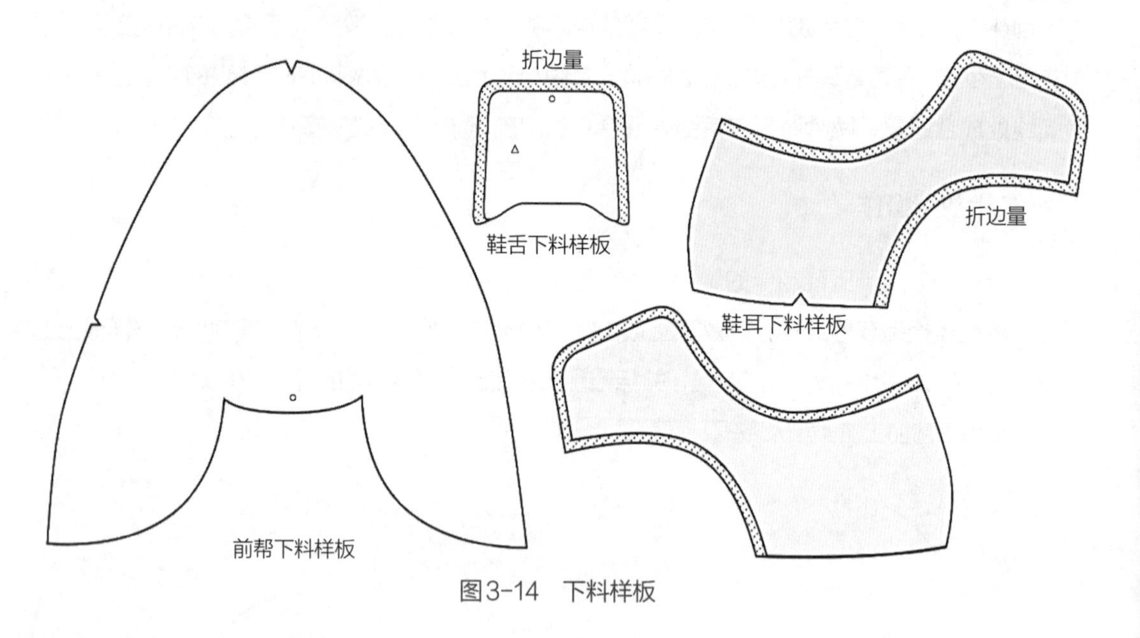

图3-14　下料样板

五、里样板

鞋里位于帮面内层，与脚部贴合，对舒适性要求高。因此，无论帮面如何分割，一般正装男鞋鞋里常采用“三段式里”的分段方式：前帮里、中帮里、后帮里，外加一个小型鞋舌里部件。

三段里样板的分割与制作方法如下。

1. 前帮里断线位置

以种子样板为基础，由鞋舌前端点出发经过Q_y画线，该段分割线之前的部件即为前帮里。前帮里采取升跷、降跷和补跷的取跷方法，如图3-15所示。操作参考前帮标准样板的取跷方法。前帮里底口线处收3~5mm，与鞋舌缝接处放8~10mm压茬量。

前帮里

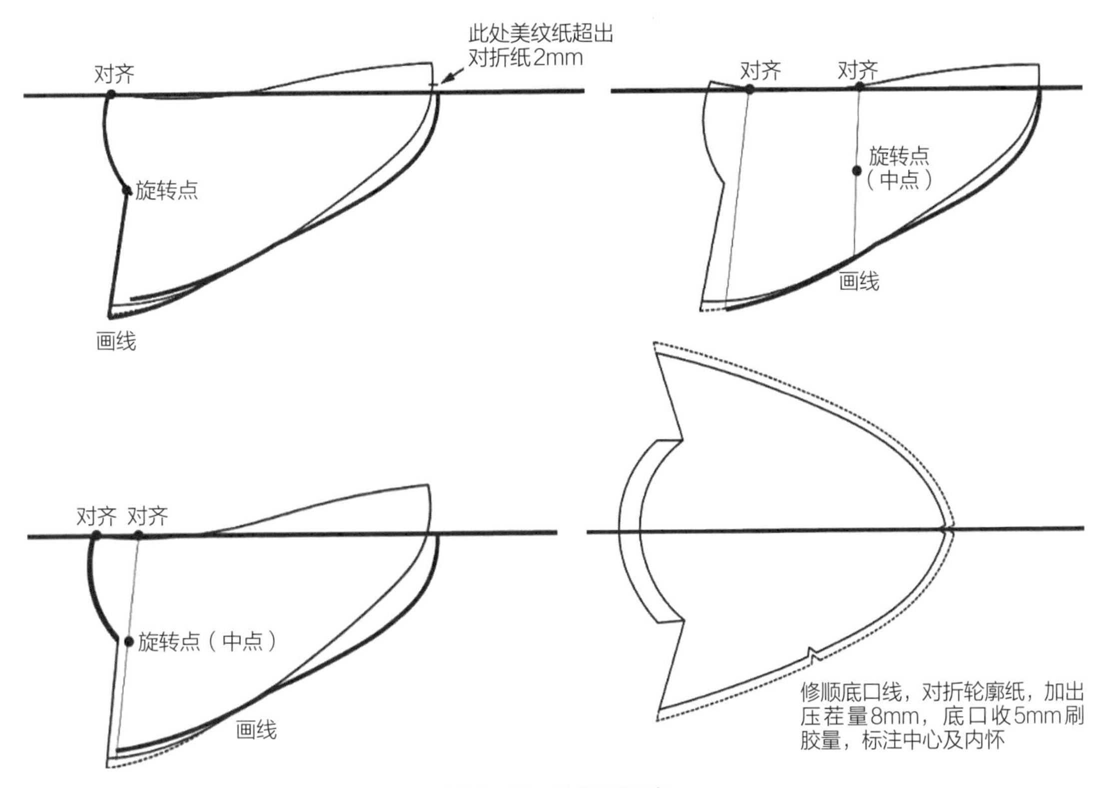

图3-15 前帮里取跷

2. 中帮里与后帮里的断线

中帮里的前部轮廓线在Q_n向前3mm处标点从耳边线向斜前方画直线，后部轮廓线在B_x向后10mm向斜前方画直线。中帮里底口线处收3~5mm，上口线放2~3mm冲里量，中后帮断线处收2~3mm的围差量。

中帮里

3. 后帮里

自中帮里后断线至后弧线部分的部件即为后帮里部件。后帮里底口线处收3~5mm，上口线放2~3mm冲里量，中后帮断线处放8~10mm的压茬量。

后帮里

4. 鞋舌里

复制鞋舌标准样板后鞋后边沿放2～3mm。

三段里的分割和三段里样板分别如图3-16和图3-17所示。

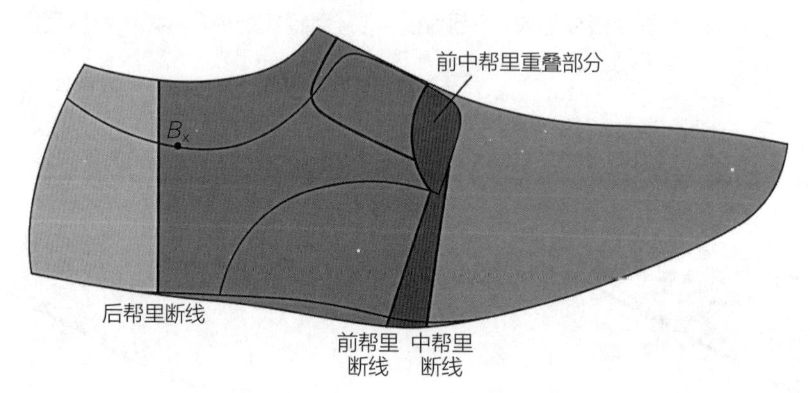

图3-16 三段里的分割

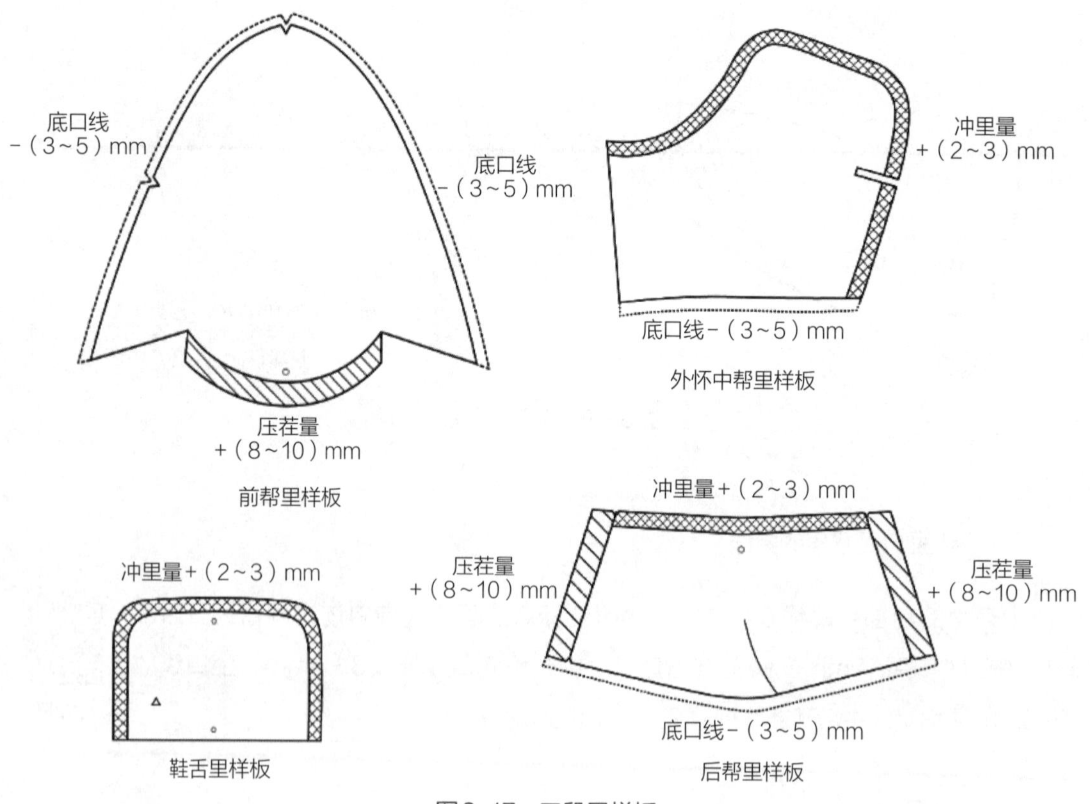

图3-17 三段里样板

【任务拓展】

❶ 素头外耳式鞋鞋耳标准样板的分怀处理如何进行?

❷ 分析素头外耳式鞋鞋里的分段及样板制作方法。

【岗课赛证技术要点】

岗位要求:

能根据款式特征，合理分析技术要点，进行适当的取跷操作。

能根据样板制作要求，准确完成种子样板、标准样板、下料样板、里样板4套样板制作。

竞赛赛点:

能在规定时间内根据结构设计图纸准确进行全套样板制作，各类技术指标到位。

证书考点:

规定时间内完成既定鞋款样板制作，取跷准确，帮部件线条流畅，各类标志点、线规范无误。

项目四

围盖横条舌式鞋的设计与样板制作

本项目主要介绍围盖横条舌式男鞋（图4-1）的结构设计和样板制作方法。据男工装鞋销售大数据显示：舌式鞋长期占据销售前列，围盖和横条部件是深受消费者欢迎的一种正装皮鞋造型设计形式。该款鞋线条流畅，穿脱方便，帮面设计主要集中在围盖大小、形状及围条部件的设计，与项目三相比，本项目对前帮部件结构设计的相关知识技能有了更高要求。

图4-1 围盖横条舌式男鞋

【学习目标】

知识目标	技能目标	素质目标
掌握围盖舌式鞋的款式特点及设计要点	能准确进行围盖线条的绘制	对接设计师岗位要求，提升线条规划和装饰审美能力
理解基本控制线与定位画线的关系	能准确、独立标化基本控制线	
掌握标准样板的取跷方法	能分类进行不同帮部件取跷操作	灵活掌握知识，能举一反三进行技术操作
理解部件样板分怀的原理	能根据部件特征合理进行分怀操作	
掌握鞋里的分段及取跷方法	能进行合理分段，并进行鞋里样板的制作	温故知新，能在前文所述知识基础上不断提升分析能力

【岗课赛证融合目标】

❶ 对接设计师岗位能力要求，掌握舌式鞋帮面结构设计和样板制作技能。

❷ 对接技能等级证书考核中围盖舌式鞋结构设计与样板制作考点，合理进行部件分析与取跷操作。

❸ 对接鞋类设计技能竞赛，根据鞋楦合理规划围盖、横条及鞋舌线条和比例，能快速准确地进行结构设计。

任务一　围盖横条舌式鞋款式分析及结构设计

【任务描述】

根据帮面设计的特点，选取有代表性的基本控制线，在此基础上根据鞋楦特点、结合款式美观和舒适性的因素进行围盖设计和鞋舌、横条及橡筋布的定位以及线条设计，完成结构设计部分的操作。

【课程思政】

★横条设计根据客户人群，选择恰当的色彩和结构装饰充分体现鞋品风格之美——美育教育。

★围盖横条舌式跗背处各类结构线及控制线多且复杂，在设计中要认真细致分析和甄别，在保证符合脚型规律的基础上设计出线条美观的鞋款——精益求精。

一、款式分析及造型

（一）款式造型特点

①舌式鞋又称为“乐福鞋”，款式风格多变，可设计为正装鞋，也可设计为商务休闲鞋。

②围盖舌式鞋线条流畅，款式大方，可通过暗橡筋的松紧控制穿脱，没有鞋带束缚，不压脚背。

③款式变化常出现在横条部件上，起到美化帮面、突出设计风格的装饰作用。

④围条与围盖相接处可以运用多种工艺加工方式，表现出不同的效果。

⑤围条与围盖部件拼接可采用撞色和拼皮等常用设计方法，体现款式变化。

（二）结构特点

1. 围条围盖

围条围盖的部件分割是该款鞋的突出结构之一。根据围盖制作工艺的不同，围盖与围条部件的镶接呈现出不同的效果。在鞋楦的前帮部位，顺着楦体前部楞线的走向，做围条围盖的分割线，围条围盖鞋是皮鞋前帮的主要分割方式，此种结构线条圆顺，能很好地体现跗背优美的线条。一般来说，围条和围盖的结合有两种形式，一种是平面结合，另一种是起埂结合。平面结合是指围条和围盖的连接处比较平整，整体造型比较细腻，帮面光滑，常用于正装鞋的设计，如图4-2所示。

图4-2　平面结合围盖鞋结构

2. 横条部件

在整款鞋的结构中，横条部件既有装饰性，又起到固定口门的作用，防止口门开口太大造成鞋不跟脚的现象。在横条部件上，可通过镂空、编织、拼接、手绘、印花、加装装饰扣件等方法加以装饰（图4-3）。

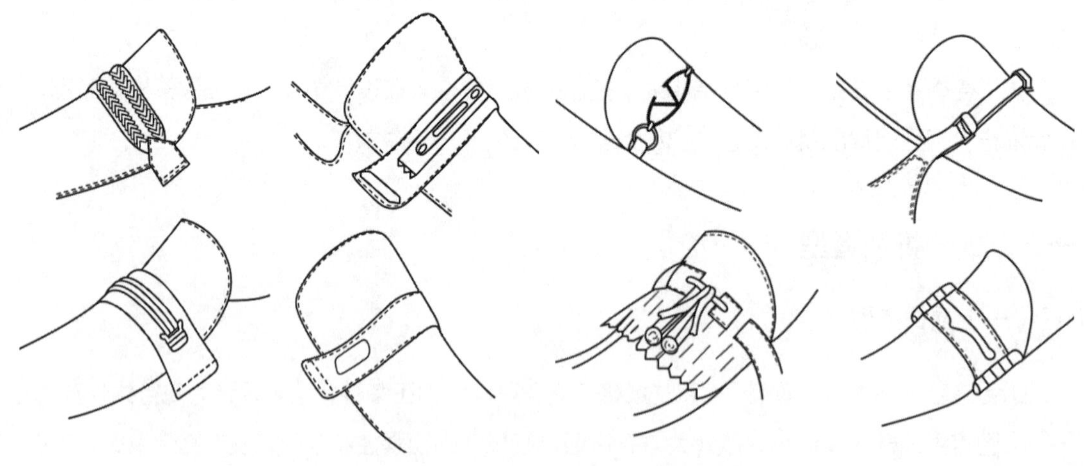

图4-3　围盖横条舌式鞋舌及横条设计

3. 鞋舌

鞋舌是舌式鞋的主要部件，根据楦型及款式整体造型风格，鞋舌的轮廓呈现方、圆等形状（图4-4）。

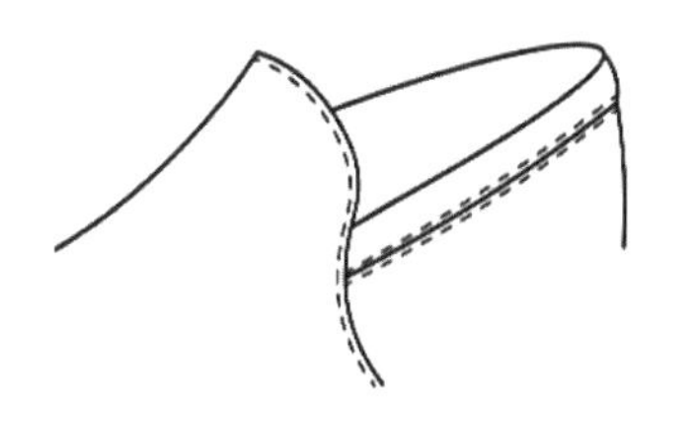
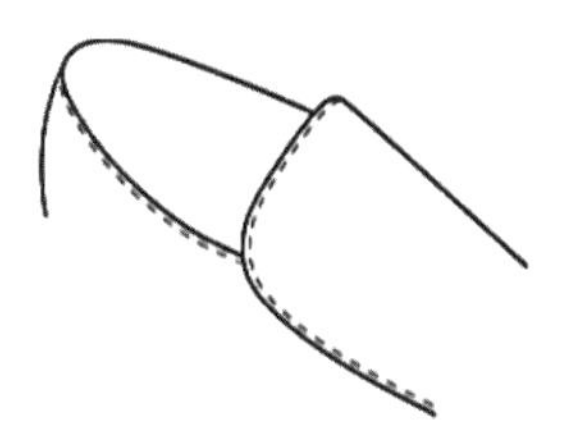
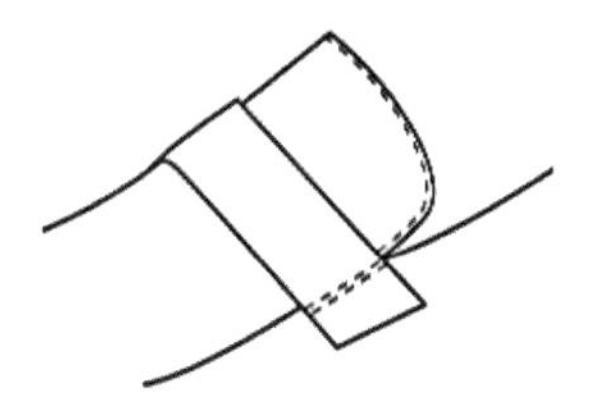

图4-4　鞋舌部件结构

★专业素养提升小案例：

根据不同年龄、职业顾客的喜好和穿衣风格，如何运用横条的设计突出男鞋的品位和特点?

- 分析不同职业顾客的喜好，根据选择楦型整体流线特征，设计横条部件。
- 根据鞋款的风格和结构特点，合理进行材质、色彩的搭配，给出设计方案。
- 在材料选择、颜色与材质搭配方面要多看、多调研，不断提升个人审美品位。

（三）鞋楦的选择

①根据舌式鞋的特点，在鞋楦选择时，一般选择跗背部位较低的鞋楦，便于表现鞋舌的造型特点。

②由于帮面前部有围盖造型，在楦前部楦面适合选择前跗面略宽，对于初学者建议选择有较明显楦棱线的楦型。

二、结构设计

（一）基本控制线

1. 基本控制线画法

在男鞋结构设计中，基本控制线及其画法是通用的，可参考项目三素头外耳式鞋结构设计部分，如图4-5所示。

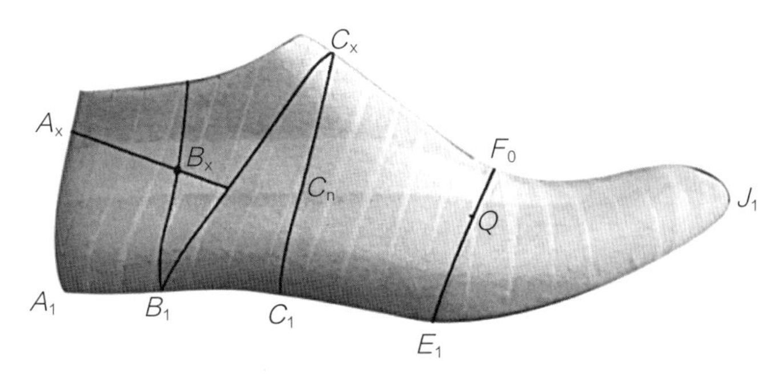

图4-5　男正装鞋基本控制线

2. 横条舌式鞋设计中主要基本控制线的作用

①前帮控制线F_0E_1：控制口门位置及围盖末端的宽度。

②腰帮控制线C_xC_1：确定舌式鞋鞋脸长度（即鞋舌末端点位置）。

③外怀帮高控制线B_0B_1：控制外踝骨部位的鞋帮高度B_1B_x，49mm左右。

④后帮中缝高控制线A_0A_1：控制后帮中缝高度A_1A_x，60mm左右。

⑤腰怀控制线C_xB_1：控制后帮上口线走向，控制鞋舌部件的轮廓形状。

⑥后帮上口控制线A_xB_x：控制后帮上口轮廓线的形状。

（二）部件结构定位

①鞋脸长度点C_x的确定：统口前端向前20～25mm。

②横条后线的位置：C_x沿着背中线向前35～40mm。N点越靠前，鞋舌外露面积越大，适合瘦长型鞋楦，N点越靠后，鞋舌露出面积小，适合圆润饱满型鞋楦。在实际设计过程中，可根据款式风格特征和鞋楦类型，合理分析，进行规划定位。

③横条宽度MN的设计：15～20mm或20～30mm（根据风格和种类而定）。

④围条宽度的确定：J_1I_x与楦棱有关（考虑绷帮滑动量的设计时I_x向后移3～5mm）。

⑤口门位置的确定：F_x在MN中间

$$F_xQ_y=1/2F_0E_1+（2\sim4）\text{mm}$$

⑥鞋舌宽度的确定：前端半宽为口门点（Q_y点），后部半宽为45～50mm（根据款式、风格、种类等设计鞋舌的宽度）。

⑦橡筋布后端点的选取：C_x向前20～25mm。

⑧橡筋布宽度的选取：18～25mm，半长度为15mm左右。

⑨横条的长度设计：MM'=55mm，NN'=60mm。

⑩马头部件前端点确定为Q_y点。

⑪内怀围条断线设计Q_y向下顺势延长F_xQ_y点。

★专业素养提升小案例：

在C_X到F_0这个楦面区间有非常多的部件定位点，而且部件分别为鞋舌与围盖、上压横条装饰部件及鞋面下橡筋布隐藏部件。如何能清晰辨别这些点、线的定位?

- 仔细分析部件之间的空间关系，深刻理解部件前后搭接的位置安排。
- 根据设计风格和材质特征，综合理解数据定位的意义，并能在今后设计中举一反三。
- 深刻体会设计师岗位素养中的精工细作，培养精益求精的工匠精神。

（三）帮样线条绘制

①围盖线条的设计：与头型和楦面宽度对应，在描画楦楞线的基础上绘制外怀完整的围盖轮廓线及楦头部内怀围盖轮廓线。

②围盖与鞋舌断线的设计：F_xQ_y。

③横条形状的设计：根据风格和楦面宽度可以设计为圆弧形或尖角形；横条上可以设计各类图案；横条宽度被F_xQ_y平分。

④上口线设计：与耳式鞋相比较直（可以设计为折边、撸口或滚口）。

⑤外包跟设计线条弧度不大（根据楦面线条的风格自由设计）。

围盖横条舌式结构如图4-6所示。

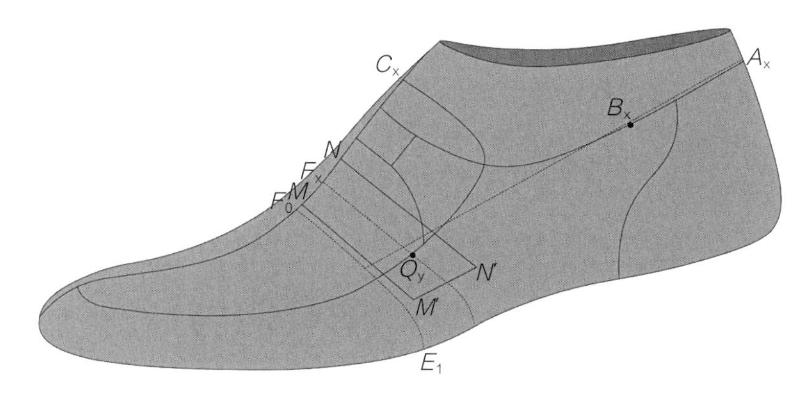

图4-6　围盖横条舌式结构图

【任务拓展】

❶ 根据本年度流行元素选择鞋楦，在此基础上自行设计一款围盖横条舌式男鞋。

❷ 尝试根据不同鞋楦头型绘制不同围盖形状，并设计不用装饰的横条部件。

❸ 在后帮进行上口和包跟设计。

任务二　围盖横条舌式鞋样板制作

【任务描述】

按样板制作步骤，从揭纸展平开始制作种子样板；在种子样板的基础上，根据取跷及分怀原理，完成标准样板；通过工艺分析，操作完成标准样板放量，制成下料样板。通过款式分析，合理进行鞋里分段及取跷、收放量操作，完成里样板制作。

【课程思政】

★根据围盖弧度造型，合理规划内怀线条，内外怀均体现顺畅的线条美感——提升审美能力和造型设计能力。

★根据部件结合特征，对围条部件进行部件取跷处理，起到方便工艺缝合又节约成本的作用——培养勤俭节约的美德，加强成本控制意识，生产对环境友好的产品。

一、种子样板

种子样板制作的步骤及注意事项与素头外耳式大体相同。由于该款鞋有围盖部件，且内外怀均有围盖线的绘制，为不完全对称式，因此在种子样板制作中有不同的处理：将内怀小围盖部件的背中线与外怀重合，描画出内怀围盖的前部线条。根据内外怀的宽度差顺延内怀线条直至鞋舌部位，线条圆顺流畅（图4-7）。

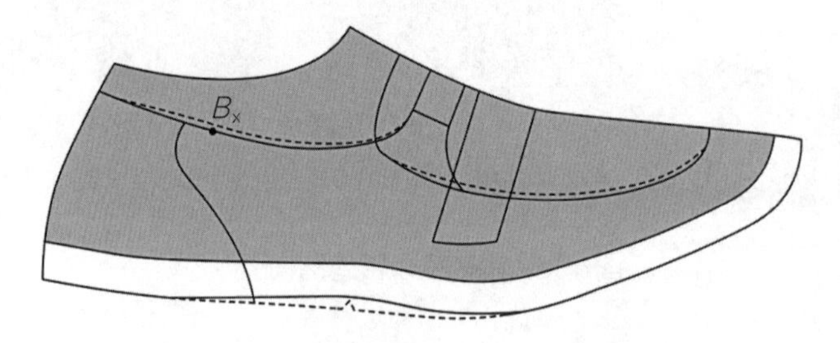

图4-7 围盖横条舌式种子样板

二、标准样板

（一）围盖样板

1. 取跷处理

卡纸对折，将围盖的种子样板前点I_x对齐该对折线段，会出现一段围盖种子样板背中线部分与对折纸的重合线段端点，记作“1”，画出相对应部分围盖样板的轮廓线对应1点的位置，记作“1′”，11′线段的中点记作“O”，O点就是取跷旋转的支点，接下来采用这个方法分两次，依次逐段画出相应内外怀轮廓线条，直至旋转到围盖断线处为止（图4-8）。

2. 绘制轮廓线

用圆顺的曲线，把内外怀取跷过程中得到的轮廓线的各线段连接起来，线条微调幅度不超

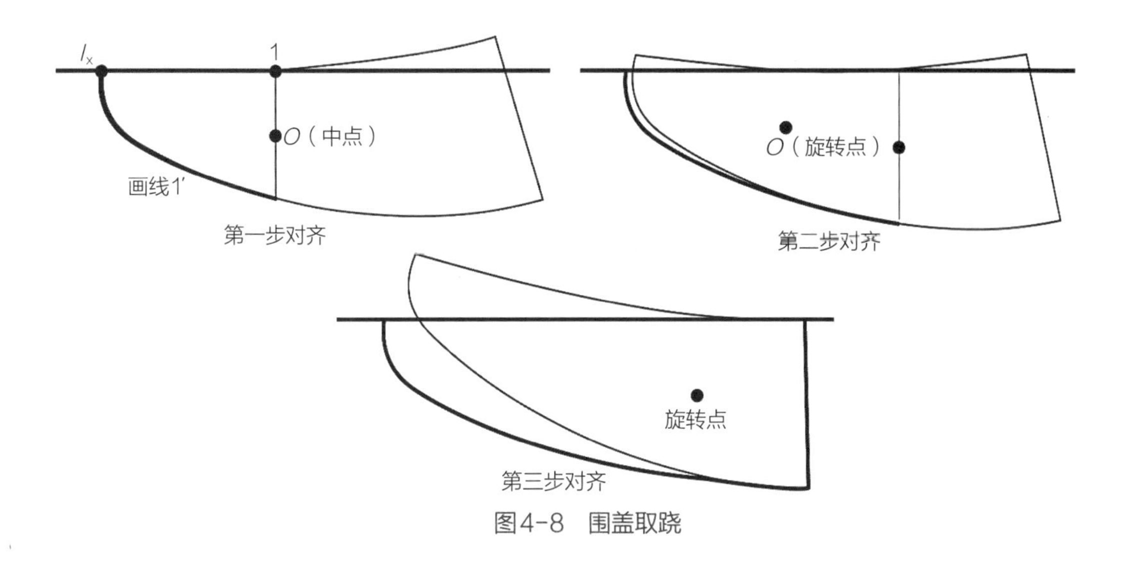

图4-8　围盖取跷

过2mm。

3. 标记标志点

在围盖内怀样板中心位置处，通过刻刀刻画三角镂空标志或者冲子冲圆孔标志的方式标记内怀，在围盖的前后对折线上距离样板轮廓线边沿5mm处打出中点标志。围盖标准样板如图4-9所示。

围盖标准样板

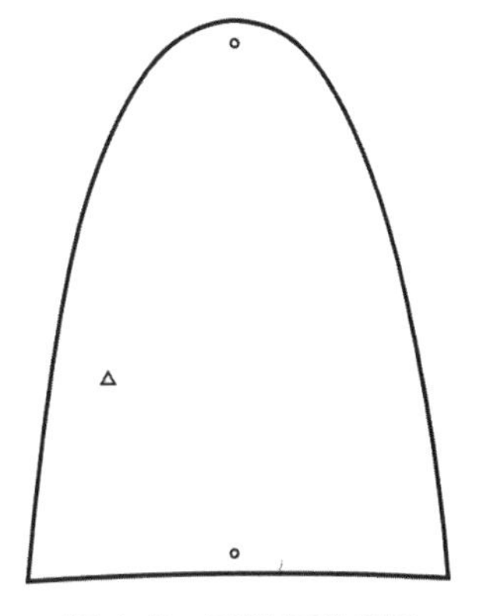

图4-9　围盖标准样板

★专业素养提升小案例：

> 围盖样板制作中，外怀线条是在楦面绘制好的，整体流畅度和楦面造型吻合度高，对于内怀分怀后的线条绘制要结合内怀楦面特点和外怀线条风格，在有限范围内进行调整和画线。

（二）围条样板

1. 绘制轮廓线

卡纸对折，围条拉直使背中线与对折纸重合，分别画出内外怀围条轮廓线、上口线及橡筋马头部件轮廓线、包跟轮廓线及底口线。

2. 跷度处理

为了材料套划和后期成型方便，一般要对围条进行部件跷处理。所谓部件跷，就是适当地缩短底边沿线的长度，使得围条张开的幅度明显大于围盖的宽度，经过这样的处理，围条和围盖缝合后呈现立体状态，能大大提高帮套的伏楦度。

部件跷取跷位置在鞋楦头部转角处，部件跷的大小以前帮美纹纸与样板卡纸之间的数量关系确定。一般将美纹纸J_1'点翘出对折纸5mm左右，这个数据不是固定值，根据鞋楦头型不同数据变化。一般扁平鞋楦部件跷小，厚高头鞋楦部件跷大（图4-10）。

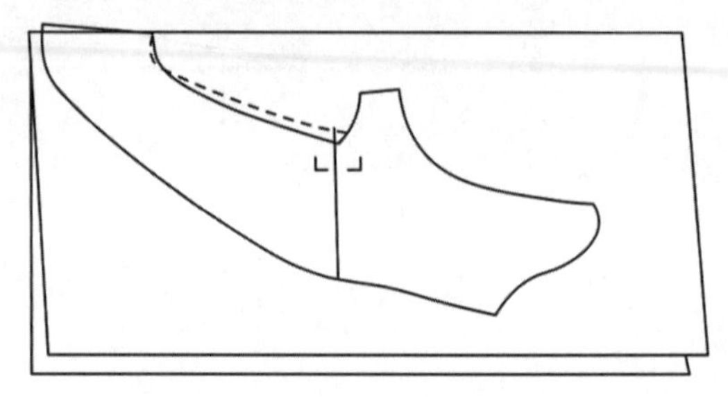

图4-10 围条标准样板取跷

★专业素养提升小案例：

> 围条部件属于鞋帮面外露的主要部件，与围盖缝合后呈现立体结构，便于工艺制作。基于这一特点，对围条部件进行部件跷处理，围条开合度加大，便于部件套划，有利于节约材料。

3. 分怀处理

围条标准样板如图4-11所示。

①围条围盖镶接线：原种子样板分怀轮廓线。

②鞋帮上口线：内怀比外怀略高一些，一般数据为2～3mm。最大分怀量位置在B_x处。

③横条标志线：由于围盖部件的分怀处理引起了横条长度的变化，内怀横条根据此处围盖内外怀的差别大小，进行相应数量的分怀。分怀方向为内怀向上平移。

④标记标志点、标志线：在围条部件上标志出中点、内怀、横条标志。

围条标准样板

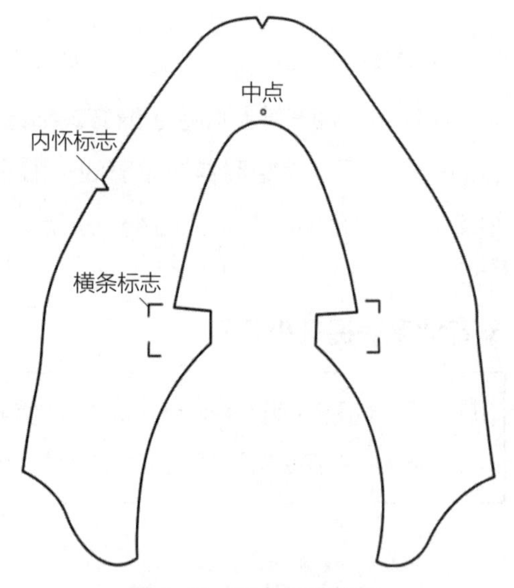

图4-11 围条标准样板

（三）横条样板

由于横条部件是压在围条、围盖及鞋舌缝合帮件上，实际成鞋与结构设计画的长度存在差异，因此需要在横条样板制作中额外添加横条长度量，才能保证成鞋后与设计呈现一致。这个半宽增量一般在2～3mm，可根据所选用皮革的厚度和加工工艺不同判断确定实际数据（图4-12）。横条部件内怀比外怀略短，分怀数据与围条部件上横条标志的分怀数据相同。

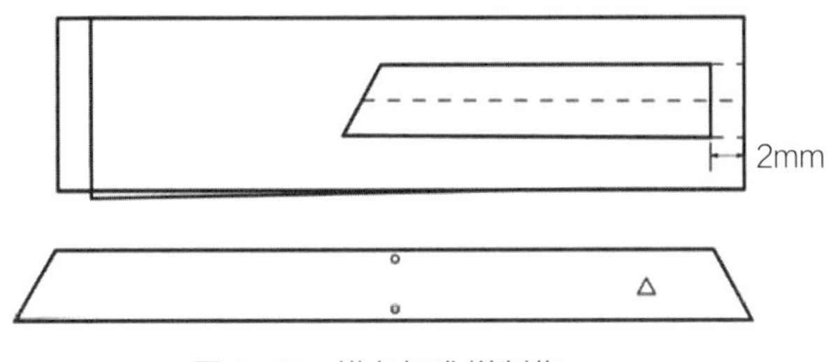

图4-12　横条标准样制作

（四）鞋舌样板

鞋舌采用拉直处理，将鞋舌背中线前后端与对折纸的对折线重合，画出内外怀轮廓线即可，如图4-13和图4-14所示。

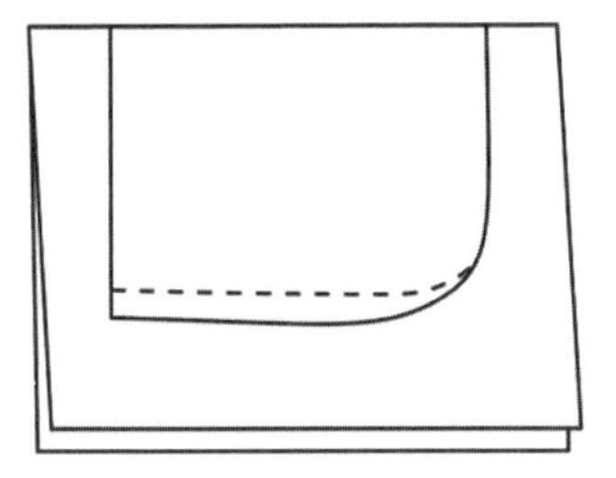

图4-13　鞋舌标准样制作示意图

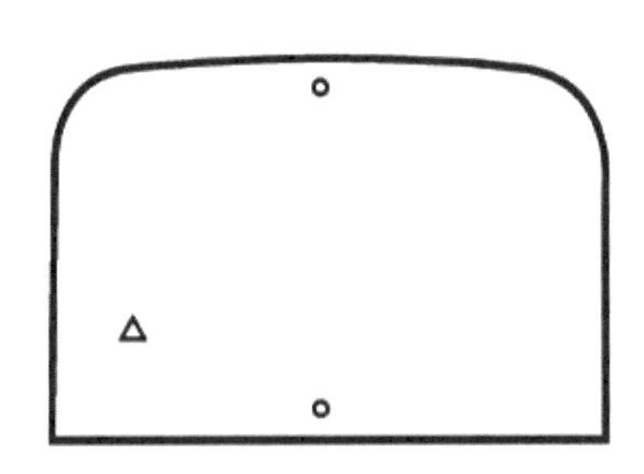

图4-14　鞋舌标准样板

（五）外包跟样板

外包跟标准样板

外包跟样板制作时，上口超出对折纸2mm，A_3点对齐对折纸下口自然收进，如图4-15和图4-16所示。

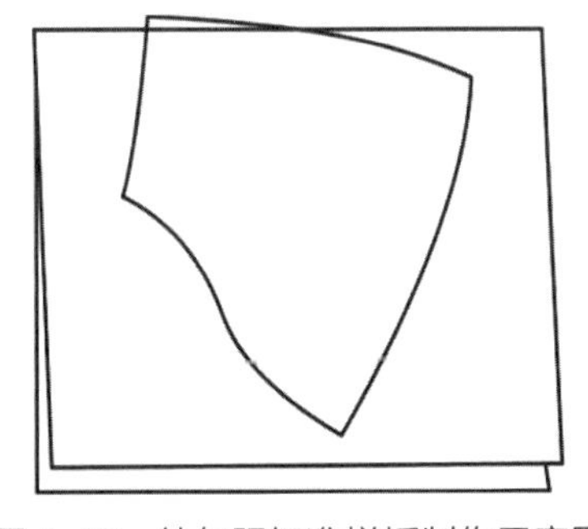

图4-15　外包跟标准样板制作示意图

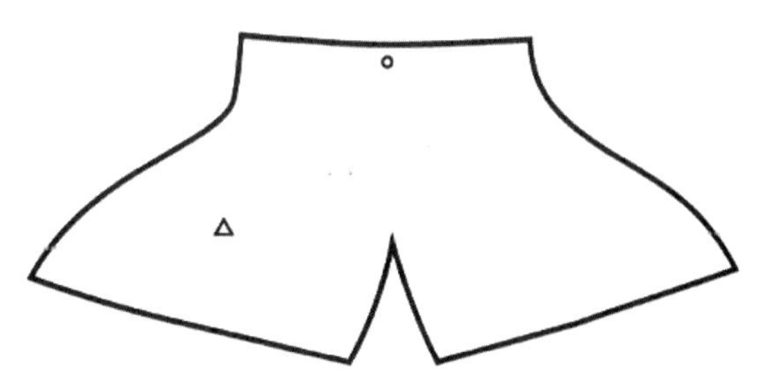

图4-16　外包跟标准样板

（六）橡筋布样板

橡筋布是控制口门开合松紧件，选用宽20mm橡筋布，因此样板形状为长方形，长30mm，宽20mm。

三、下料样板

本书从该款鞋开始，不再单独进行折边样板制作的讲解，直接进行下料样板制作分析。

下料样板是供划料车间工人进行材料套划或者制作下裁刀模使用的，是在折边样板的基础上放出折边量的样板，下料样板只有中点标志和内怀标志，如图4-17所示。

（一）工艺制作分析

①围条压接围盖，围盖放出压茬量，围条采用折边工艺。反之，如果围盖压接围条，则在围条上放压茬量，围盖上放折边量。

②横条横跨鞋舌与围条围盖断接处，两端搭接在围条与中帮的镶接处，横条前后两侧放折边量，两端采用一刀光工艺装饰方法或毛边展示，不放量。

③外包跟压接围条，围条放出压茬量，外包跟采用折边做法。

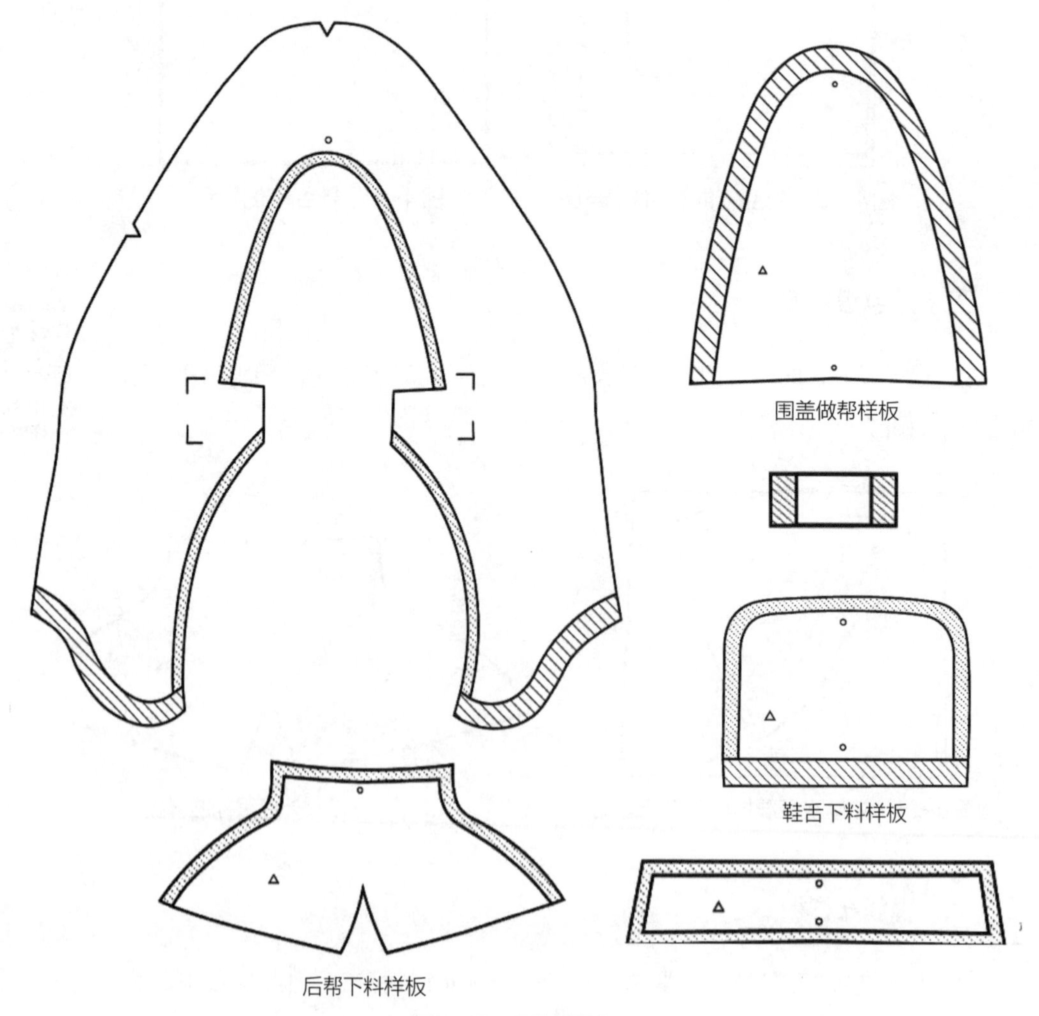

图4-17 下料样板

④暗橡筋连接内外后中帮，通常把橡筋布夹压在后帮面、后帮里中间进行缝合，因此橡筋布两端放压茬量。

⑤鞋口可采用折边工艺，放折边量，也可采用贴沿口包缝做法，不放量。

（二）样板制作步骤

①描画复制标准样板轮廓。

②放出加工余量。

③标刻标志点。

四、里样板

鞋里样板分段如图4-18，鞋里样板如图4-19所示。

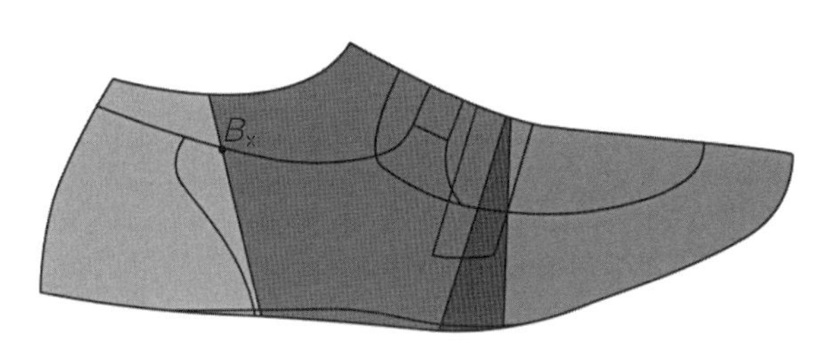

图4-18　鞋里样板分段

①前帮里：断线在F_xQ_y处，用对折纸采用围盖、围条标准样板拼接的方法，尽量还原前帮部位的面积，拼接后适当调整底边沿线，确定后在底边沿线收3～5mm，前帮里与鞋舌断线处放8～10mm。

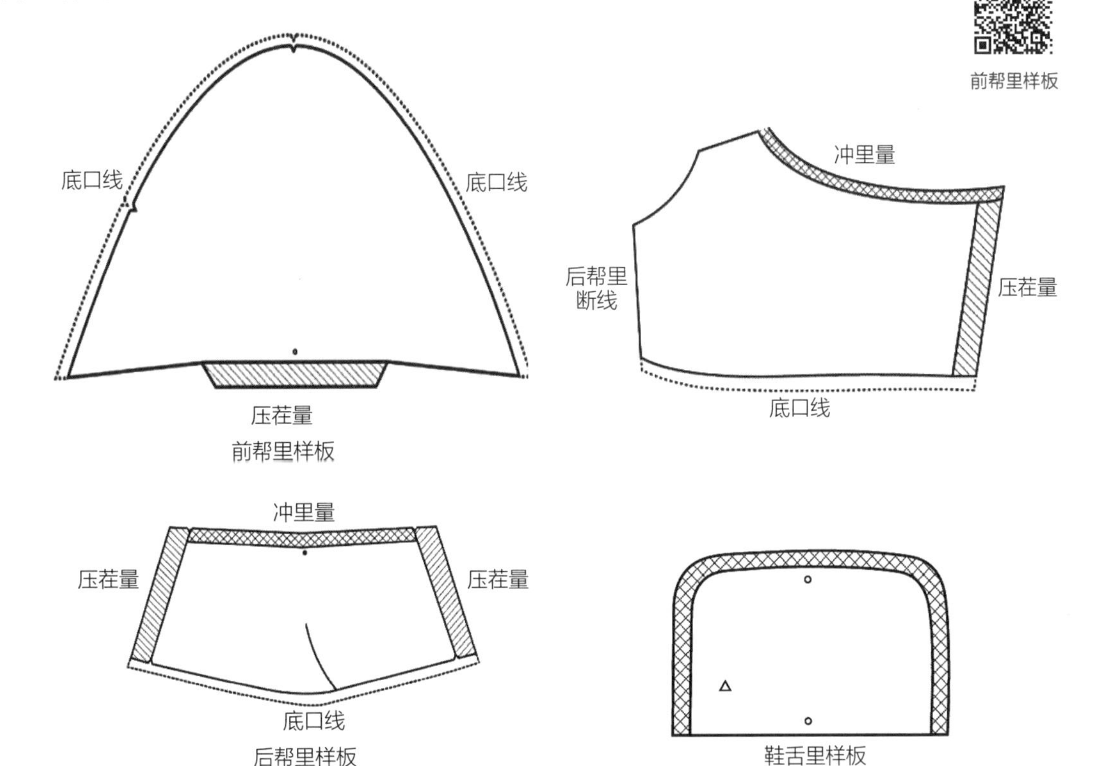

图4-19　鞋里样板

②中帮里：以标准样板为依据，底边沿线收3~5mm，上口线放2~3冲里量，无须对折纸。

③后帮里：以标准样板为依据，需对折纸，底边沿线收3~5mm，上口线放2~3mm，与中帮里结合处放8~10mm。

④鞋舌里：以标准样板为依据，边沿线放2~3mm冲里量。

【任务拓展】

❶ 围盖横条舌式鞋围盖标准样板的分怀处理如何进行?

❷ 分析围条部件取跷原理及样板制作方法。

❸ 前帮与中帮里的断线位置如何确定？

项目五

围盖外耳式鞋的设计与样板制作

本项目主要介绍围盖外耳式鞋的结构设计和样板制作方法。围盖外耳式在基础款素头外耳式基础上进行美化装饰，增加了围条围盖部件，如图5-1所示。该款式深受男士欢迎，是一款销量较高的男士正装皮鞋，其线条流畅、帮面适度装饰，显得雅致挺括。该款鞋帮面设计主要集中在围条围盖镶接形式及耳型变化。

图5-1　素头外耳式鞋

【学习目标】

知识目标	技能目标	素质目标
掌握围盖外耳式鞋的款式特点及设计要点	能准确进行内外怀围盖线条的绘制	对接设计师岗位要求，提升色彩、材质搭配及线条绘制能力
掌握不同风格围盖外耳式鞋的色彩及材质搭配	能准确、独立分析结构，并合理利用基本控制线绘制帮面线条	
掌握海绵口部件的设计	能合理进行不同帮部件取跷操作	灵活运用所学知识与技能，举一反三进行取跷和样板制作
理解部件样板取跷和分怀的原理	能根据部件特征合理进行分怀操作	
掌握鞋里的分段及取跷方法	能进行合理分段，并进行鞋里样板的制作	适当增加个性设计，不断提升设计分析和审美能力

【岗课赛证融合目标】

❶ 对接设计师岗位能力要求，掌握围盖外耳式鞋帮面结构设计和样板制作技能。

❷ 对接技能等级证书考核中围盖外耳式鞋结构设计与样板制作考点，合理进行部件分怀与取跷操作。

❸ 对接鞋类设计技能竞赛，根据鞋楦合理规划围盖、鞋耳及海绵口等部件线条和比例，能快速准确地进行结构设计。

任务一　围盖外耳式鞋款式分析及结构设计

【任务描述】

在素头外耳式和围盖横条舌式设计基础上，选取合适的鞋楦进行围条设计，根据楦型特征和围盖大小，合理规划鞋耳部件的形状和线条，完成结构设计部分的操作。

【课程思政】

★根据鞋楦头部造型，合理规划围条围盖弧度和鞋耳的造型，充分反应鞋楦与主要结构部件的呼应——举一反三、灵活应变。

★分析脚型规律，根据海绵口的功能和造型设计特点，结合帮面主要部件整体线条特征，进行海绵口设计——以人为本、合理搭配。

一、款式分析

（一）造型特点

1. 围盖外耳式鞋的配色

正装男皮鞋的配色设计不同于休闲运动鞋，它要呈现低调、大气的正装鞋特征，根据鞋类材质呈现效果色彩，一般多选用黑色、棕色、深卡其色等。围盖外耳式鞋由于帮面部件多，常采用前帮与鞋耳拼色设计，一般选用相近色搭配。颜色表现效果受到材料外观特征以及皮革鞣制技术的限制，皮革表面的纹理因动物皮的种类和加工处理的方式不同而有所变化，有些表面粗糙，有些表面很光滑，有些表面亮度很高，而有些表面则比较暗淡。在进行颜色搭配的时候，要充分考虑材料的这些影响因素，即使是同一种颜色，在不同材料上表现出的效果也不会相同，比如同样是黑色，绒面革给人一种暗淡、厚重的感觉，漆皮则显得高雅、细腻，引人注目。

2. 围盖外耳式鞋的帮面肌理搭配

由于正装男鞋色彩搭配要求沉稳大气，不适合采用撞色设计，为了凸显正装鞋的精美和装饰性，可以用肌理搭配来实现。材料肌理能通过材料表面的纹理排列、组织构造，使人得到触觉质感和视觉触感。肌理可以通过材料本身具有的表象来体现，如皮革表面粒纹的凹凸、粗细，皮革手感的软硬、光滑等。材质的肌理对比如图5-2所示。

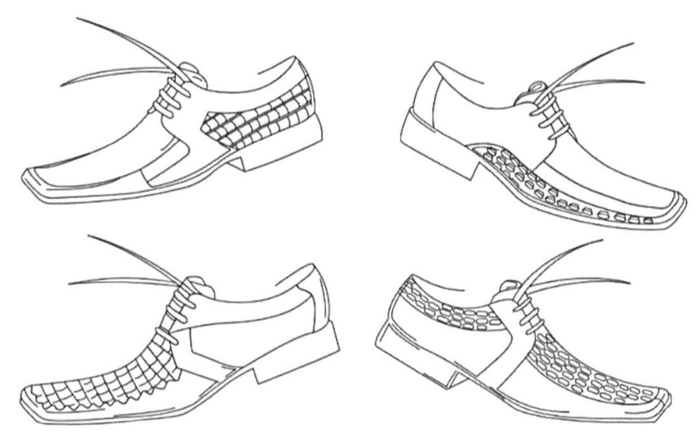

图5-2　材质的肌理对比

3. 围盖工艺缝合方式及造型美感

围条围盖式鞋在设计分割线条的时候，应该充分考虑楦头造型和楦体楞线的影响，使分割线条尽量与楦整体的线条协调（图5-3）。为了增加造型变化，可以在围条上起褶皱，有规则或不规则的褶皱好像跳动的音符，使整个帮面起伏变化，增添鞋的动感和美感。

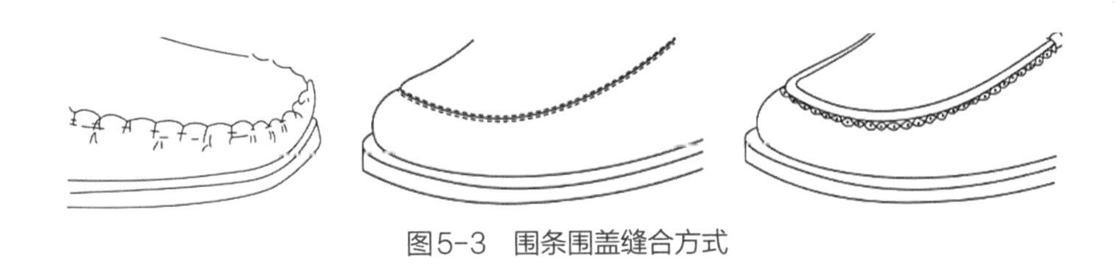

图5-3　围条围盖缝合方式

（二）结构特点

1. 与围盖横条舌式对比，围盖的设计差异分析

该款鞋与围盖横条舌式具有相同的围条围盖部件，舌式鞋呈现风格是简约舒适，鞋帮后部

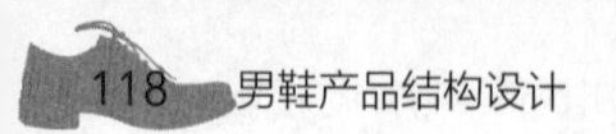

是宽大的鞋舌部件，而且有横条部件的装饰，因此在设计围条围盖部件时，围条围盖部件在整个鞋的结构比例中略显短，围盖轮廓也略显宽大。围盖耳式鞋由于帮面部件较多，围盖面积相对较小，要协调各部件之间的比例关系，合理规划。

2. 鞋耳的设计差异分析

与素头外耳式相比，该款鞋前帮有围条围盖部件，鞋头部位占据很大比例。鞋耳所占比例比素头外耳式小，因此基本采用中型3眼鞋耳。根据鞋耳的大小合理进行耳边线和两翼线的设计。

3. 海绵口部件的结构设计

海绵口部件常见于运动休闲鞋，近年来，为了提高正装鞋的舒适性，在正装鞋后帮增加薄的小型海绵口设计，也起到美化造型的作用。

（三）鞋楦的选择

①选择鞋楦时，根据耳式鞋的特点，一般选择跗背部位较高的鞋楦，便于表现鞋耳的造型特点。

②由于帮面前部有围盖造型，适合选择楦前部楦面有较明显楦楞线的楦型。

③选取修长流线的楦型，建议放余量为30mm左右。

二、结构设计

（一）基本控制线

基本控制线画法如图5-4所示。在男鞋结构设计中，基本控制线及其画法是通用的，可参考项目三和项目四。

（二）部件结构定位

围盖外耳式结构设计如图5-5所示。

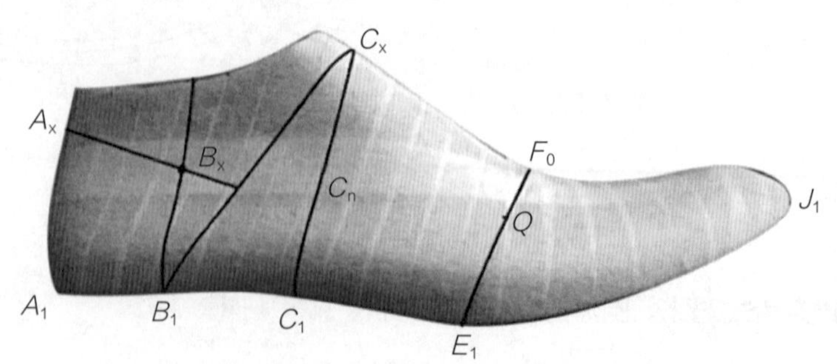

图5-4 楦面基本控制线

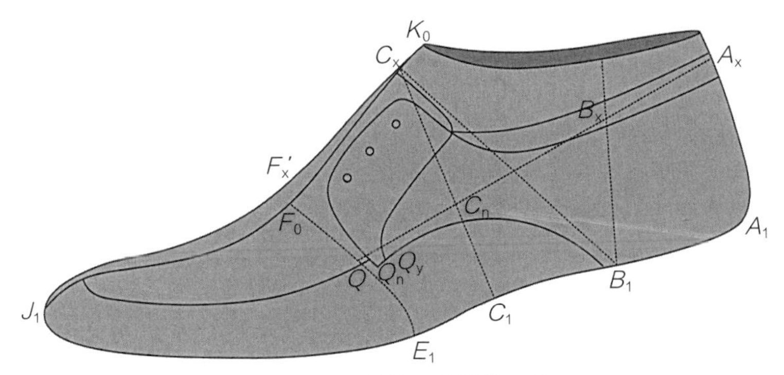

图5-5　围盖外耳式结构设计

1. 鞋脸长度定位点C_x

耳式鞋鞋脸长度的位置在鞋耳末端，定位方法有如下两种。

①从前向后沿背中线上量取：J_1C_x为楦底样长的65%。

②从统口前端点K_0点沿背中线向下量取15mm左右定C_x点。

2. 锁口定位点Q_n

①锁口点长度J_1F_x'：$J_1F_x'=J_1F_0$+20mm左右。

②锁口点宽度$F_x'Q_n$：$F_x'Q_n=F_0Q$+（3~5）mm。

3. 两翼线的定位

①两翼线高度：按照设计基本规律，在C_n点附近。

②两翼线落脚点C_y：按照设计基本规律，在鞋跟口附近。

4. 鞋眼定位

鞋眼距耳边线15mm，鞋眼数量与鞋耳大小有关，通常设计为3个，方向应与耳边轮廓线平行。

5. 鞋舌设计

一般鞋舌前端位于第一、二鞋眼之间，并偏向于第二个鞋眼，前端轮廓线为弧线形状；后端则超出鞋耳5~8mm；鞋舌宽度应以超过鞋眼位13~15mm为原则，半宽约28~30mm。

6. 口门线设计

口门线上端在第一、二鞋眼之间，下端与两翼线相交于Q_y。

7. 锁口线设计

锁口线设计成矩形，距Q_y点5~8mm，长约8mm，宽3mm。

8. 上口线设计

上口线设计为前端圆弧后端略直。

9. 海绵口设计

①后帮中缝处，A_1A_x加海绵口的设计尺寸可比普通低帮折边上口适当提高5~8mm，从楦底后端点A_1沿着后弧线贴伏楦面向上量取65~68mm。

②外怀帮高处，B_1B_x加海绵口的设计尺寸可比普通低帮折边上口适当提高5~8mm，从边沿点B_1沿楦面向上量取54~57mm。

③海绵口分为假线海绵口和断线海绵口，区别是：假线缝制的海绵口部件与鞋耳连为一体，而断线的海绵口则是单独部件，有部件轮廓线，工艺制作时要将海绵口部件与鞋耳缝合在一起。

10. 围条部件定位

J_1I_x与楦棱有关（考虑绷帮滑动量的设计时I_x向后移3~5mm）。

（三）帮样线条绘制

①围盖线条的设计：与头型和楦面宽度对应，内外怀分别设计。

注意：围条与鞋耳锁口点的位置关系，围条深入鞋耳之中，与口门线相交。

②海绵的形状设计：线条为弧线，根据楦面线条的风格和鞋楦的整体饱满度进行设计。

③鞋舌上口线与背中线相垂直，海绵口的后帮上口与后弧线相交处应相互垂直。

【任务拓展】

❶ 选择合适的鞋楦，根据本年度流行元素进行市场调研，选取帮面配色和材质，在此基础上自行设计一款围盖外耳式男鞋。

❷ 尝试根据不同的鞋楦头型绘制不同的围盖和鞋耳搭配，并设计不同的海绵口造型部件。

任务二　围盖外耳式鞋样板制作

【任务描述】

根据围盖式分解样板制作步骤，从揭纸展平开始制作种子样板；以种子样板为基础，进行取跷及分怀处理，完成标准样板；分析工艺特征，操作完成放量制成下料样板。通过款式结构分析，合理进行鞋里分段及取跷、收放量操作，完成里样板制作。

【课程思政】

★根据外耳式、围盖舌式的取跷方法，合理分析围盖外耳式主要部件的取跷操作手法和放量规律——举一反三、触类旁通。

★认真思考设计数据与成鞋的关系，在样板放量操作中认真思考，如何做到通过样板操作使成鞋与设计吻合——善于观察、巧思明辨。

一、种子样板

该款鞋种子样板制作的步骤集合围盖横条舌式与素头外耳式的做法。围盖部件在种子样板制作中要保持内外怀线条的共存：将小围盖部件的背中线内怀与外怀重合，描画出内怀围盖的前部线条。根据内外怀的宽度差顺延内怀线条直至与鞋耳的耳边线相交，要求线条圆顺流畅。外耳部件及隐藏部件的展平及分割处理参考素头外耳式的种子样板制作方法。围盖外耳式种子样板如图5-6所示。

围盖种子样板分怀

二、标准样板

（一）鞋耳样板

图5-6　围盖外耳式种子样板

1. 外耳标准样板制作

①将种子样板放置于制作标准样板的卡纸上，沿鞋耳轮廓描画整个鞋耳的形状，修整鞋耳轮廓线条。

②用冲子冲出鞋眼，用刻刀刻出锁口线等，保证线条顺畅，与种子样板吻合。

③如果所设计海绵口部件为假线海绵口，注意标刻出海绵口缝线标志线。

2. 分怀处理

①锁口点位置：内怀向前向上2～3mm。

②两翼线：内怀前部向上2～3mm，落脚点处根据距离B_1近还是距离C_1近做分怀处理，分怀操作为内怀向前1～5mm。C_1处内外怀差别大，B_1处内外怀肉头接近无须做分怀处理。

③耳边线：内怀耳边线前部超出外怀2～3mm，向上向后逐渐消失，与外怀在鞋耳后部小圆弧处平顺相接。

④上口线：人脚的内踝骨比外踝骨略高，在低腰男鞋鞋口部位，内怀上口线比外怀上口线略高一些，一般为2～3mm。最大分怀量位置在B_x处。

鞋耳分怀与标准样板如图5-7所示。

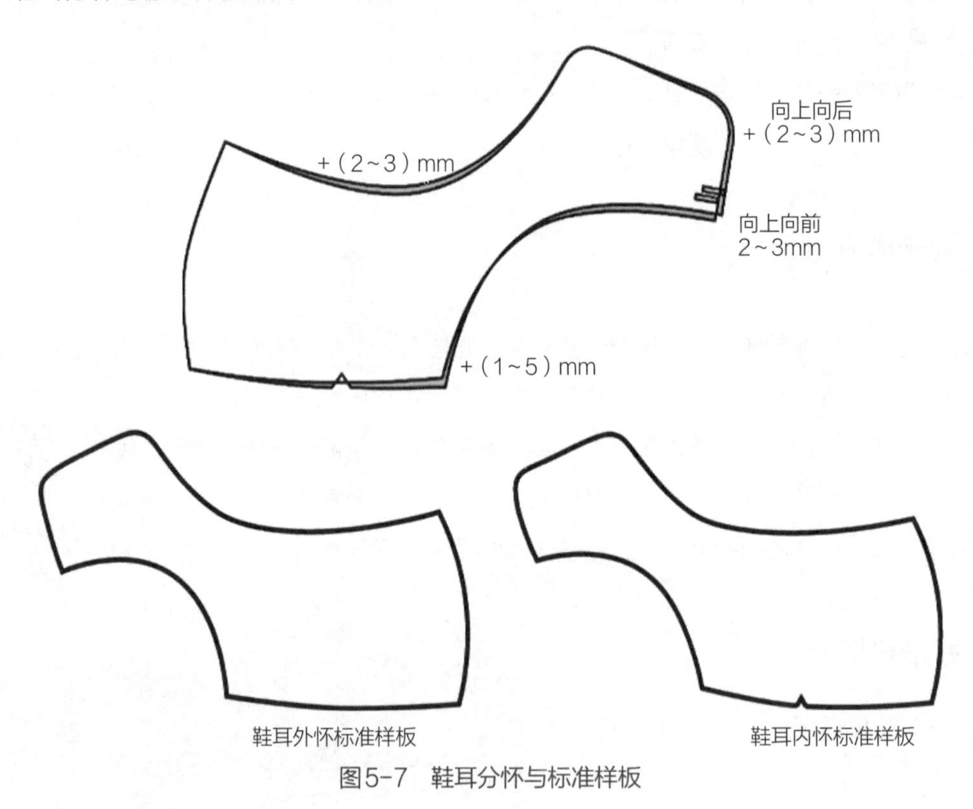

图5-7 鞋耳分怀与标准样板

（二）围盖样板

1. 取跷处理

将卡纸对折，围盖的种子样板前部对齐对折线，并画出相对应的部分样板的轮廓线，旋转的支点是对应围盖宽度的中点，依次逐段画出相应的内外怀轮廓线条，直至旋转到围盖与鞋舌断线处为止，断线为围盖外耳式口门线。

★专业素养提升小案例：闭环思维，分析规划

该款鞋围盖部件的末端在什么位置？与围盖舌式的围盖形状有何不同？

- 该款鞋围盖末端与口门线一致？要深入到鞋耳部件内部。
- 围盖末端是闭环线条，不是围盖舌式结构中的平直线条，要根据结构不同合理分析规划。

2. 绘制轮廓线

用圆顺的曲线，把内外怀取跷过程中得到的轮廓线的各线段连接起来，线条可微调幅度不超过2mm。

3. 标记标志点

在围盖内怀样板中心位置处通过刻刀刻画三角镂空标志或者用冲子冲圆孔标志的方式标记内怀，在围盖的前后对折线上距离样板轮廓线边沿5mm处打出中点标志。围盖标准样板如图5-8所示。

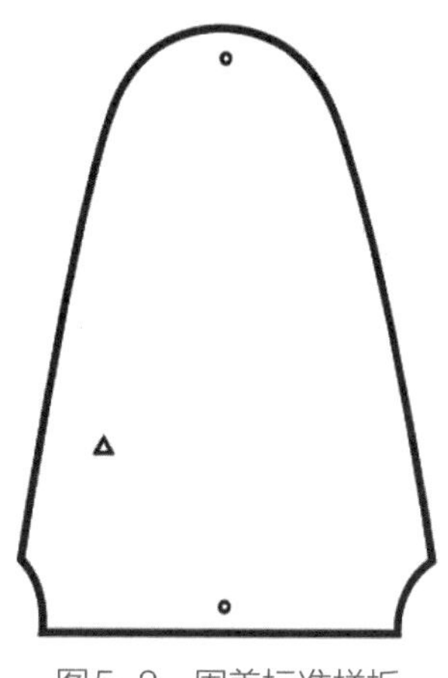

图5-8　围盖标准样板

（三）围条样板

1. 绘制轮廓线

将卡纸对折，围条采用拉直的方法使背中线与对折线重合，分别画出内外怀围条轮廓线、口门交接线、两翼线及底口线，并在鞋耳缝合位置标出鞋耳锁口点。

2. 跷度处理

取跷位置在鞋楦头型转角处，部件跷的大小根据前帮美纹纸与样板卡纸之间的数量关系确定。该跷度处理可以用以下两种方式：

①前尖翘出对折纸减除底口量的方法。

②在围条对应鞋楦头型转角处，在底口线与围盖轮廓线之间减除底口线底边为5mm左右的三角形面积，底边的量大小根据鞋楦头型厚度决定，头型越厚底边减除量越大，反之越小，如图5-9所示。

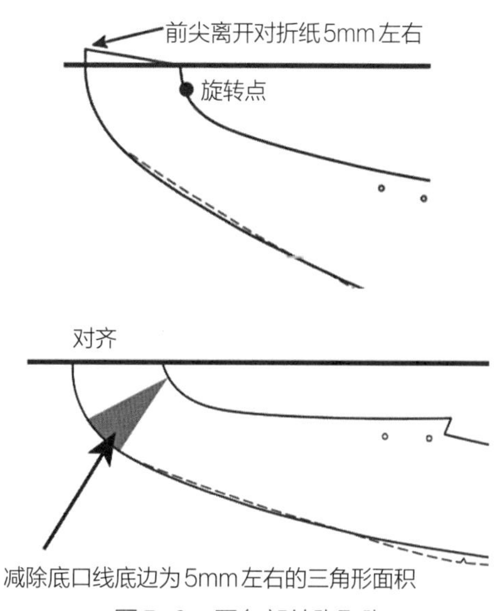

图5-9　围条部件跷取跷

两种方法的原理和数据量都是一致的。围条相应位置由于取跷操作引起线条圆顺度不够，线条要做调整处理，让整个围条的轮廓线和边沿线光滑。

3. 分怀处理

①围条围盖镶接线：对应种子样板的分怀线条，取内怀轮廓线，适当做圆顺处理。

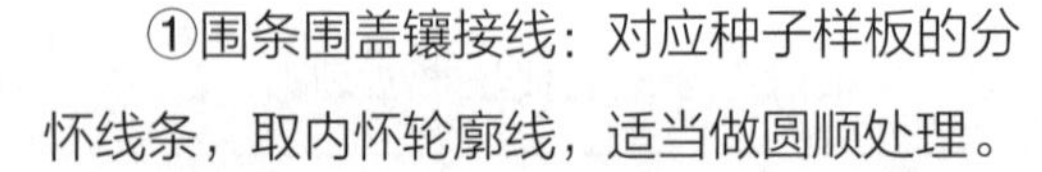

②鞋耳锁口点：内怀比外怀略高并向前，一般为2~3mm，即该内怀点向前向上2~3mm。

③两翼线：根据鞋耳样板内怀两翼线的分怀情况，在围条两翼线对应位置做对应分怀操作。

④标记标志点、标志线：在围条部件上标志出鞋耳锁口点、围条中点、内怀标志。

围条标准样板如图5-10所示。

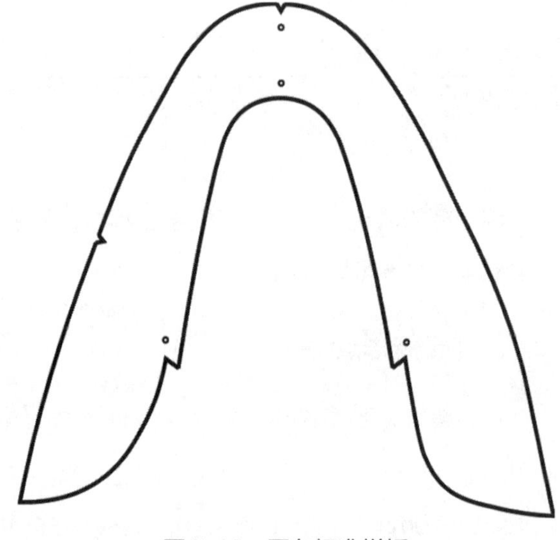

图5-10 围条标准样板

（四）海绵口

如果该款鞋上口海绵口为单独部件，需要对海绵口进行拉直处理和分怀处理。

1. 拉直处理

以后弧线为对称线，对折纸折线与海绵口后弧线部位对齐，绘制海绵口部件，适当调整线条，保证海绵口部件在对折部分的平滑，避免出现凹凸角。

2. 分怀处理

根据鞋耳部位外怀帮高的分怀数据分布在海绵口对应位置进行分怀，保证内怀线条顺畅，内外怀自然衔接。

（五）鞋舌

鞋舌部件采用两点拉直的取跷方法。将鞋舌前端点和鞋舌后端点与对折纸重合，画出鞋舌轮廓线即可。鞋舌部件的标志点只有前后中点标志。

海绵口与鞋舌标准样板如图5-11所示。

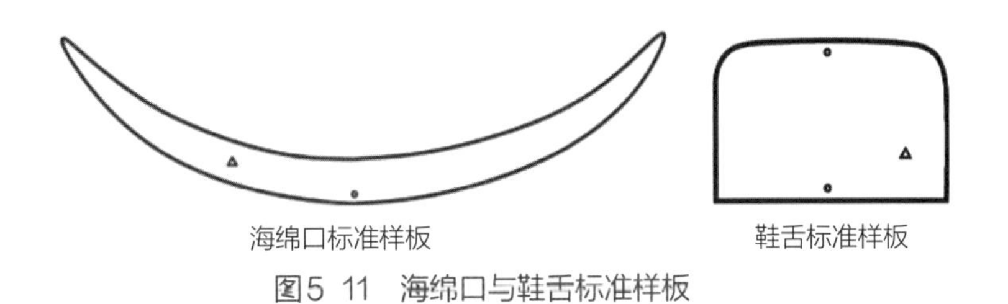

图5 11　海绵口与鞋舌标准样板

三、下料样板

（一）工艺制作分析

①在工艺制作中，围条围盖式鞋可采用简约压茬缝合方式，也可以采用对缝起埂的缝合形式，还可以采用围条包缝围盖起埂，或围盖包缝围条起埂等立体手工缝合方式。该项目的学习者由于处于结构设计初学阶段，采用压茬缝合法作为主要工艺。围条压接围盖，围盖放出压茬量，围条采用折边做法，反之，则放量互换。

②围盖与鞋舌缝合处，围盖压缝鞋舌部件，由于该缝合部位隐藏在鞋耳下方，围盖可以采用一刀光工艺，不放量；鞋舌被围盖压缝部分放压茬量。

③围条与鞋耳两翼线采用压茬缝合法。鞋耳部件压合在围条上部，两者的缝合处，围条放压茬量。鞋耳两翼线采用一刀光或者折边美化，折边放折边量，一刀光不放加工余量。

④鞋耳耳边线及上口放量，为了美观舒适鞋耳耳边线进行折边处理，放折边量；若该款鞋为假线海绵口设计，则鞋耳上口线为鞋帮最上端，与鞋里合缝，放合缝量；若该款鞋为前帮里断线单独海绵口设计，则鞋耳上口线采用一刀光工艺，不放加工余量。

⑤海绵口部件，针对前帮里断线单独海绵口设计的结构，海绵口上口加放合缝量，与鞋耳缝合处采用压茬缝合，属于被压件，加放压茬量。

★专业素养提升小案例：耐心细致，统筹全局

根据该款鞋海绵口设计的形式，思考分析不同类型的工艺加工余量与原理。

- 假线海绵口的部件划分及部件放量部位：假线海绵口体现在海绵口与鞋耳一体化设计，所以在放量时只需在海绵口上口加放合缝量即可。

（二）样板制作步骤

①描画复制标准样板轮廓。

②放出加工余量。

③标刻标志点。

围盖外耳式下料样板如图5-12所示。

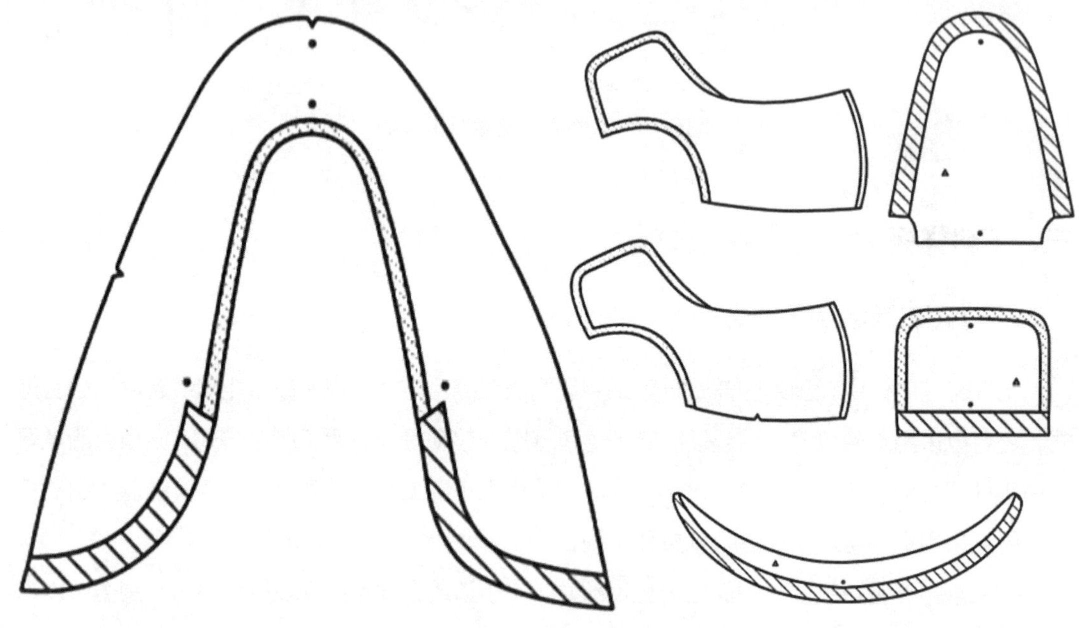

图5-12 围盖外耳式下料样板

四、里样板

1. 前帮里

前帮里断线从F_xQ_y口门线一直延伸下来，与素头外耳式分段位置相同。前帮里可采用中心取跷和补跷的方法，借鉴素头外耳式前帮里制作，也可采用围条与围盖标准样板拼接法，参照围盖横条舌式前帮里制作方法。底边沿线收3~5mm，与鞋舌缝合处放8~10mm。

2. 中帮里

以标准样板为依据，底边沿线收3~5mm，上口线放2~3mm冲里量，无须对折纸。

3. 后帮里

以标准样板为依据，需对折纸，底边沿线收3~5mm，上口线放2~3mm，与中帮里结合处放8~10mm。

4. 鞋舌里

以标准样板为依据，边沿线放2~3mm冲里量。

鞋里样板分段如图5-13所示，鞋里样板如图5-14所示。

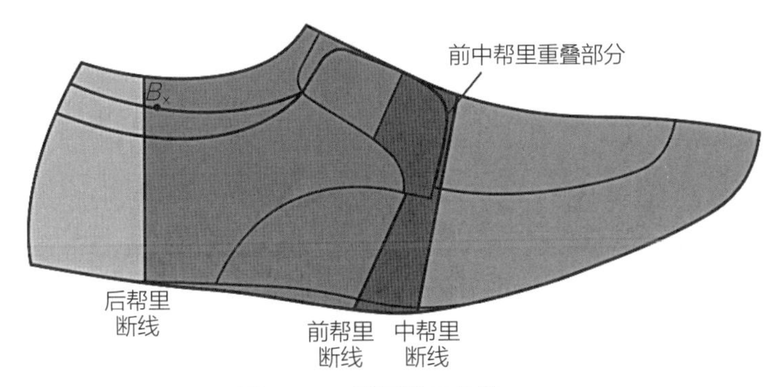

图5-13　鞋里样板分段

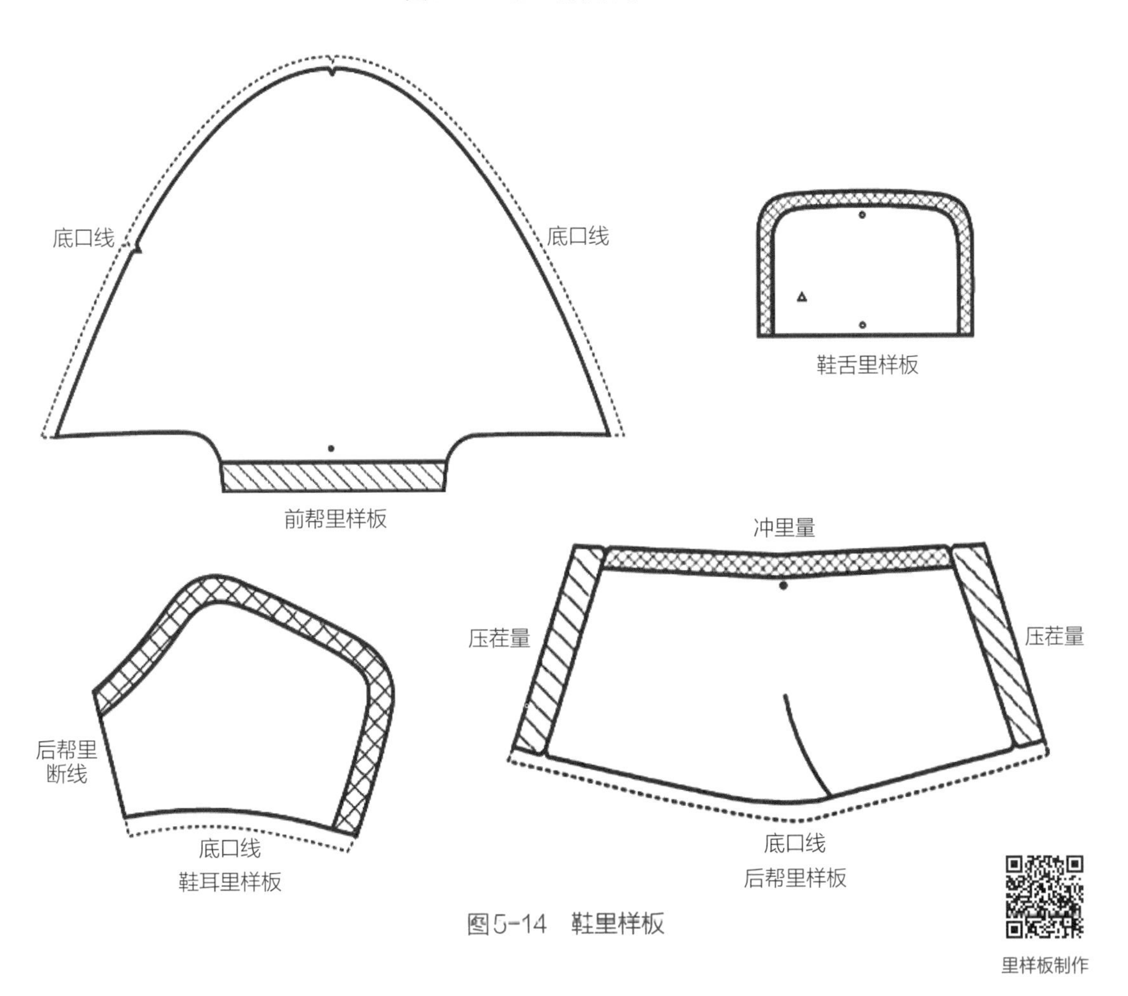

图5-14　鞋里样板

里样板制作

【任务拓展】

❶ 围盖外耳式鞋款的鞋耳定位、线条设计与素头外耳式鞋耳部件有哪些差别?

❷ 分析不同类型海绵口的样板分割及放量处理方式。

❸ 前帮里的分段位置及制作方法有哪些?

项目六

双破缝旋转外耳式鞋的设计与样板制作

本项目主要介绍双破缝旋转外耳式鞋（图6-1）的结构设计和样板制作方法。在围盖外耳式设计基础上，学习该款进阶设计的男鞋，有利于开拓帮面设计思路，了解不对称式鞋的设计方法和样板制作技巧。该款鞋前帮有对称的双线破缝，内怀鞋耳延伸至外怀，变为绊带，增加了美感和舒适性。该款鞋是一款销量较大的男士正装皮鞋，线条流畅，帮面富于变化，不呆板。

图6-1　双破缝旋转外耳式鞋

【学习目标】

知识目标	技能目标	素质目标
掌握双破缝旋转式鞋的设计要点	能准确进行内外怀破缝线和绊带线条的绘制	对接设计师岗位要求，提升材质、配饰搭配及线条绘制能力
掌握不对称款式的设计方法和注意事项	能准确、独立分析结构，并合理利用基本控制线绘制帮面线条	
掌握多部件线条的协调性设计	能合理分析，并进行不同帮部件取跷操作	灵活运用所学知识与技能，举一反三进行取跷和样板制作技术操作
理解不对称旋转部件样板取跷分怀的原理	能根据部件特征合理进行分怀操作	
掌握不对称鞋里的分段及取跷方法	能进行合理分段，并进行不对称式鞋里样板的制作	适当增加个性设计，不断提升设计分析和审美能力

【岗课赛证融合目标】

❶ 对接设计师岗位能力要求，掌握双破缝旋转外耳式鞋帮面结构设计和样板制作技能。

❷ 对接技能等级证书考核中不对称旋转式鞋结构设计与样板制作考点，合理进行部件分析与取跷操作。

❸ 对接鞋类设计技能竞赛，根据鞋楦合理规划前帮、鞋耳、绊带等部件线条和比例，能快速准确地进行结构设计。

任务一　双破缝旋转外耳式鞋款式分析及结构设计

【任务描述】

根据耳式鞋的特征，选取合适的鞋楦进行前帮部件分割设计，根据楦型特征和前帮部件分割比例大小合理规划鞋耳及绊带部件的形状和线条，完成结构设计部分的操作。

【课程思政】

★根据鞋楦头部造型，合理规划前中帮、侧帮3个部件和鞋耳的比例造型，充分展现线条与楦体融合的整体美感——合理布局、审美提升。

★分析脚型规律，根据旋转绊带的功能和造型设计特点，结合该部位运动特征，细致地进行旋转式部件内外连接线条设计——灵活设计、精益求精。

一、款式分析

（一）设计特征及特点

1. 双破缝鞋的设计特征

该款双破缝式（俗称“狐狸头式”）鞋的前帮由素头外耳式、围盖横条舌式两种头部造型演变而成。其中，绊带是由横条演变而来的，前帮的双破缝线条是由围盖分割线向前延伸直至底口而得来的，相当于把围盖两侧的轮廓线向前拉到底口，围条被分割成两个半围条，围盖拉长，如图6-2所示。由于在前帮上有两条纵向线条，拉长前

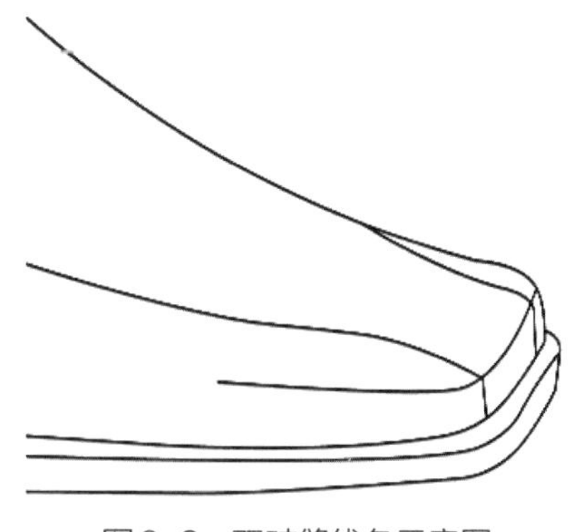

图6-2　双破缝线条示意图

帮，体现出楦型的修长感，适合设计在放余量较大的圆头楦、方头楦上。

2. 旋转绊带鞋的设计特点

我国古代就有旋转结构的鞋子，在新疆出土的汉代皮鞋，帮面结构为旋转式，我国服饰上也存在旋转结构的特点，如旗袍。在国外，这类款式的鞋也称为僧侣鞋（monkshoes）。僧侣鞋也被称为“孟克鞋”，是商务场合排第二位的正装皮鞋。它标志性的特征是横跨脚面、有金属扣环的横向搭带。这种结构的鞋子成双时旋转方向相反（均由内怀向外怀旋转），从人体工程学的观点来看，旋转式鞋适应人体关节的活动方向，口门开闭自然方便。常见的旋转式鞋其实是外耳式鞋的一种变异，其实质是内怀的鞋耳部件向外怀的延伸，形成一个绊带部件，如图6-3所示。与其他款式鞋相比，绊带部件应该是旋转式鞋的一个特征部件，在设计上应该着重表现此部件的变化。绊带通过金属鞋扣与外怀鞋耳连接，实现绑缚脚背的功能。该类鞋款也可由粘扣实现开合，更利于穿脱，常见于老年鞋和童鞋。金属鞋扣增加了装饰美感，提升了正装鞋的档次。

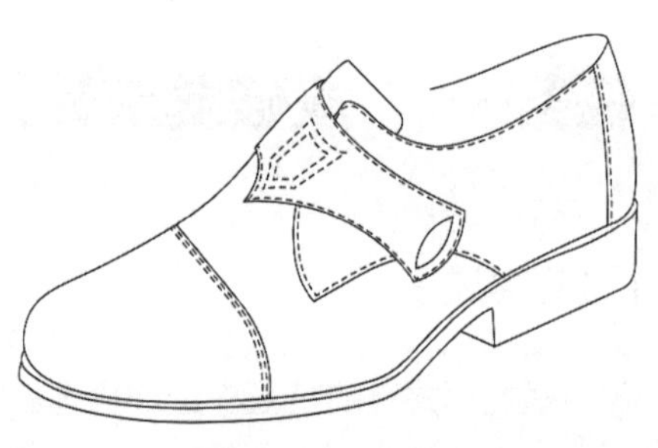

图6-3　旋转外耳式绊带造型设计图

首先是绊带形状的变化，最常见的绊带是条形，为了表现男性的阳刚美，男鞋一般用直线多一些，宽度也较宽；女鞋则多用比较小巧的窄条带，线条也比较柔和，多以曲线设计。其次是绊带的分割，可以将绊带分岔处理，如将一条绊带分割成两条或多条，常用于休闲类的款式。

绊带还通过其固定的方式来丰富造型，常见的固定方式有借助鞋钎、鞋环固定和借助尼龙粘扣等形式。尼龙粘扣一般是缝合在绊带反面，从表面上看，绊带比较完整，朴实无华。鞋钎、鞋环则多采用金属类或塑料类材质，起到固定作用的同时，也是一个很好的装饰部件，如图6-4所示。

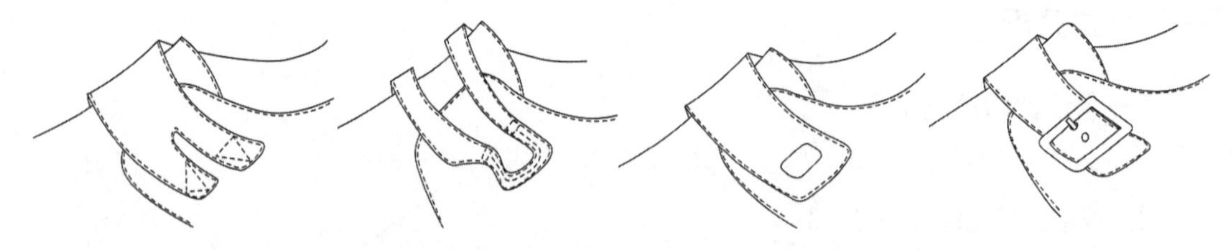

图6-4　旋转外耳式绊带设计图

★专业素养提升小案例：合理布局，审美提升

该款鞋帮面部件较多，如何有效地进行各部件设计从而达成美观不拥挤的设计表现？

- 合理选取鞋楦，根据楦型分析设计风格，确定部件比例，运用线条的分割比例使其具有装饰性且不产生堆砌感。

- 多部件结合处，体现主部件的作用，采用颜色、材质的差异和协调感设计出符合主流审美的男士正装鞋。

（二）结构特点

①与围盖外耳对比，前中帮为出口部件，线条狭长流畅，两个侧帮压在中帮上，两个侧帮的主要设计点要充分考虑鞋头造型的圆弧分割，避免太拥挤或者太分开。

②与外耳式鞋相比，鞋耳的设计差异不大。外耳有耳边线，内耳没有耳边线，其他的两翼线和上口线与耳式鞋相同。考虑到要有鞋扣连接绊带，鞋耳两翼线设计要低一些。

③绊带的结构设计考虑长度和美观性，绊带一般在两翼线附近，走向与横条舌式的横条部件近似平行，由腰怀控制线控制其走向。

（三）鞋楦的选择

①根据耳式鞋的特点，一般选择跗背部位较高的鞋楦，便于表现鞋耳的造型特点。

②由于帮面前部有类似围盖出口设计造型，在楦前部楦面适合选择有较明显楦楞线的楦型。

③选取修长流线型的楦，建议放余量在30mm左右。

二、结构设计

（一）基本控制线

基本控制线画法，如图6-5所示。在男鞋结构设计中，基本控制线及其画法是通用的，可参考所学项目设计部分。

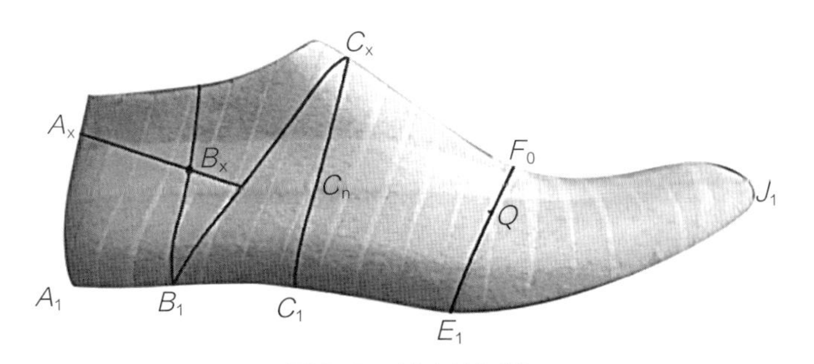

图6-5　基本控制线

（二）部件结构定位

如图6-6所示为双破缝旋转外耳式结构设计。

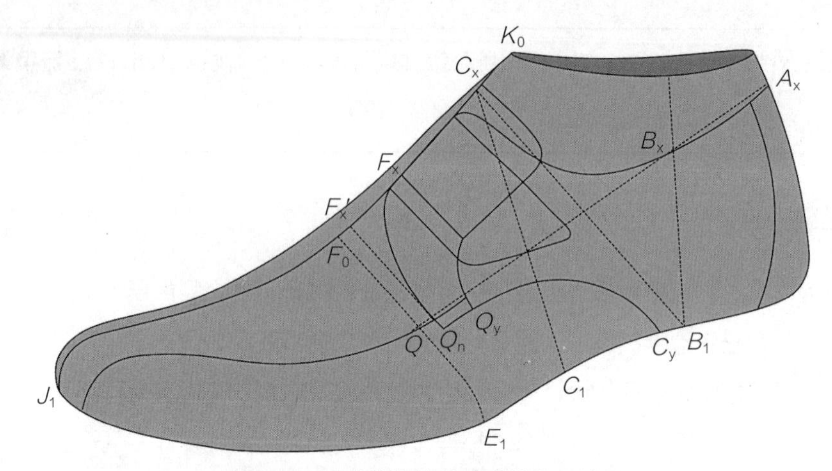

图6-6 双破缝旋转外耳式结构设计图

1. 鞋脸长度定位点C_x

该款鞋属于耳式鞋，其鞋脸长度位置与围盖外耳式相同，在鞋耳末端。鞋脸长度定位有以下两种方法：

①从前向后沿背中线上量取：J_1C_x为楦底样长的65%。

②从统口前端点K_0点沿背中线向下量取15mm左右定点C_x。

2. 锁口定位点Q_n

①锁口点长度J_1F_x'：$J_1F_x'=J_1F_0$+20mm左右。

②锁口点宽度$F_x'Q_n$：$F_x'Q_n=F_0Q$+5mm左右。

3. 两翼线的定位

①两翼线高度：由于有绊带连接两个鞋耳，两翼线在C_n点下方，给绊带留出设计余地。

②两翼线落脚点C_y：两翼线比一般耳式鞋略靠前一些，在鞋跟口前方。

4. 绊带定位

绊带位于背中线的前端点，在F_x'后10mm左右，绊带位于背中线的后端点，在C_x前5~8mm。绊带走向参照C_xB_1控制线方向，末端呈现前短后长的形状，在鞋耳两翼线边缘线处。

绊带在背中线上的前后点分别与外怀鞋耳锁口点F_x'及鞋耳后部上口线自然相接。在外怀同步画出对称的内怀过渡线。

5. 鞋舌设计

一般鞋舌前端位于绊带背中线宽度1/3处，后端则超出鞋耳5~8mm，鞋舌半宽

28～30mm。

6. 口门线设计

口门线上端在鞋舌断线处延伸至两翼线相交，下端与两翼线相交于Q_y。

7. 锁口线设计

锁口线设计为矩形，距Q_y点5～8mm，长约8mm，宽3mm。

8. 上口线设计

上口线设计为前端圆弧后端略直。

9. 破缝线定位

前侧帮破缝线的前端与楦楞弧度有关，在楦楞转交处找到圆弧的中心，向下延伸画出两个破缝的定位（考虑绷帮滑动量设计时拉开3mm）。

（三）帮样线条绘制

1. 破缝线条的设计

与头式和楦面宽度对应，内外怀分别画，线条根据鞋楦特征呈现出“S”流线型。偏休闲楦型弧度小一些，瘦长偏时装鞋楦型流线设计可以明显一些。

注意：破缝线与鞋耳锁口点的位置关系，线条深入鞋耳之中，与口门线相交。

2. 绊带的形状设计

绊带前部线条有一定的弧度，后部线条比较平直，整体走向斜向后、向下。线条风格根据楦面线条的风格和鞋楦的整体饱满度进行设计。

★专业素养提升小案例：灵活设计，精益求精

如何根据鞋楦头式进行侧帮曲线设计？如何在外怀实现绊带的对称与不对称衔接设计？

- 不同的鞋楦，头式和风格不同，要充分发掘鞋楦的美感，欧式要采用曲线体现修长感，圆头舒适型鞋楦的侧帮设计要适当减少曲度，突出直线条拉长帮面，凸显长线条美感。

【任务拓展】

❶ 选择合适的鞋楦，根据本年度流行元素进行市场调研选取帮面配色和材质，在此基础上自行设计一款双破缝旋转外式男鞋，可以变化旋转绊带的造型和开合方式。

❷ 尝试根据不同的鞋楦头型绘制不同的双破缝线和鞋耳搭配，训练“S”破缝线的设计技巧。

任务二　双破缝旋转外耳式鞋样板制作

【任务描述】

合理分析样板数量及相互关系，从揭纸展平开始制作种子样板；以种子样板为基础，进行取跷及分怀处理，完成标准样板制作；分析工艺特征，操作完成放量制成下料样板。通过款式结构分析，合理进行鞋里分段及取跷、收放量操作，完成里样板制作。

【课程思政】

★根据前面所学围盖外耳式、围盖舌式的部件跷取跷方法，合理分析前侧帮、中帮镶接处部件跷的操作手法和跷度数据规律——举一反三、触类旁通。

★认真思考内怀鞋耳连接绊带部件的样板制作方法，分析旋转部件的制作技巧，适当修改线条，做出美观、合理的连接绊带部件——深入思考、灵活应对。

一、种子样板

该款鞋种子样板制作结合围盖外耳式的做法，前中帮部件在种子样板制作中要保持内外线条的共存：将内怀前中帮部件的背中线与外怀重合，描画出内怀前中帮的前部线条。根据内外怀的宽度差顺延内怀线条直至与鞋耳的耳边线相交，要求线条圆顺流畅。外耳部件及隐藏部件的展平及分割处理参考围盖外耳式的种子样板制作方法，如图6-7所示。

种子样板分怀

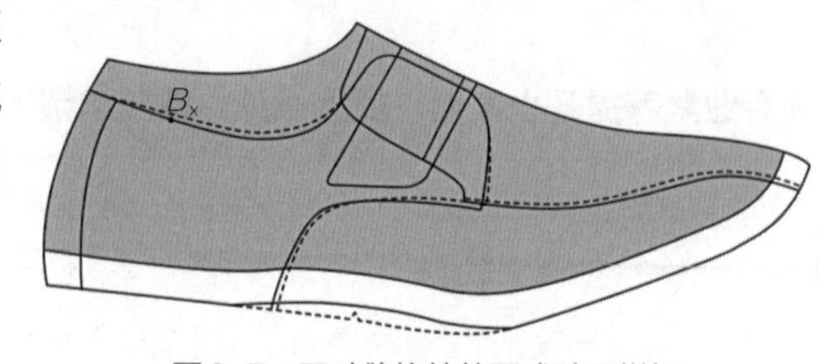

图6-7　双破缝旋转外耳式种子样板

二、标准样板

（一）前中帮样板

1. 取跷处理

卡纸对折，将围盖的种子样板前部对齐该对折线段，并画出相对应部分样板的轮廓线，旋转支点是对应前中帮宽度中点，依次逐段画出相应内外怀轮廓线条，直至旋转到前中帮与鞋舌断线处为止，断线为口门线的一部分。该取跷方法与围盖式鞋的围盖样板取跷方法相同。

2. 绘制轮廓线

用圆顺的曲线，把内外怀取跷过程中得到的轮廓线各线段连接起来，线条可微调，幅度不超过2mm。

3. 标记标志点

在前中帮内怀样板中心位置处通过刻刀刻画三角镂空标志或者用冲子冲圆孔标志的方式标记内怀，在样板的前后对折线上距离样板轮廓线边沿5mm处打出中点标志。

前中帮标准样板如图6-8所示。

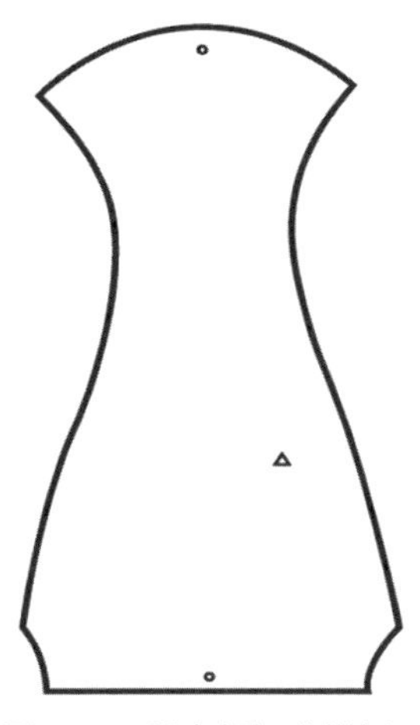

图6-8　前中帮标准样板

（二）前侧帮样板

前侧帮标准样板制作

1. 绘制轮廓线

取单层卡纸，分别制作两个前侧帮，画出前侧帮内外怀轮廓线、口门交接线、两翼线及底口线，并在鞋耳缝合位置标出鞋耳锁口点。

前侧帮标准样板如图6-9所示。

图6-9　前侧帮标准样板

2. 部件跷处理

前侧帮取部件跷的原理与围条部件跷相同，取跷位置在鞋楦头式转角处，部件跷的大小根据前帮美纹纸与样板卡纸之间的数量关系确定。该跷度处理采用在楦头式对应转角处的标准样板底口线减除三角面积的方法。在对应鞋楦头型转角处，在底口线减除底口线底边为5mm左右的三角形面积，底边的量也是根据鞋楦头型厚度决定，头型越厚底边减除量越大，反之越小。

也可以将底边减除的5mm左右三角形面积分别在前侧帮和前中帮缝合处的底口平均分摊，两边减除这个三角形面积。这样的分摊减除部件跷的做法，会使部件镶接线条更柔和，缝合起来弧度自然。

前帮部件跷分散处理如图6-10所示。

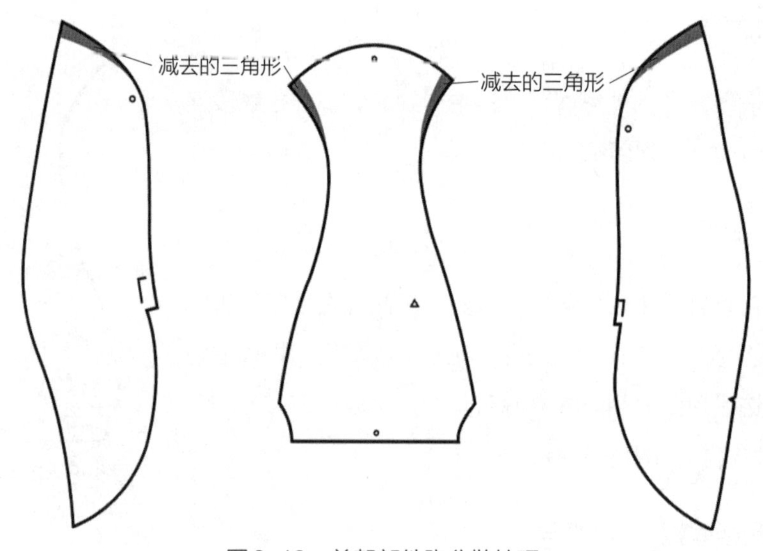

图6-10　前帮部件跷分散处理

★专业素养提升小案例：举一反三，触类旁通

在已经学习过围盖式两种部件跷取跷方法基础上，分析该款双破缝鞋的部件跷取跷原理、处理部位、取跷数据。

- 该款鞋前帮分为3个部件，鞋楦头部是部件跷最集中的位置，取跷的位置一般选在部件镶接处，部件跷的跷度大小要根据鞋楦头式的厚度和宽度确定，头越厚越窄部件跷越大。取跷时将部件跷总跷度分散取跷，可以使帮样线条变化小，不影响成鞋美感。作为设计师要具有灵活应变、举一反三的分析能力。

（三）外怀鞋耳样板

①将种子样板放置于制作样板的卡纸上，沿鞋耳轮廓描画整个鞋耳的形状，修整鞋耳轮廓线条。

②用刻刀刻出鞋扣定位线、锁口线等，保证线条顺畅，与种子样板吻合。

外怀鞋耳标准样板如图6-11所示。

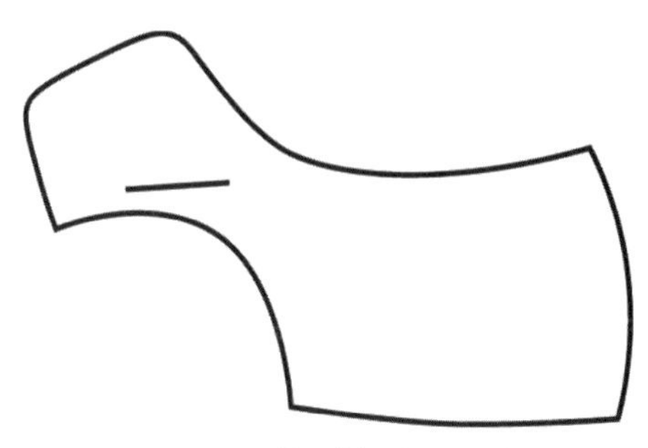

图6-11　外怀鞋耳标准样板

（四）内怀鞋耳连接绊带样板

1. 内怀鞋耳连接绊带标准样板制作

取对折卡纸，绊带位于背中线宽度的线条距离卡纸对折线2～3mm，将该部件的种子样板内外怀关联线条都扎取到卡纸上，沿轮廓描画整个鞋耳、绊带、连接线的形状，打开对折卡纸，修整鞋耳与绊带连接处的轮廓线条，此处线条可做适当美化处理。

2. 分怀处理

①锁口点位置：内怀向前向上2～3mm。

②两翼线：内怀前部向上2～3mm，落脚点处根据距离B_1近还是距离C_1近做分怀处理，分怀操作为内怀向前1～5mm。C_1处内外怀差别大，B_1处内外怀肉头接近，无须分怀。

③上口线：与普通耳式鞋分怀相同，在低腰男鞋鞋口部位，内怀比外怀略高一些，一般数据为2～3mm，最大分怀量位置在B_x处。

绊带部件标准样板制作

如图6-12所示为内怀连接绊带部件标准样板制作。

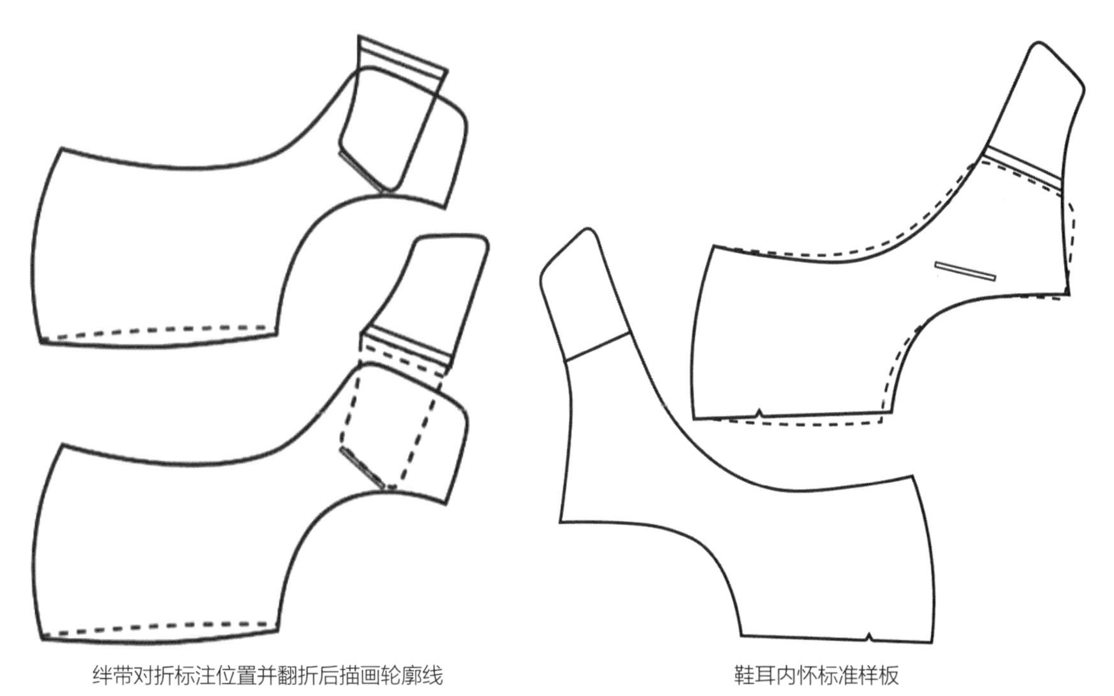

图6-12　内怀连接绊带部件标准样板制作示意图

（五）鞋舌

鞋舌与素头外耳式鞋、围盖外耳式鞋等的做法相同，部件采用两点拉直的取跷方法，如图6-13所示。

（六）保险皮

保险皮的制作方法与素头外耳式相同，采用两点对齐控制弧线数据不变，如图6-14所示。

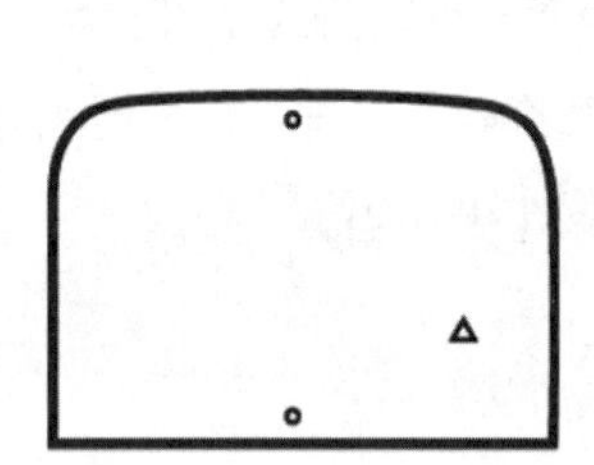

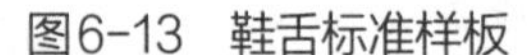

图6-13　鞋舌标准样板

图6-14　保险皮标准样板

三、下料样板

（一）工艺制作分析

①前中帮与前侧帮采用压茬缝制方式。前侧帮压接前中帮，前中帮放出压茬量，前侧帮采用折边做法，反之，则放量互换。

②前中帮与鞋舌缝合处，前中帮压缝鞋舌部件，由于该缝合部位隐藏在鞋耳下方，前中帮该处可以采用一刀光工艺，不放量；鞋舌被压缝部分放压茬量。

③前侧帮与鞋耳两翼线采用压茬缝合法，鞋耳部件压合在前侧帮上部，两者的缝合处，前侧帮两翼线放压茬量，鞋耳两翼线采用一刀光或者折边美化，折边放折边量，一刀光不放加工余量。

④鞋耳、绊带、耳边线及上口放量，为了美观舒适，鞋耳耳边线、绊带轮廓线、上口线进行折边处理，放折边量。

⑤保险皮覆盖在后帮合缝处，上口处放弯折量，两个侧边放折边量。

（二）样板制作步骤

①描画复制标准样板轮廓。

②放出加工余量。

③标刻标志点。

下料样板如图6-15所示。

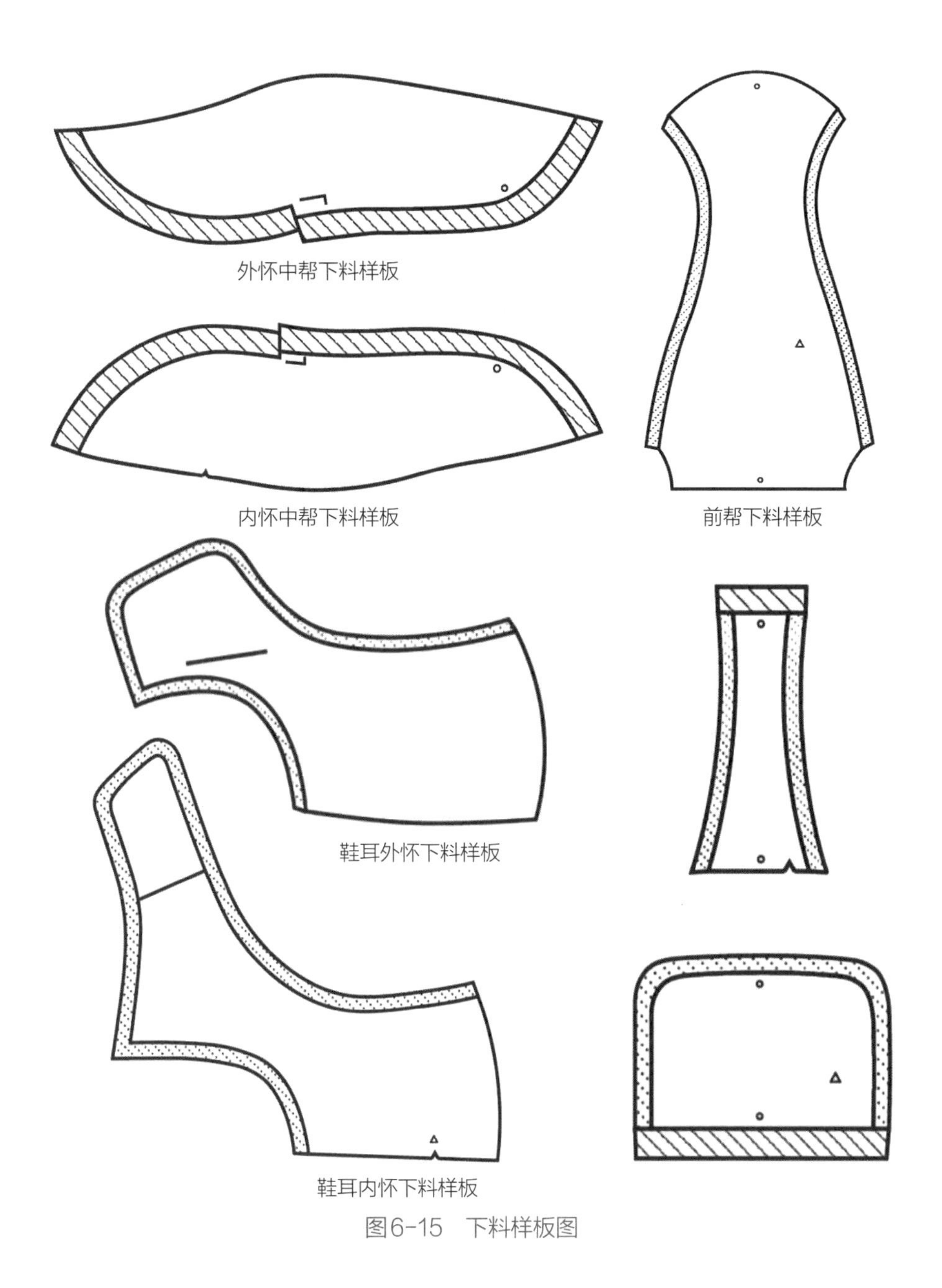

图6-15 下料样板图

四、里样板

如图6-16所示为里样板分段图。

1. 前帮里

前帮里断线从F_xQ_y口门线一直延伸下来，与围盖外耳式分段位置相同。前帮里可采用前中帮与前侧帮标准样板拼接法，参照围盖横条舌式、围盖外耳式前帮里制作方法。底边沿线收3～5mm，与鞋舌缝合处放8～10mm。前帮里样板制作如图6-17所示。

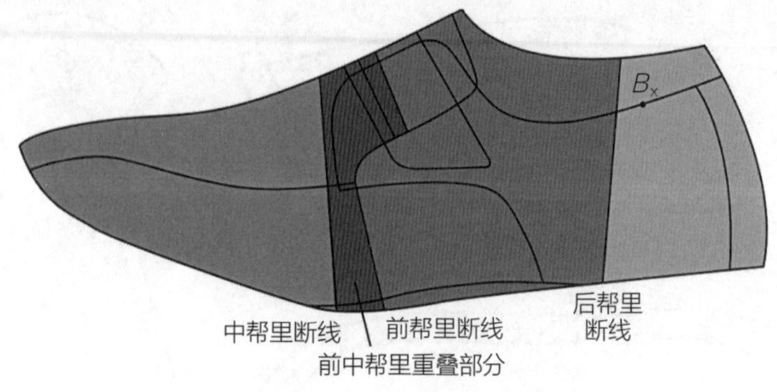

图6-16 里样板分段示意图

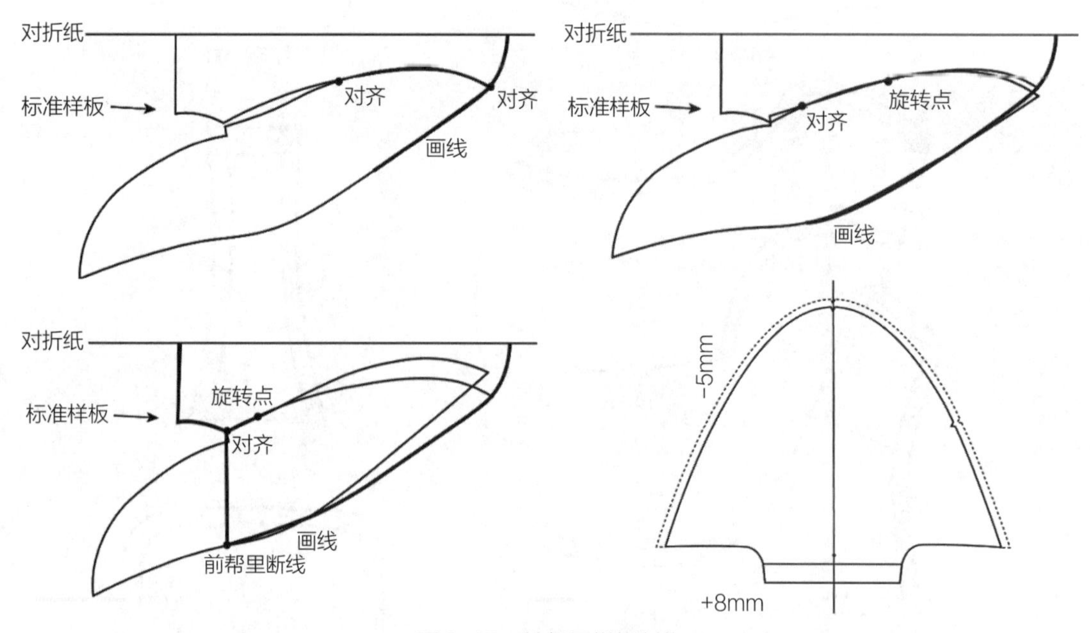

图6-17 前帮里样板制作

2. 中帮里

该款鞋中帮内外怀不对称（图6-18），中帮里分别以鞋耳和绊带部件标准样板为依据制作里样板，底边沿线收3~5mm，上口线放2~3mm冲里量，无须对折纸。

3. 后帮里

后帮里以标准样板为依据（图6-19），需对折纸，底边沿线收3~5mm，上口线放2~3mm，与中帮里结合处放8~10mm。

4. 鞋舌里

鞋舌里以标准样板为依据（图6-20），边沿线放2~3mm冲里量。

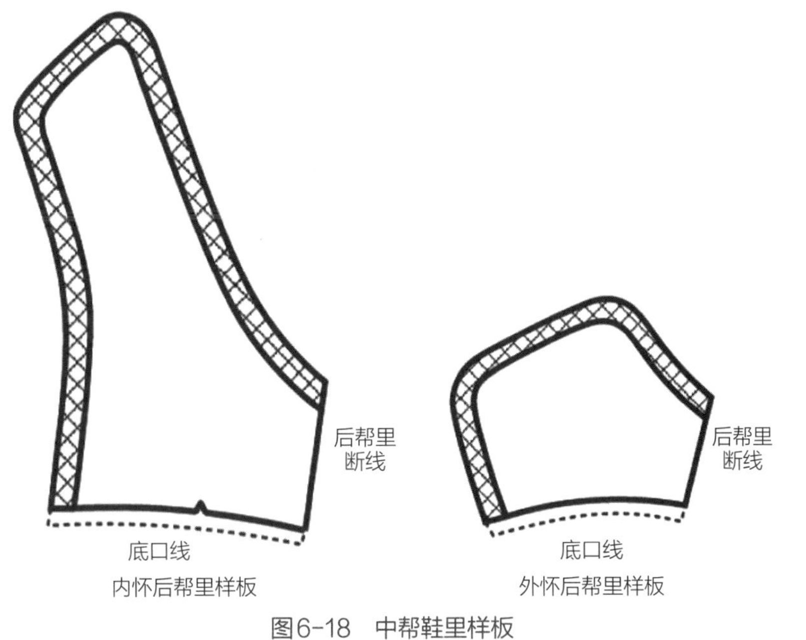

图6-18　中帮鞋里样板

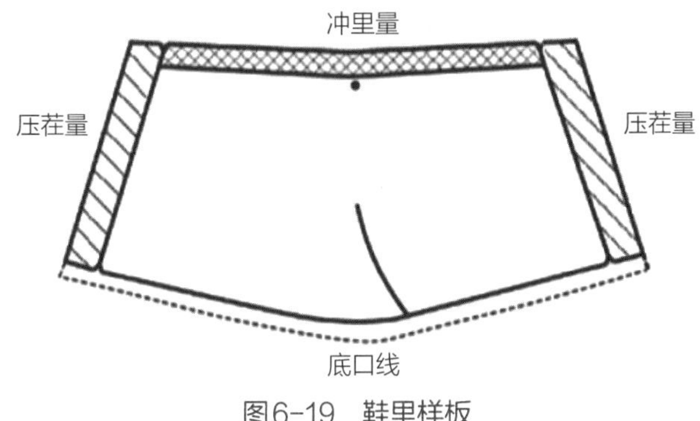

图6-19　鞋里样板

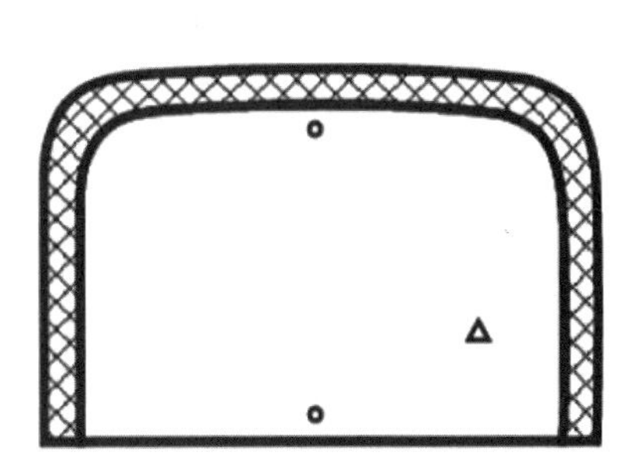

图6-20　鞋舌里样板

【任务拓展】

❶ 旋转绊带在样板制作中哪些线条可以微调？哪些不能改变？请指出并说明原因。

❷ 分析该款鞋前中帮及侧帮的部件跷取跷方法，对比围盖式鞋，说明部件跷取跷原理。

❸ 绘制思维导图并说明全套里样板的制作方法。

项目七

围盖整体舌式鞋的设计与样板制作

本项目主要介绍围盖横条舌式鞋的结构设计和样板制作方法。据男正装鞋销售大数据显示，舌式鞋长期占据销售前列，是深受消费者欢迎的一种正装皮鞋造型设计形式。该款鞋的围盖和鞋舌连为一体，帮面鞋线条流畅，穿脱方便，帮面设计主要集中在围盖及围条部件的设计，如图7-1所示。与围盖横条舌式相比，本项目增强了前帮大围盖部件结构设计和取跷的相关知识技能。

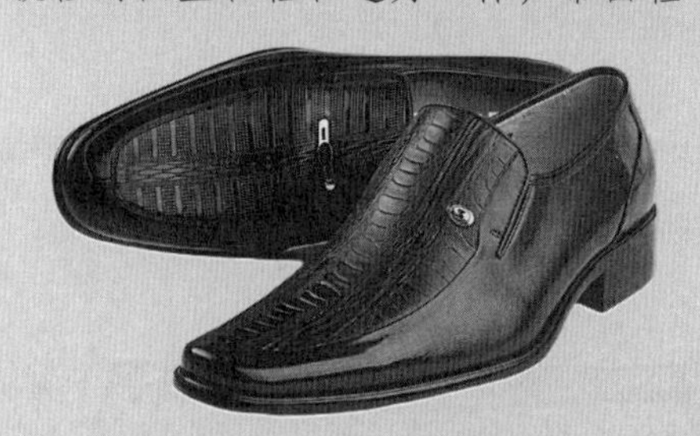

图7-1　围盖整体舌式鞋

【学习目标】

<table>
<tr><th>知识目标</th><th>技能目标</th><th>素质目标</th></tr>
<tr><td>掌握围盖整体舌式的款式特点及设计要点</td><td>能准确进行围盖线条的绘制</td><td rowspan="2">对接设计师岗位要求，提升线条规划和装饰审美能力</td></tr>
<tr><td>理解口门位置变化与穿脱的关系</td><td>能准确、独立进行部件个性化设计</td></tr>
<tr><td>掌握标准样板的取跷方法</td><td>能分类进行不同帮部件取跷操作</td><td rowspan="2">灵活掌握知识，能举一反三进行技术操作</td></tr>
<tr><td>理解部件样板分怀原理</td><td>能根据工艺操作特征进行样板放量处理</td></tr>
<tr><td>掌握鞋里分段及取跷方法</td><td>能进行合理分段，并进行鞋里样板制作</td><td>温故知新，能在所学知识基础上不断提升分析能力</td></tr>
</table>

【岗课赛证融合目标】

❶ 对接设计师岗位能力要求，掌握舌式鞋帮面结构设计和特殊工艺样板制作技能。

❷ 对接技能等级证书考核中围盖舌式鞋结构设计与样板制作考点，合理进行部件分析与取跷操作。

❸ 对接鞋类设计技能竞赛，根据鞋楦合理规划围盖、两部分鞋舌线条和比例，能快速、准确地进行结构设计。

任务一 围盖整体舌式鞋款式分析及结构设计

【任务描述】

根据帮面设计特点，选取有代表性的基本控制线，在此基础上根据鞋楦特点、结合款式美观和舒适性因素进行围盖设计、鞋舌、橡筋布、包跟的定位和线条设计，围条与围盖镶接处采用咬合工艺加工的设计方式，根据工艺特征完成结构相应样板部分的操作，如图7-2所示。

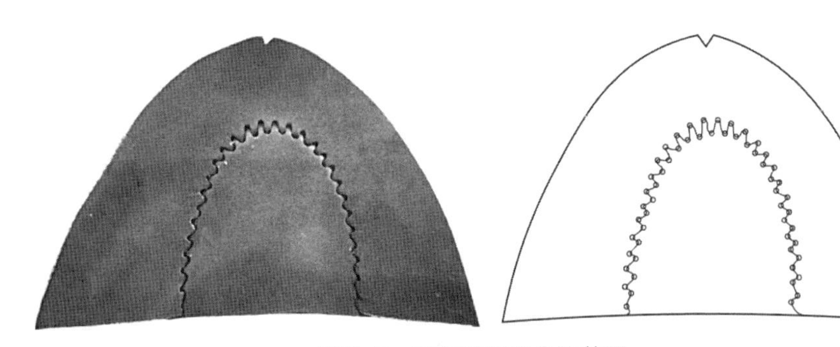

图7-2 围条围盖咬合工艺图

【课程思政】

★适当增加围盖镶接处的工艺设计难度，选择两个面交叉咬合的组合形式，充分体现鞋品制作的工艺之美——匠心独运。

★该款式又称西里斯式，它的围条与中帮相连，考察设计者空间想象能力，要全面思考马头部件压茬缝制、围条半上半下的空间反转特征，感悟在设计中认真、细致进行分析和甄别的重要性——精益求精。

一、款式分析及造型

（一）款式造型特点

①围盖横条舌式皮鞋鞋舌与围盖一体设计，线条流畅、简洁，多设计为正装鞋。

②整体舌式鞋款式大方，通过暗橡筋的松紧实现穿脱，没有鞋带束缚不压脚背，穿脱方便。

③该款鞋在围条围盖帮面进行咬合工艺设计，起到美化帮面、突出设计风格的装饰作用。

④鞋舌部位采用细滚口工艺、鞋帮上口线采用撸口工艺的加工方式，呈现精致、简洁的工艺效果。

（二）结构特点

1. 帮面咬合工艺

围条围盖的结构形式，是男鞋经典部件分割形式之一。在已经掌握常规线条设计和常规采用压茬镶盖工艺之后，该款鞋加入围条围盖帮面咬合工艺，体现围条围盖组合的工艺美。一般来说，围条和围盖的结合有两种形式，一种是平面结合，另一种是起埂结合。该款咬合工艺属于平面结合，围条和围盖的连接处比较平服，围条的皮革部件穿插进入围盖孔洞内，形成咬合交织的帮面组合，该结构常用于正装鞋的美化设计，如图7-3所示。

2. 滚口与撸口工艺

滚口工艺则是通过在部件边沿加缝细窄皮条，将部件边口缝合到皮条内，通过这种装饰处理，鞋舌边口整齐美观，立体感强；通过撸口工艺的处理，鞋子的工艺质量得到了提高，鞋子档次得到提升，如图7-4所示。

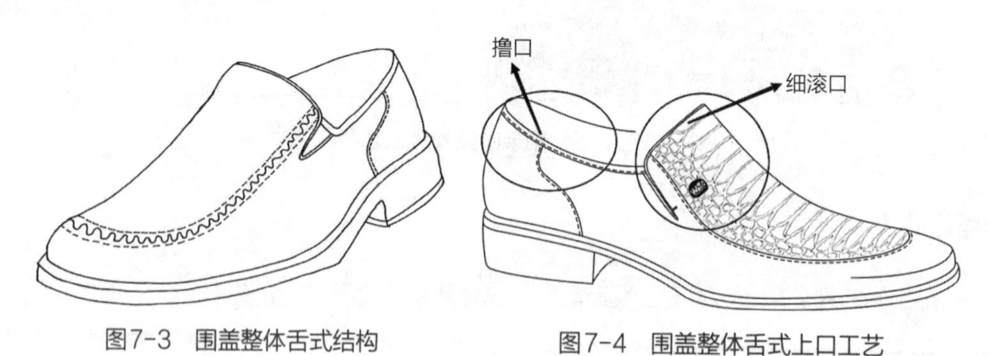

图7-3　围盖整体舌式结构　　图7-4　围盖整体舌式上口工艺

（三）鞋楦的选择

①根据舌式鞋的特点，一般选择跗背部位较低的鞋楦，便于表现鞋舌的造型特点。

②由于帮面前部有围盖咬合造型，在楦前部楦面适合选择前跗面略宽的鞋楦，初学者可选

择楦楞线明显的楦型，有一定经验之后可以选择头部圆润楞线不明显的楦型，对照楦头造型进行围盖设计。

二、结构设计

（一）基本控制线

1. 基本控制线画法

在男鞋结构设计中，基本控制线及其画法是通用的，此处不再详细描述，如图7-5所示。

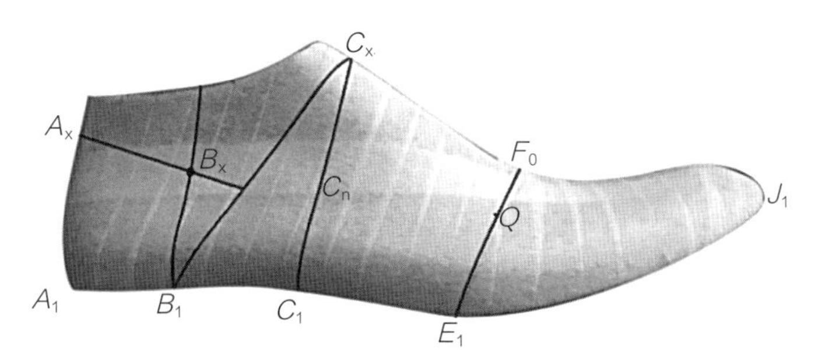

图7-5　男正装鞋基本控制线图

2. 围盖整体舌式鞋设计中主要基本控制线的作用

①前帮控制线F_0E_1：控制口门位置及围盖的宽度。

②腰帮控制线C_xC_1：确定舌式鞋鞋脸长度（即鞋舌末端点位置）。

③外怀帮高控制线B_0B_1：控制外踝骨部位的鞋帮高度B_1B_x，49mm左右。

④后帮中缝高控制线A_0A_1：控制后帮中缝高度A_1A_x，60mm左右。

⑤腰怀控制线C_xB_1：控制后帮上口线走向和鞋舌部件的轮廓形状。

⑥后帮上口控制线A_xB_x：控制后帮上口轮廓线的形状。

（二）部件结构定位

①鞋脸长度的确定：围盖整体舌式鞋脸较长，C_x在统口前端点向前15~20mm。

②橡筋布后端点的选取：C_x向前25mm。

③橡筋布宽度的选取：18~25mm，半长度为15mm左右。

④鞋舌宽度的确定：与围盖相连部分的主舌部件宽度在35mm左右，围条连接的小舌部件宽度为12~15mm，两者组成该款鞋的鞋舌总宽。

⑤口门位置的确定：F_x为小舌长度前端点，在C_x向前45mm左右，具体计算如下：

$$F_xQ_y=1/2F_0E_1+（2\sim4）mm$$

⑥马头部件前端点确定为Q_y点。

⑦围条围盖前端设计点在楦楞线后5~7mm，或者按照设计风格适当调整。

围盖整体舌式结构如图7-6所示。

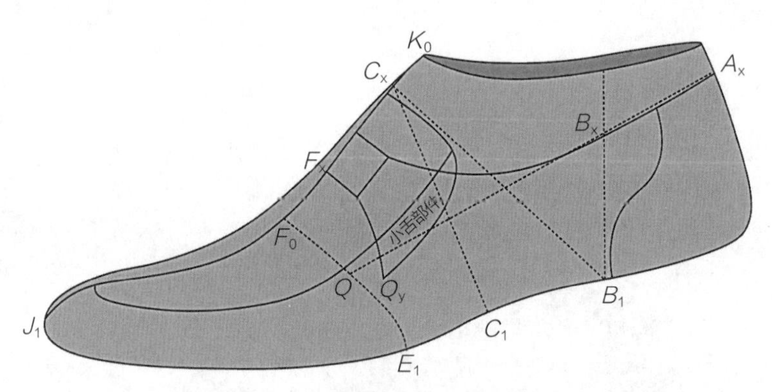

图7-6　围盖整体舌式结构图

（三）帮样线条绘制注意事项

1. 围盖线条的内外怀区别

围盖线条画法与“围盖横条舌式”中的画法相同，采用鞋头全楦画法。注意围盖线条的内外怀区别：围盖线条内外怀轮廓线的区别反映在相对背中线内外怀楦面宽度上的差异。内怀一侧楦面比外怀窄，设计围盖轮廓线时，内怀一侧一般比外怀一侧窄3~5mm（鞋楦不同其差别量也不同，差异较大的位置大约在第一跖趾关节附近）。主动设计内外线条分怀可以纠正视觉上的错位，起到平衡美观的作用，如果不作分怀处理，看起来内怀一侧鞋盖线条会有下坠的感觉。对于内外怀区别特别大的鞋楦，也不能把这种差异量完全区分出来，太大的差异体现在成鞋上会造成围盖不端正的视觉感受。

2. 围条位置设计与成鞋尺寸差异

皮革等制鞋原料具有良好的弹性、延伸性和可塑性，在制鞋加工过程中，借助鞋楦的支撑，在绷帮拉力的作用下成型，所以经过拉伸的鞋帮尺度必然会加大，使得成鞋实际尺寸大于样板原始尺寸。在进行前帮围盖位置设计时，一般在楦体上标点时后移2mm左右，这样经过绷帮等工艺加工后，才能达到预想效果。

★专业素养提升小案例：灵活应变

若在制鞋过程中采用起埂缝法，手缝后在前帮围盖处粘贴较强的补强加固带，请分析这种情况下，围盖绷帮时还会发生位移吗？如何把控设计尺寸？

- 如果采用手缝，并且有补强带，则不需要在楦体上标点时后移2mm左右，也能使成鞋位置点与贴楦设计时的定位点保持视觉上的一致。
- 工艺做法不同，其在鞋楦上的设计定位也不同，作为设计师要具有灵活应变、举一反三的分析能力。

【任务拓展】

❶ 选择起埂舌式鞋楦，在此基础上自行设计一款有埂条的围盖整体舌式男鞋。

❷ 尝试使用思维导图画出所设计鞋款的结构设计步骤及线条设计要求。

任务二　围盖整体舌式鞋样板制作

【任务描述】

按照样板制作步骤，从揭纸展平开始制作种子样板；在种子样板基础上，分析取跷及分怀原理，完成标准样板；标准样板通过工艺分析，操作完成放量，制成下料样板。通过款式分析，合理进行鞋里分段及取跷、收放量操作，完成里样板制作。

【课程思政】

★根据围盖弧度造型，合理规划内怀线条，内外均体现顺畅的线条美感——工匠精神。

★根据部件结合特征，对围条部件进行部件跷处理，起到方便工艺缝合又节约成本的作用——勤俭节约。

一、种子样板

种子样板的制作步骤及注意事项与围盖横条舌式大体相同。由于该款鞋既有围盖部件，且内外怀均有围盖线的绘制，为不完全对称式，又有对应的马头及小舌部件的分怀，因此，在种子样板制作中有不同的处理，如图7-7所示。

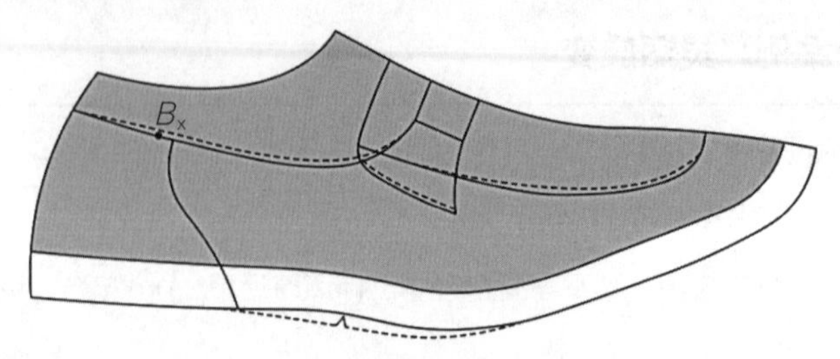

图7-7 围盖整体舌式种子样板

（一）围盖分怀

将内怀小围盖部件的背中线与外怀重合，描画出内怀围盖的前部线条。根据内外怀的宽度差顺延内怀线条直至鞋古部位，线条圆顺流畅，在Q_y处内外怀差别量3mm左右。

（二）小舌与马头分怀

根据围盖内外怀Q_y处3mm左右的差别量，将围条小舌轮廓线内怀相应位置提升3mm左右，与之相缝接的马头部件内怀也相应提升3mm左右。两处线条均自然过渡到部件末端。

（三）上口线分怀

与围盖横条舌式相同，围条连着后帮的上口线及包跟处上口线，均在B_x处内怀提升2~3mm，前后自然与外怀线条圆顺过渡衔接。

二、标准样板

（一）围盖样板的制作

1. 围盖取跷

围盖样板制作方法多种多样，不同的取跷方法有不同的处理技巧。其中旋转取跷法和背中线、底口线双向开口法这两种方法比较有代表性，本任务重点对这两种方法分两组分别进行讨论。

（1）按照鞋盖半面板的1/2处旋转取跷法

如图7-8所示，将卡纸对折，再把围盖的种子样板前点I_x对齐该对折线段，会出现一段围盖种子样板背中线部分与对折纸的重合线段，画出相对应部分围盖样板的轮廓线，围盖宽度中心点即为取跷旋转的支点，接下来采用这个方法分两次依次逐段画出相应内外怀轮廓线条，直至旋转到鞋舌末端处为止。注意，取跷过程中同步扎取内外怀围盖对应的轮廓线，分别将内外怀线条修顺，在修调过程中，线条可进行微调，幅度不超过2mm。

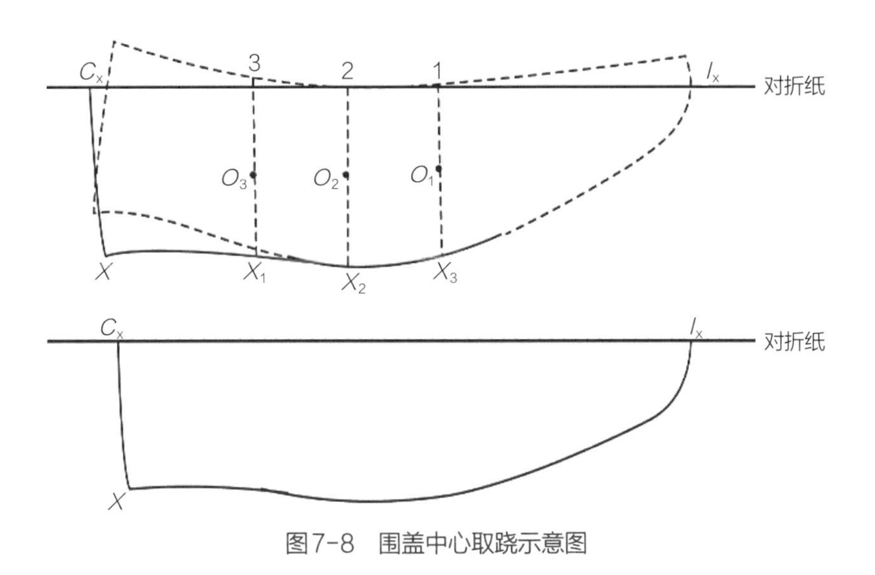

图7-8　围盖中心取跷示意图

（2）背中线、轮廓线双向开口法

如图7-9所示，将鞋盖的背中线和轮廓线都分别剪开，剪口剪至半面板的1/2处，将背中线拉开，拉开的量以背中线近似呈一条直线为准，与对折线基本平齐，轮廓线自然褶皱，勾画出鞋盖半面样板的轮廓即可。

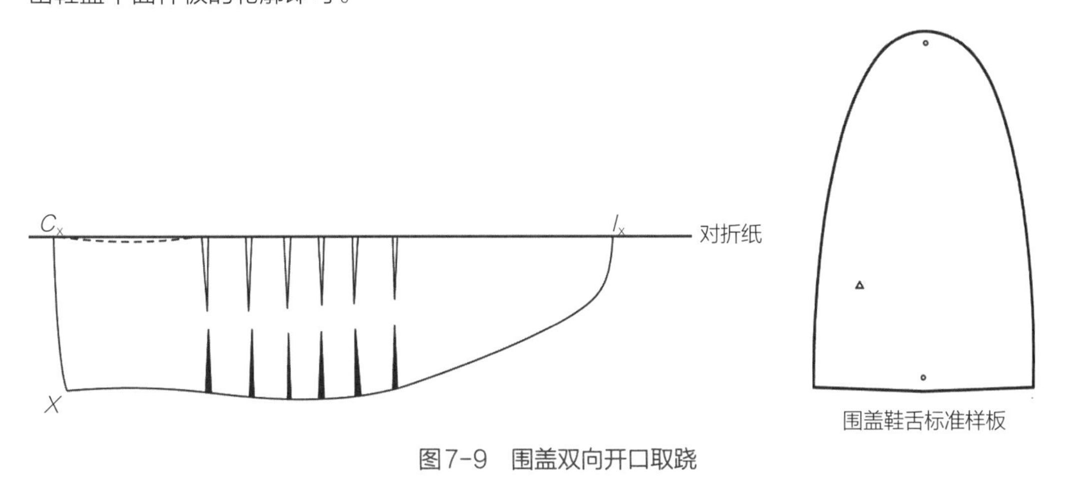

图7-9　围盖双向开口取跷

这两种围盖样板制作的方法均会出现背中线适当变长和轮廓线的长度比原种子样板轮廓线的长度适当变短的现象。在围盖与围条缝合制作工艺操作中，围盖裁向为横向主受力、围盖轮廓线可适当拉长，经过缝合绷帮后围盖尺寸基本达到原来设计的尺寸。

2. 标记标志点

在围盖内怀样板中心位置处通过刻刀刻画三角镂空标志或者用冲子冲圆孔标志的方式标记内怀，在围盖前后对折线上距离样板轮廓线边沿5mm处打出中点标志。

围盖样板取跷制作

★专业素养提升小案例：精益求精

在围盖取跷制作中，可用背中线上的点、轮廓线上的点、围盖中心点3种支点进行取跷，请思考3种取跷结果如何？选择哪种方法取跷合理？

- 以背中线上的点为支点进行取跷：背中线长度不变，围盖轮廓线变短。
- 以围盖轮廓线上的点为支点进行取跷：背中线长度变长，围盖轮廓线不变。
- 以围盖中心为支点进行取跷：背中线长度略变长，围盖轮廓线略变短。
- 一般采用折中的围盖中心点取跷法，适当补充背中线展平过程中的长度，围盖轮廓线的缩短也可通过皮革弹塑性适当拉长补充。

（二）围条样板的制作

①将围条半面板鞋头部分对齐样板纸的对折线，勾画出鞋头部分所有轮廓线I_xI和$J_1'M_2$。

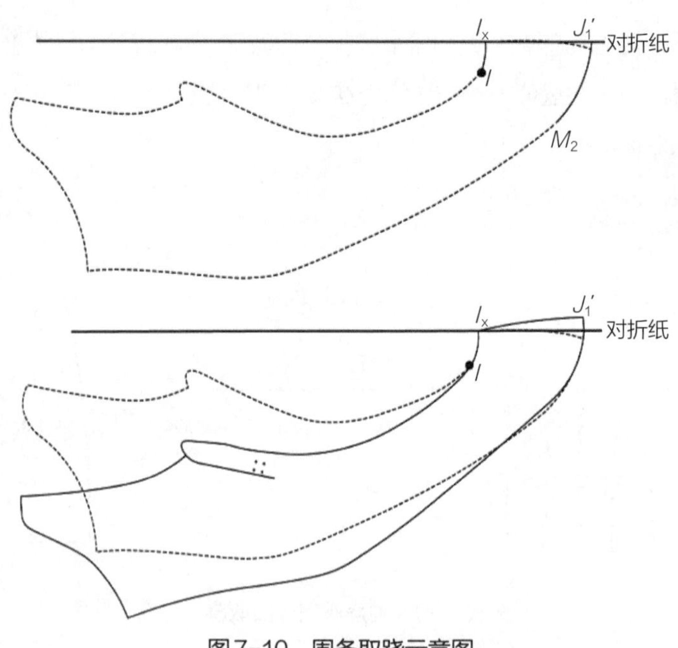

图7-10　围条取跷示意图

②以I点为中心旋转样板，使围条后帮部分下降，鞋头部分自然上升（图7-10），考虑围条合理套划的同时，自然而然也就形成了一个工艺跷，去掉一个工艺跷后，围条后帮张开较大的角度，便于排料套划，同时也消除鞋头帮脚处部分皱褶量。其中去掉的工艺跷度越大，张开的角度也就越大，但张开的角度越大不一定最省料，所以要通过同身套划来核定工艺跷的大小。实践验证，将围条同身套划最为省料，如图7-11所示。

③由于该款鞋围盖与鞋舌连为一体，经过取跷处理后围盖轮廓变短数量会增加，围条与围

盖的差别量会适当增大，经过围条与围盖样板轮廓线长度比对后，为了配合工艺制作精密度，建议长度差别大于5mm，可以适当调整围条样板，必要时可以将围条内外怀两侧减短3～5mm。

围条样板制作

围条标准样板如图7-12所示。

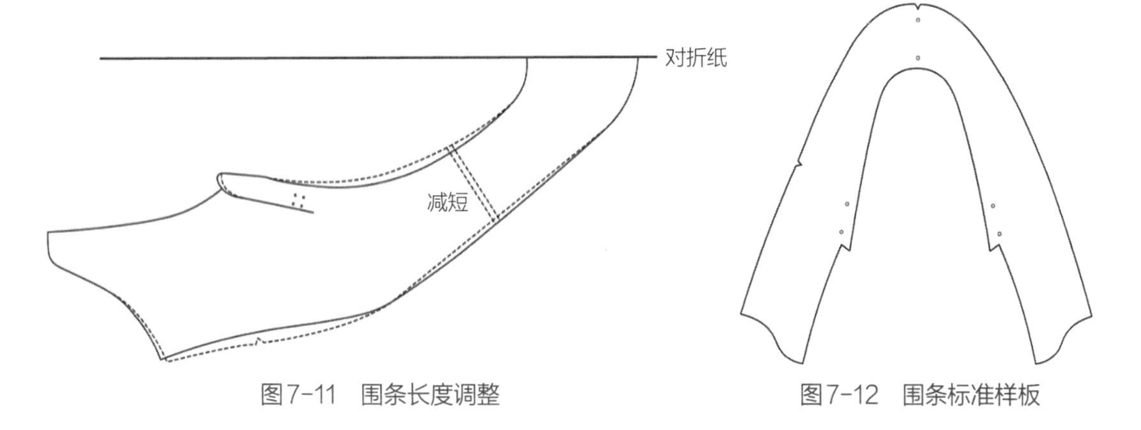

图7-11　围条长度调整　　图7-12　围条标准样板

★专业素养提升小案例：匠心独运

在围条取工艺跷制作中，可用翘出对折纸或转角处减除三角面积两种方法进行取跷，请分析两种方法的特点及处理方法。

- 翘出对折纸取工艺跷，方法比较简单，会出现围盖轮廓线在对折纸处有尖角或者凹角。
- 围盖转角处减除三角面积的方法，对折处线条平缓，在减除面积处会出现轻微不圆顺现象。
- 无论采用哪种处理方法，均要最后对围条轮廓线进行圆顺处理，精益求精，保证线条流畅。

（三）马头部件与橡筋布样板的制作

马头与橡筋布样板如图7-13所示。

1. 马头部件

在鞋口与橡筋布之间有马头部件，由于马头部件根据小舌部件分怀有相应的内外怀差别，因此，马头部件为两个不相连部件，分别扎取，并在样板内部做好内怀三角标记。

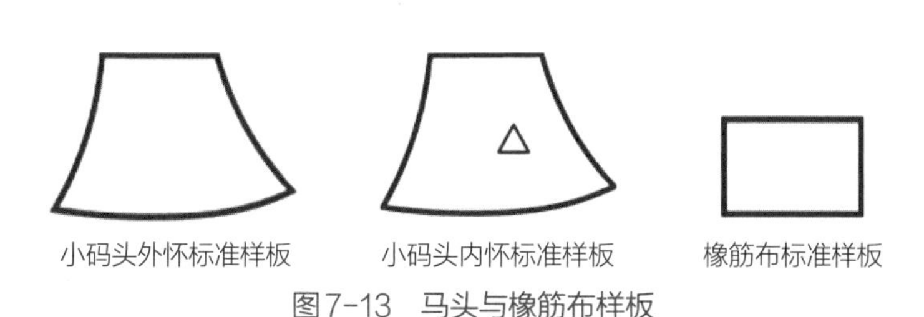

图7-13　马头与橡筋布样板

2. 橡筋布

根据设计数据，橡筋布样板形状为长方形，其尺寸为：长30mm，宽20mm。

（四）包跟样板的制作

包跟样板制作方法与围盖横条舌式中外包跟标准样板制作方法一致。包跟标准样板如图7-14所示。

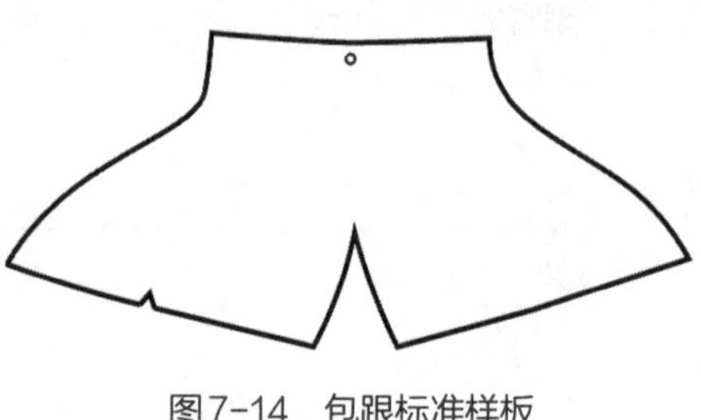

图7-14 包跟标准样板

三、下料样板

（一）工艺分析

1. 咬合工艺的分析

围盖与围条采用咬合穿插工艺制作，该工艺制作对样板要求与普通压茬机器缝合不同，要在围条和围盖上进行打孔设计，围条上打孔破开后形成皮革柱状段，插入围盖孔中形成互相咬合的工艺造型，原则为围盖的孔数量与围条上的段数相同。在围条与围盖部件边沿分别向外放3mm搭接咬合量。

2. 滚口与撸口工艺

该款鞋在鞋帮上口采用包边撸口工艺缝合，此处不需要放量；在鞋舌边沿及小舌外圈、口门线处采用细滚口工艺，这些部件边沿也不需要放加工余量。

3. 压茬缝合工艺

在马头缝合处、包跟缝合处采用压茬工艺，被压部件加放压茬量，上压件边沿放折边量。

（二）各部件加工与放量

1. 围盖部件

围盖下料样板如图7-15所示。

①围盖轮廓线加放3mm咬合搭接量。

②在标准样板轮廓线上进行排孔操作，第一孔从中点开始，每

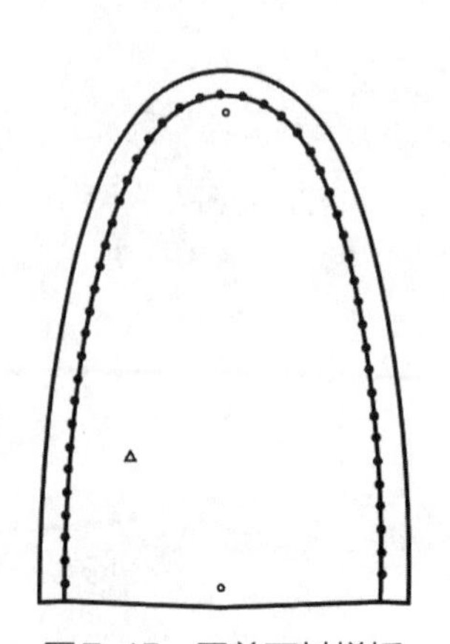

图7-15 围盖下料样板

隔5mm排一个，内外怀分别进行排孔操作。

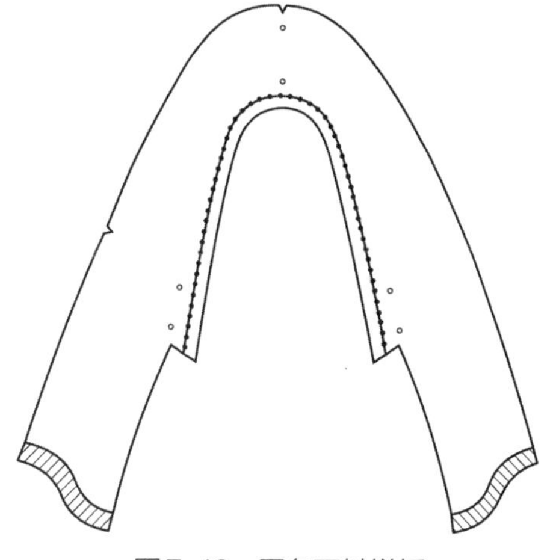

图7-16　围条下料样板

2. 围条部件

围条下料样板如图7-16所示。

①围条与围盖缝合轮廓线处加放3mm咬合搭接量。

②在标准样板围条轮廓线上进行排孔操作，第一孔以中点为基准，内外各取2.5mm分别确定内外怀第一个孔，这两个孔形成的皮革柱状线段作为第一段插入围盖的咬合皮革段。之后内外怀每隔5mm排一个孔，内外怀分别进行排孔操作，保证围条两孔之间形成的皮革段数与围盖上所排孔的数量一致。

③围条与包跟缝合处加放压茬量8～10mm。

3. 马头与橡筋布

马头及橡筋布下料样板如图7-17所示。

①马头部件在下部与口门缝合处放8～10mm压茬量。

②橡筋布在与马头部件缝合的两个端口放8～10mm压茬量。

4. 后包跟部件

后包跟两侧轮廓线各放4～5mm折边量，如图7-18所示。

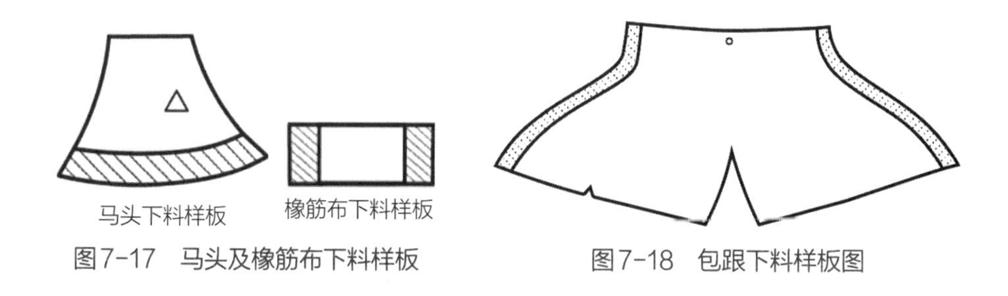

图7-17　马头及橡筋布下料样板　　图7-18　包跟下料样板图

四、里样板

该款围盖整体舌式鞋里样板分段与围盖整体舌式相同，分为前帮里、中帮里、后帮里和鞋舌里三段（图7-19）。前帮里在口门处断开，鞋舌里包含整体舌式的鞋舌部件和小舌部件。里样板的收放量操作与前述款式原则一致，里样板如图7-20所示。

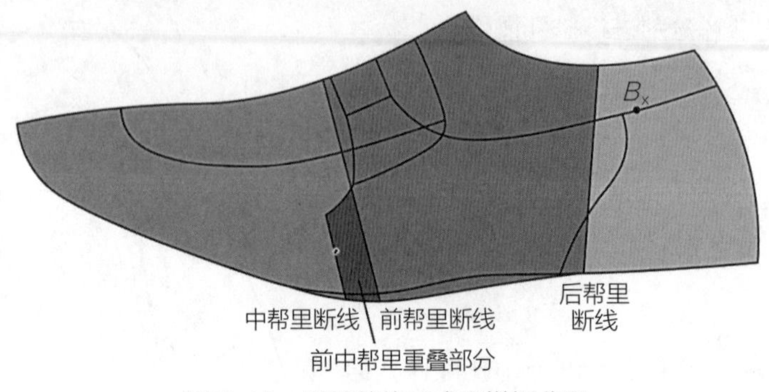

图7-19　围盖整体舌式里样板分段

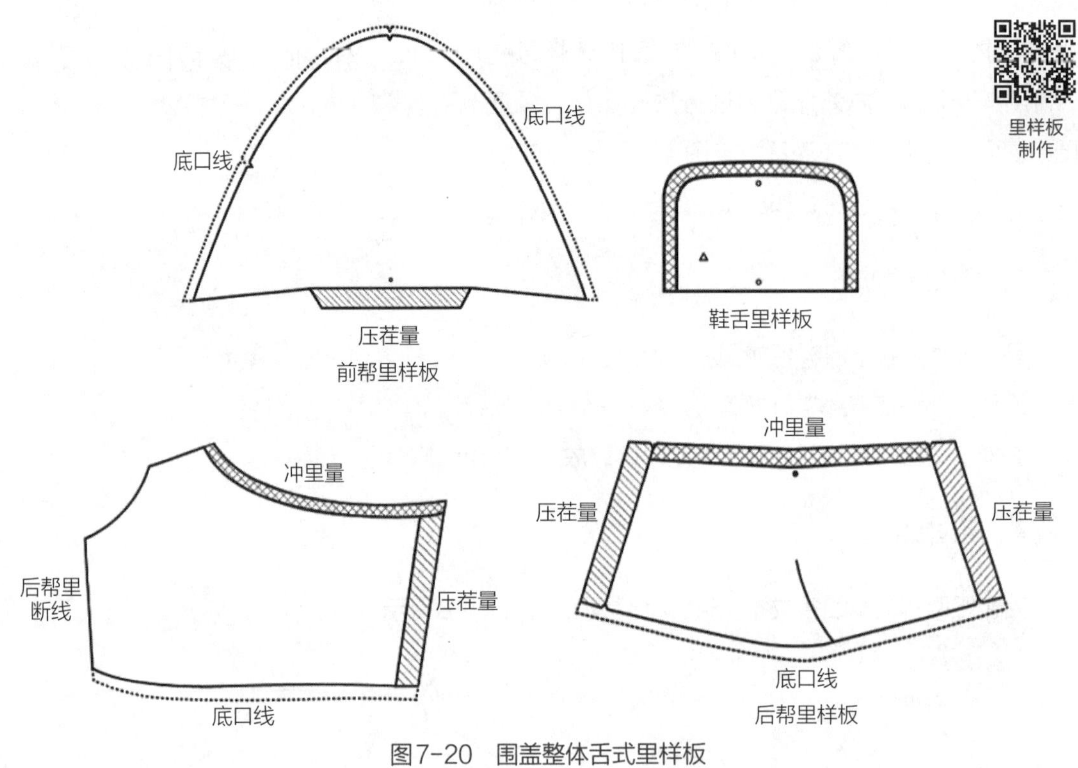

图7-20　围盖整体舌式里样板

【任务拓展】

❶ 分析围盖的几种取跷方法和适用度。

❷ 根据工艺制作中滚口、撸口、折边特征，分析这几种做法的样板放量情况。

❸ 鞋里的分段位置及制作方法有哪些？

项目八

燕尾三节头内耳式鞋的设计与样板制作

本项目主要介绍燕尾三节头式男鞋的结构设计和样板制作方法。燕尾三节头男鞋分为内耳式（图8-1）和外耳式，在一字包头三节头的基础上进行线条美化和纹样装饰，并通过花孔装饰增加帮面的华丽感。近几年该款式深受男士欢迎，是一款销量较大的男士正装皮鞋。其线条流畅、做工精细、纹饰精美，显得雅致，挺括不落俗套。该款鞋帮面设计主要集中在燕尾包头及口门线和装饰设计，适合进阶者学习。

图8-1　燕尾三节头内耳式鞋

【学习目标】

知识目标	技能目标	素质目标
掌握燕尾三节头鞋的款式特点及设计要点	能准确分析外耳、内耳的结构特征和差异	对接设计师岗位要求，提升线条搭配、比例及纹样绘制能力
掌握燕尾部件、口门部件、包跟部件三者线条设计的协调性和美观性	能准确、独立分析结构，并灵活运用基本控制线的辅助作用绘制帮面线条	
掌握纹样设计及花孔排布的方法	能合理进行不同帮部件装饰和孔距设计	灵活运用所学知识与技能，举一反三进行取跷和样板制作技术操作
理解燕尾和鞋耳取跷分怀的原理	能根据部件特征和位置合理进行分怀操作	
掌握鞋里的分段及取跷方法	能进行灵活合理的分段，并进行鞋里样板的制作	适当增加多个方案设计，不断提升设计分析和应用能力

【岗课赛证融合目标】

❶ 对接设计师岗位能力要求，掌握燕尾三节头式鞋帮面结构设计和样板制作技能。

❷ 对接技能等级证书考核中燕尾三节头式结构设计与样板制作考点，合理进行部件分析与取跷操作。

❸ 对接鞋类设计技能竞赛，根据鞋楦合理规划燕尾包头、口门两翼、包跟轮廓等部件线条和比例，快速准确地进行结构设计和装饰设计。

任务一　燕尾三节头内耳式鞋款式分析及结构设计

【任务描述】

选取适合的耳式鞋楦进行内耳式鞋的创新设计，根据楦型特征和款式特点规划燕尾形状、鞋耳部件的形状和线条，完成结构设计部分的操作。

【课程思政】

★分析造型特征，根据燕尾鞋的设计特点，结合帮面主要部件整体线条特征，进行纹样设计和花孔排布及密度设计——大局观念、合理规划。

★根据内耳式的鞋耳造型特点，绘制超出背中线的耳边线，充分考虑帮面成鞋前后的变化和美观协调性——精益求精、灵活应变。

一、款式分析

（一）造型特点

1. 燕尾三节头鞋的配色

经典的燕尾三节头男鞋属于正装范畴，随着当下人们鞋品混搭风格的流行，也出现了时装鞋和休闲鞋的燕尾三节头鞋。该类经典鞋款配色设计低调、大气，多选用黑色、棕色、深卡其色等；时装类多采用色彩拼接和撞色的形式体现时尚，多用黑白、黑棕、黑红、黄棕等复古色进行搭配；运动休闲风格的燕尾三节头鞋多采用彩色休闲鞋底配以拼色帮面，体现运动感。

2. 燕尾三节头鞋的帮面纹样设计

燕尾三节头鞋的帮面纹样设计通常出现在燕尾包头部件上，又称徽章纹样。纹样图案一般面积不大，线条松紧适度，呈现出适合鞋楦头型的三角形轮廓，纹样多由菱形图案、卷曲纹、佩兹利纹等图案线条构成（图8-2），在弧线空白处及曲线尽头多用圆孔做点缀，纹样整体寓意吉祥美好。

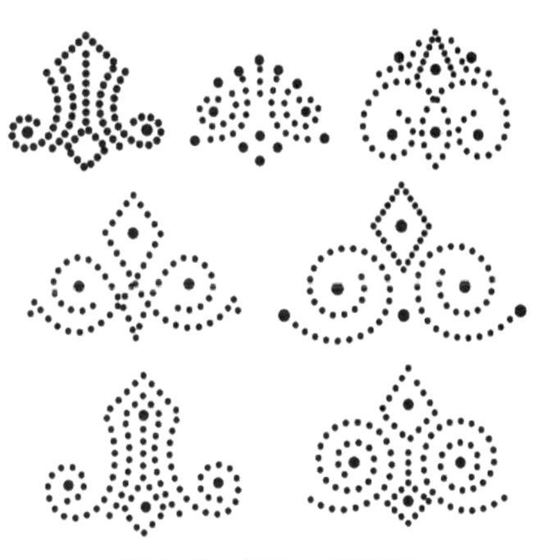
图8-2　包头纹样设计

3. 部件边沿花孔与花齿布局设计

燕尾三节头的每个部件镶节处，上压件边沿都有花孔排布，分为简单装饰性单孔设计、一大孔配两小孔的规律性设计、一大孔配菱形小孔排布韵律性设计等，如图8-3至图8-5所示。一般简单布局的单孔常在部件边沿设计锯齿形部件边沿线装饰，称为花齿边沿线。花孔的复杂性与帮面、部件边沿的装饰性都要整体呼应，要考虑鞋帮整体的适度装饰和留白，避免出现设计冗繁的现象。

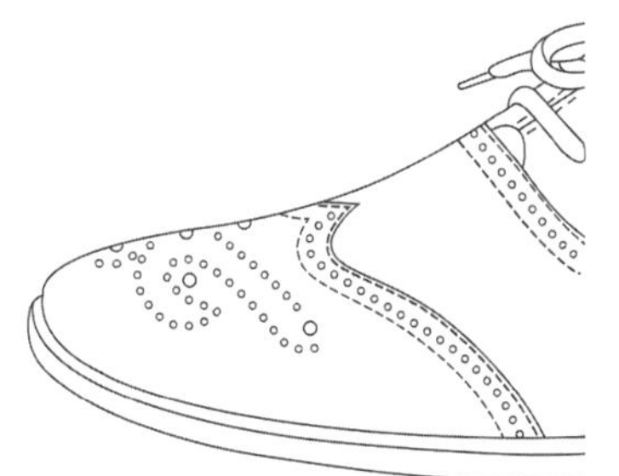
图8-3　包头边沿小花孔布局

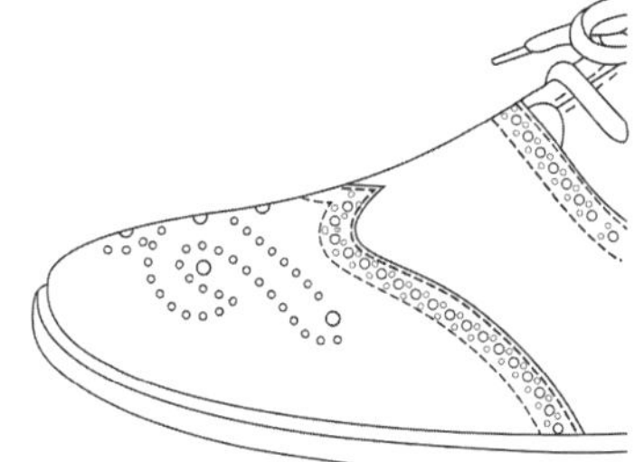
图8-4　包头边沿大小花孔间隔布局

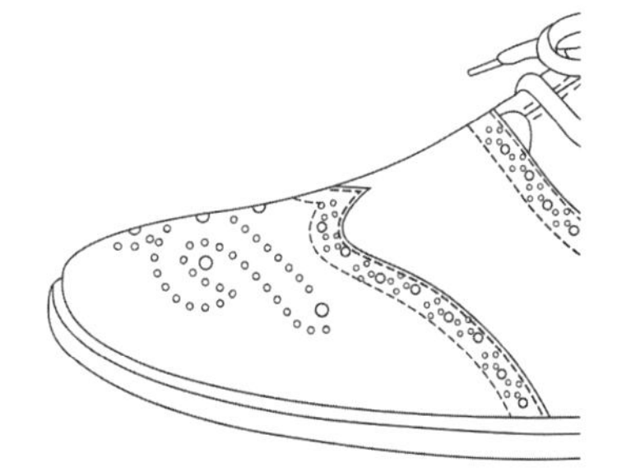
图8-5　包头边沿大小花孔菱形间隔布局

★专业素养提升小案例：灵活设计，精益求精

如何根据设计特点合理进行花孔帮面纹样设计、边沿花孔排布？

- 燕尾三节头鞋以帮面装饰华丽作为款式特点，在有限的鞋楦头部包头部件进行纹样设计和花孔排布，考察设计师的整体规划能力和线条组合能力。要做到繁而不乱，需要根据楦面特征合理分析图案，并让花孔的装饰起到画龙点睛的效果。
- 可通过调整燕尾的开合度、线条弧度、纹样线条的舒展性等进行线条组合，先通过小样设计贴伏在帮面查看部件规划合理程度，定稿后在楦面开始设计。

（二）结构特点

1. 燕尾三节头部件比例

该款鞋属于三节头皮鞋结构，主要部件由包头、中帮、鞋耳三部分组成，在鞋帮后部有后包跟部件。在鞋脸的有限空间里，布局前、中、后3个主要部件，要充分考虑部件的比例关系与鞋楦造型。做到鞋帮造型美观不杂乱，三节头的包头尖角长度要考虑鞋头特点，口门定位一般在跖围线附近，鞋耳长度不超过舟上弯点，不能造成卡脚腕的现象。

2. 内耳式的特点

该款鞋耳与前面学习的外耳式不同，属于内耳式，口门为明口门类型，鞋耳被口门压缝，为方耳型大鞋耳。三节头又称为五眼皮鞋，鞋耳部件上排列5个鞋眼，鞋耳上有装饰性的花孔和缝线。

（三）鞋楦的选择

①燕尾三节头属于长鞋脸结构类型，鞋楦选择放余量30mm左右，头式造型偏尖头、小圆头或者小方头。

②鞋楦线条选择流线型，修长顺滑型，鞋楦前跗面要适当平滑，便于包头纹样设计。

③根据耳式鞋的特点，一般选择跗背部位较高的鞋楦，便于表现鞋耳的造型特点。

二、结构设计

（一）基本控制线

1. 基本控制线画法

在男鞋结构设计中，基本控制线及其画法是通用的（图8-6），此处不再详细描述。

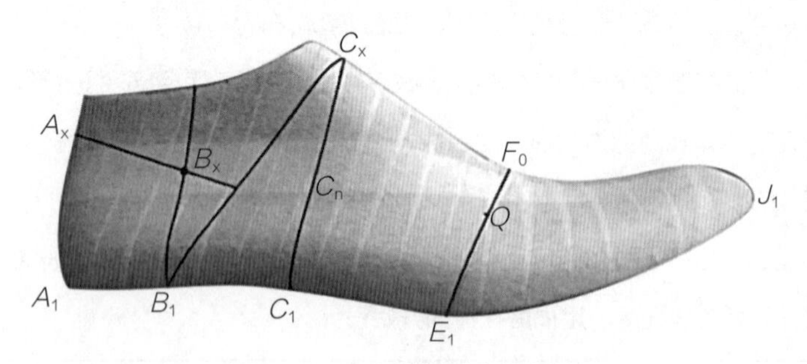

图8-6 男正装鞋基本控制线

2. 主要基本控制线的作用

①前帮控制线F_0E_1：控制口门位置及内耳的宽度。

②腰帮控制线C_xC_1：确定耳式鞋鞋脸长度（即鞋舌耳末端点位置），C_n作为鞋耳两翼线

高度的参考点。

③外怀帮高控制线B_0B_1：控制外踝骨部位的鞋帮高度B_1B_x，B_1B_x为49mm左右。

④后帮中缝高控制线A_0A_1：控制后帮中缝高度A_1A_x为63mm左右。

⑤腰怀控制线C_xB_1：控制后帮上口线走向和鞋舌部件的轮廓形状。

⑥后帮上口控制线A_xB_x：控制后帮上口轮廓线的形状。

（二）部件结构定位

1. 鞋脸长度的确定

燕尾三节头鞋脸长，鞋耳末端为鞋脸最长处，占楦底样长的66%。

2. 燕尾部件的定位

燕尾包头的前弧度点定位在背中线26%楦底样长处，包头尖点G_x向后20～25mm。

3. 口门部件定位

口门长度点F_x位于40%楦底样长处，口门宽度Q_y确定的数据定位为F_xQ_y=1/2F_0E_1+（1～2）mm，与Q点基本重合。

4. 鞋耳部件定位设计

鞋耳前端在口门长度点F_x处，末端在G_x处。为了实现成鞋后两个鞋耳紧并的秩序感，耳边线的末端超出背中线2mm，成鞋绷帮后刚好实现紧并的效果。鞋眼距离耳边线15mm，将鞋耳长度6等分，5个等分点即为鞋眼定位点。

5. 鞋舌部件定位

鞋舌前端在口门长度点F_x处，末端超出C_x点5～8mm，呈梯形，前部宽度25mm左右，后部宽度30mm左右。

6. 包跟部件定位

包跟呈“S”形设计，与前文所述款式的包跟设计定位相似，包跟的落脚点位于鞋跟跟口处。

燕尾三节头内耳式结构如图8-7所示。

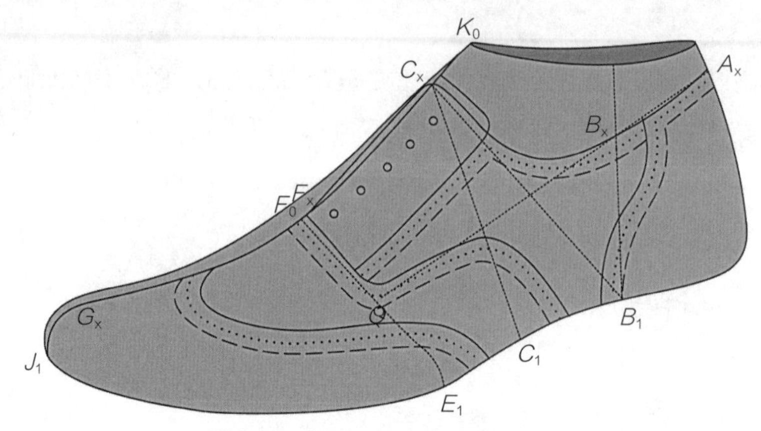

图8-7 燕尾三节头内耳式结构图

★专业素养提升小案例：灵活设计，精益求精

如何合理进行内怀耳边线设计，实现成鞋后双耳紧并的造型特点？

- 内耳式的造型特征是鞋耳耳边线为直线，成鞋后双耳紧并，呈现出严谨的秩序美感。由于鞋耳下方有鞋舌部件，容易在绷帮成型中撑开鞋耳，造成鞋耳成型后分开，不美观。

（三）帮样线条绘制注意事项

1. 燕尾包头弧度的线条设计

燕尾包头位于前帮主暴露位置，燕尾弧度设计与鞋头的头型要对应，尖头鞋楦对应的弧度要小一些、小圆头弧度可以稍大，方头的弧度可以不要太圆润。在绘制燕尾弧度时，内外怀同时绘制，由于鞋楦前跗面的内怀窄，内怀弧度（宽度）适当缩减1mm左右。

2. 三个主要部件线条弧度的协调性设计

燕尾包头两翼线、口门线、鞋耳上口线及包跟轮廓线，这几个部件的线条在帮面前中后延伸排布，要注意，几条线的弧度要协调搭配，部件线条互相之间的间距感要适度，为花孔和花齿的排布留出合适的空间。

3. 根据风格变化的线条设计特征

随着混搭风潮和运动风潮的盛行，燕尾三节头除了正装鞋风格之外，还可以设计出运动、时尚休闲等风格。这几类风格特色不同，在线条设计中可以进行适当调整，可以简化部件线条或者出现线条的相交设计。

燕尾三节头结构设计

【任务拓展】

❶ 进行广泛的市场调研，选择经典燕尾三节头造型鞋楦，根据本年度正装男鞋流行元素进行帮面配色和材质选择，在此基础上自行设计一款经典燕尾三节头男鞋，充分展示包头纹样、花孔布局及鞋耳线条的设计美感。

❷ 尝试根据不同的鞋楦头型绘制不同的燕尾包头和燕尾部件边沿的花孔设计。

任务二　燕尾三节头内耳式鞋样板制作

【任务描述】

合理分析部件跷度和特征，以种子样板为基础，进行取跷及分怀处理，完成标准样板；根据款式特点分析工艺特征，操作完成放量，制成下料样板。通过款式结构分析，规划鞋里分段及取跷、收放量操作，完成里样板制作。

【课程思政】

★合理安排花孔排布，并能根据花孔特点进行放量分析，能结合鞋楦特点规划各部件轮廓线的分怀操作，做到美观与合理并重——触类旁通、精益求精。

★根据燕尾三节头款式的特点，分析里样板的分段方法和特点，合理规划样板各部件的组合关系和放量安排——统筹大局、灵活应对。

一、种子样板

该款鞋种子样板制作步骤结合围盖、双破缝等结构的做法。主要分怀操作如下。

1. 前帮燕尾包头部件分怀

燕尾弧度部分在种子样板制作中要保持内外线条的共存：将内怀燕尾包头部件的背中线与外怀重合，描画出内怀燕尾前部线条。根据内外怀的宽度差顺延内怀线条直至与外怀轮廓线相交，在燕尾包头线落脚点处内怀线向前提3mm左右，整体线条圆顺流畅。

2. 中帮口门与两翼线内怀

内怀口门宽度向上提升2mm左右，内怀两翼线前半段向上保持2mm的提升，在后部线弧度中心顺势与外怀两翼线相交并在落脚点处根据位置关系向前进行分怀。落脚点越接近C_1点分怀量越大，最大量为5mm；越接近B_1点，分怀量越小，在B_1点之后不必进行分怀。C_1点和B_1点之间根据位置情况适度控制分怀量。

3. 包跟、上口线分怀

根据包跟线落脚点位置考虑是否需要分怀，同样参考是在B_1点之前还是之后，在B_1点之后不必分怀处理，同中帮部件处理方式。上口线分怀处理方法与前文项目一致。

种子样板分怀

如图8-8所示为燕尾三节头内耳式种子样板。

图8-8 燕尾三节头内耳式种子样板

二、标准样板

（一）燕尾包头样板

1. 取跷处理

将卡纸对折，采用拉直处理取跷方法，将燕尾包头的种子样板背中线部分对齐该对折线段，并画出相对应部分样板的轮廓线，依次逐段画出相应的内外怀轮廓线条，分别扎取燕尾包头内外怀装饰纹样。

2. 绘制轮廓线

把内外怀取跷过程中得到的轮廓线进行适度调整，将包头装饰纹样的线条连接为圆顺饱满的曲线，根据内外怀包头楦面宽度差异进行微调。

3. 标记标志点、线

标记对折纸中心，用三角形作为样板内怀标志；使用分轨仪，以孔间距4mm在包头纹样上进行纹样凿空；根据设计效果图或设计图要求，在燕尾线处排孔。

（1）确定花孔排布布局

单排小孔，孔距4~5mm（图8-3）。一个大孔配两个小孔间隔排布，孔距5~6mm（图8-4）。

（2）假线宽度设计

花孔排布在假线和部件边沿线之间，一般单排小孔设计假线距边8~10mm，一个大孔配两个小孔设计的情况，假线距边10~12mm。假线绘制好，要进行开槽标识。

燕尾包头标准样板如图8-9所示。

包头标准样板制作

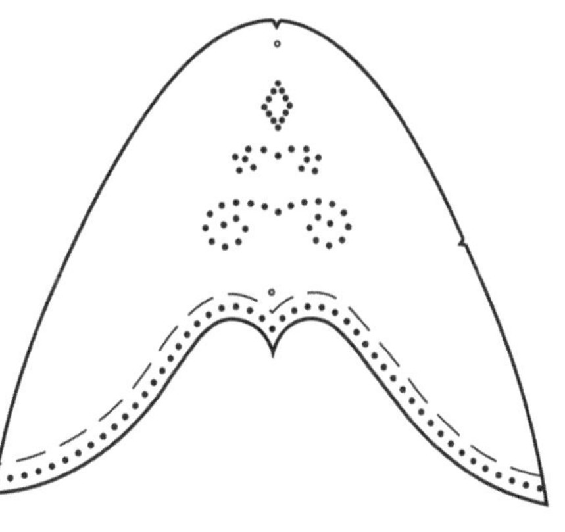

图8-9 燕尾包头标准样板

（二）中帮样板

1. 取跷处理

根据鞋楦的不同，中帮部件可能是燕尾三节头的跷度集中部件，也可能是无跷度部件。该部件位于跖趾线处，如果所选鞋楦背中线在该处弧度变化大，则跷度集中，要进行升跷和补跷的样板取跷操作。如果该处背中线平缓或者该部件面积小、跷度分散，则按照拉直进行处理。

2. 标记标志点、线

标出样板内怀和中心标志，在口门和两翼线处进行花孔凿空和假线标志线刻槽设计。方法同燕尾包头部件。

中帮标准样板制作

中帮标准样板如图8-10所示。

（三）鞋耳样板

由于这款鞋的鞋耳比较长，在展平中鞋耳缩短现象比较明显。因此，需要对鞋耳的长度进行还原，并且要用直尺拉直鞋耳边线，然后重新调整5个鞋眼位置，最后沿鞋耳轮廓描画整个鞋耳的形状，修整鞋耳轮廓线条。

用冲子冲出鞋眼、花孔等，做出假线的刻槽，保证线条顺畅与种子样板不失真。

鞋耳标准样板如图8-11所示。

鞋耳标准样板部件跷制作

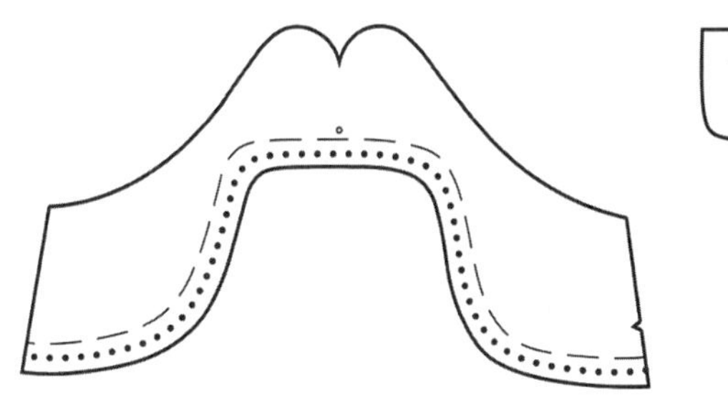

图8-10 中帮标准样板

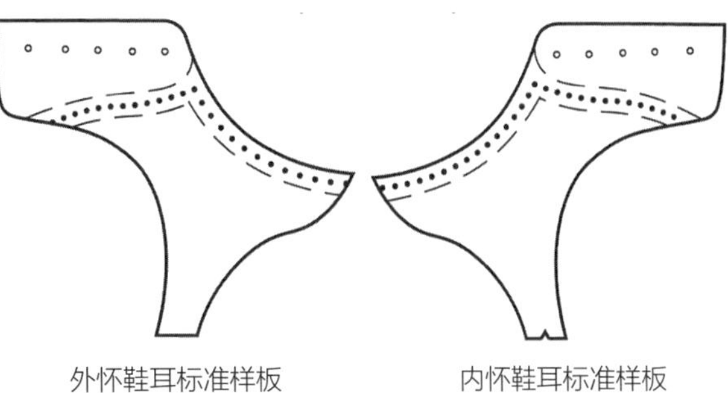

图8-11 鞋耳标准样板

（四）包跟、鞋舌样板

包跟标准样板的制作与围盖横条舌式相同，花孔排布和假线刻槽同前几个部件，如图8-12所示。鞋舌的制作与素头外耳式、围盖外耳式等做法相同，部件采用两点拉直的取跷方法，注意鞋舌长度要控制与设计尺寸一致，如图8-13所示。

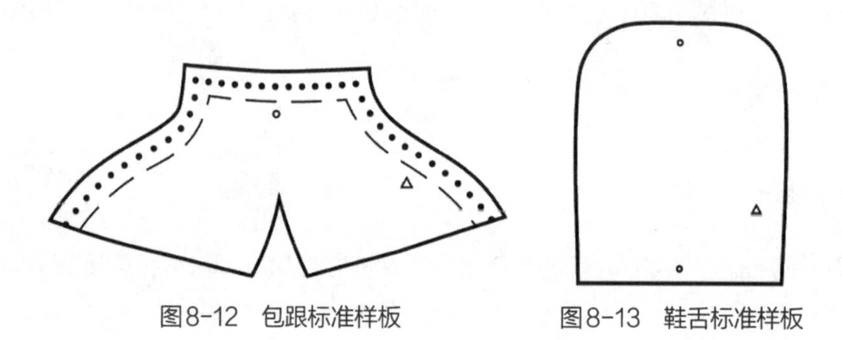

图8-12 包跟标准样板　　图8-13 鞋舌标准样板

三、下料样板

（一）工艺制作分析

经典燕尾三节头款式在帮面主要部件边沿采用打花剪装饰效果，因此前帮燕尾线、中帮口门线采用放花齿量的方式，上口线处考虑到舒适性，以折边工艺操作为主；该款鞋由于帮面各部件镶接处有花孔装饰，在部件压茬部位被压缝部件的压茬量根据花孔排布宽度适当增加2mm。

制作要求：

（1）燕尾包头部件的燕尾线边沿放花齿量，与之缝合的中帮该部位放压茬量。根据燕尾包头花孔排列的线宽，压茬量适当增加2mm。花孔装饰越华丽，压茬量越大，保证缝合后花孔能完整地压覆在上压件上。

（2）中帮与鞋耳、鞋舌缝合处，中帮压缝鞋耳、鞋舌部件，中帮口门线放花齿量，鞋耳与口门缝合处、两翼线处、鞋舌前端三处被压缝部分放压茬量，压茬量的大小也要考虑花孔排布，同前一部件。鞋舌边沿采用折边工艺，放折边量。

（3）鞋耳及包跟部件，鞋耳上口线采用折边美化，与包跟缝合处放压茬量。包跟上口线和侧边线放折边量处理，包跟侧边线也可采用花齿装饰。

（二）样板制作步骤

①描画复制标准样板轮廓。

②放出加工余量。

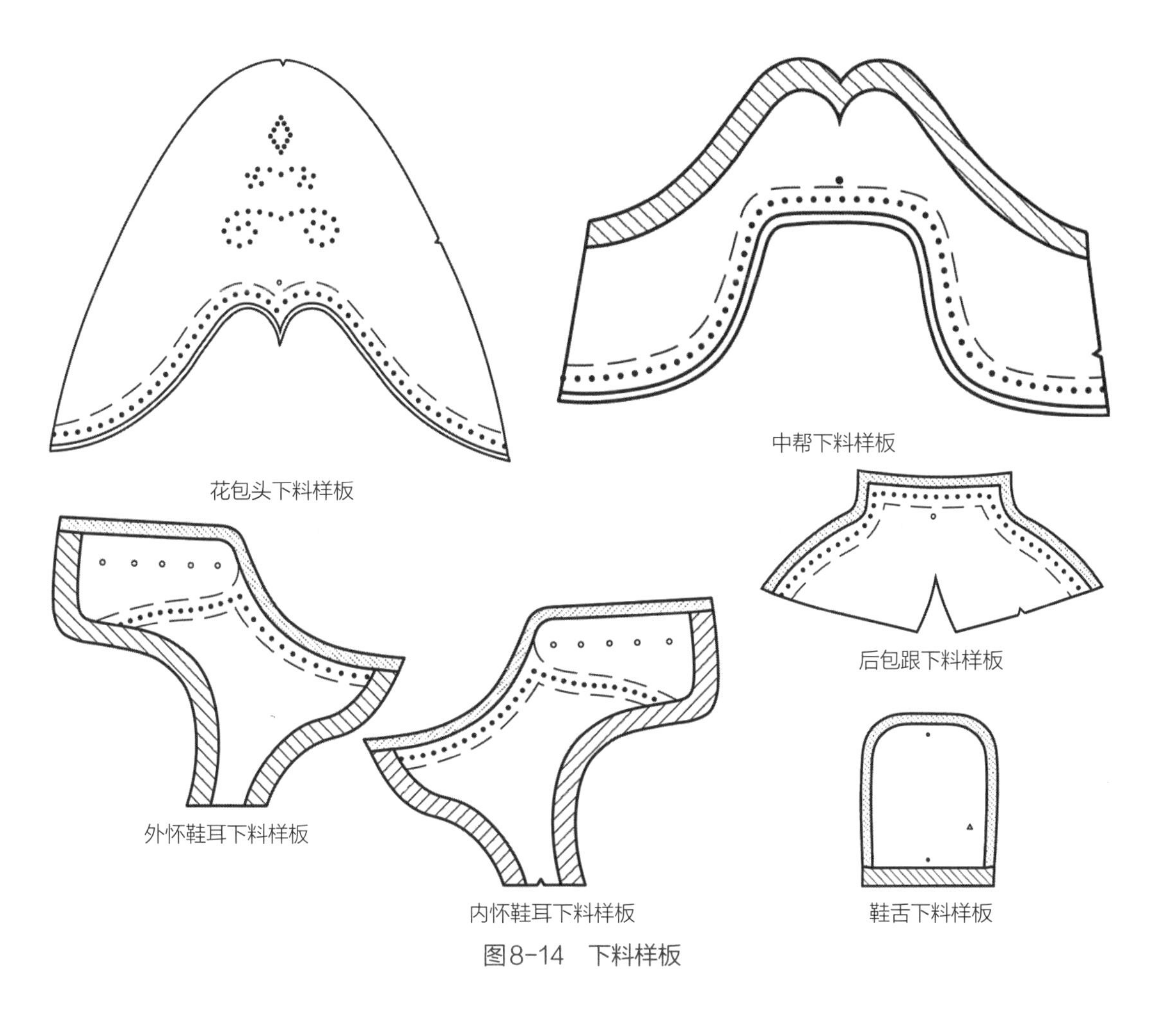

图8-14　下料样板

③标刻标志点。

下料样板如图8-14所示。

四、里样板

（一）鞋里分段方法

燕尾三节头鞋为正装皮鞋里的高端鞋款，尽量采用完整的大块鞋里，一是显得简洁，大块的皮革鞋里提升品质；二是减少鞋里部件的拼接，增加鞋腔内的舒适度；三是由于帮面孔洞较为密集，整片鞋里贴合在鞋帮下可以提升帮面的包覆感。燕尾三节头整帮鞋里分为前帮里、鞋耳三角插里、后帮里和鞋舌里，如图8-15所示。

前帮里采用前帮背中线向鞋耳后部拉直画线的方法进行分割，背中线延伸线与鞋耳边线相交，前帮与中帮里分断线参照前文所述中后帮断线设计。鞋耳超出前帮里部分形成一个三角形，为鞋耳三角插里。后帮里的分割形式与前文所述款式相同，鞋舌里与鞋舌轮廓相同。

里样板分段

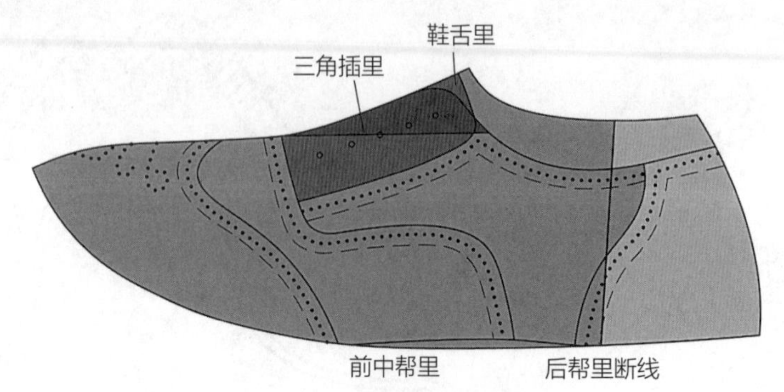

图8-15　里样板分段示意图

★专业素养提升小案例：统筹大局，灵活应对

低腰男士皮鞋里样板设计通常分为前、中、后三段式，但是并非仅有这一种里样板设计方法，作为设计师要如何应对？

- 考虑美观度。高端皮鞋要实现鞋腔内美观、光顺的鞋里，尽量设计整体鞋里。
- 考虑舒适性。若是定制皮鞋，遇到顾客脚型为特殊型脚，要在某些部位避免断线摩擦，要错位分段。
- 作为设计师，要做到统筹鞋帮、鞋里设计大局，灵活应对不同需求。

（二）鞋里样板制作

1. 前帮里

采用对折纸，种子样板前尖超出对折纸2～3mm，将口门位置点F_x标在对折纸上，后部的尾端在背中线与鞋耳上口线的交点处，保持这两点的连线与对折纸重合即可。依次画出上口线、前后帮里断线、底边沿线，并将折纸上标F_x点作为前帮里与三角插里组合的标志。在底边沿线收3～5mm，上口线放2～3mm冲里量，前后帮里结合处减去2mm帮里围度差，如图8-16所示。

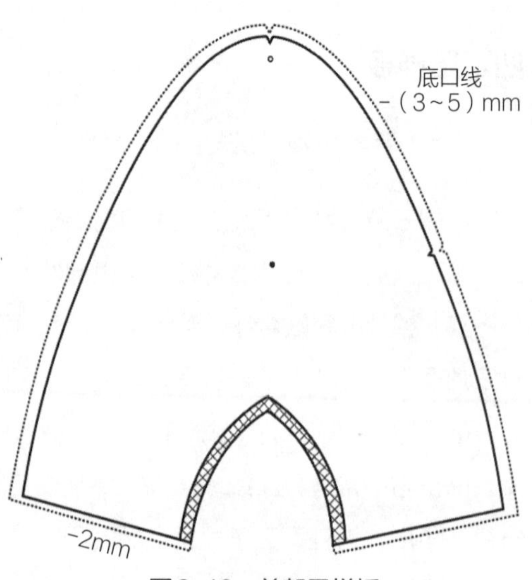

图8-16　前帮里样板

2. 鞋耳三角插里

根据鞋里分段线，依次描出鞋耳边线、

小段上口线和断线，耳边线、上口线放2~3mm冲里量，鞋耳断线处放8~10mm压茬量，如图8-17所示。

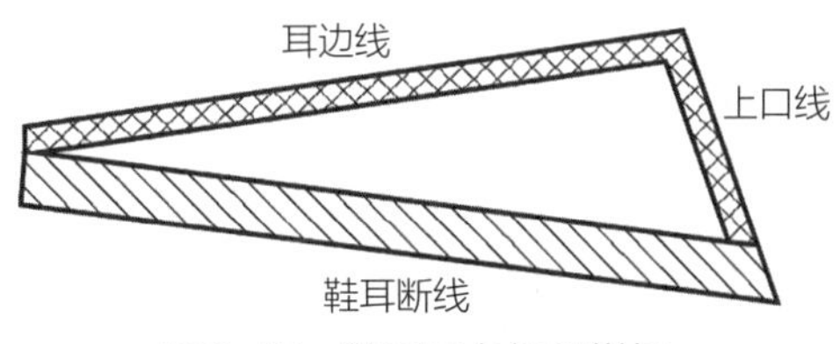

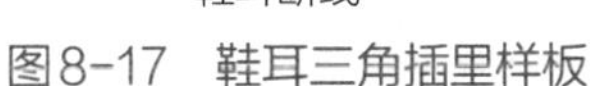

图8-17　鞋耳三角插里样板

3. 后帮里

以标准样板为依据，需对折纸，底边沿线收3~5mm，上口线放2~3mm，与中帮里结合处放8~10mm，如图8-18所示。

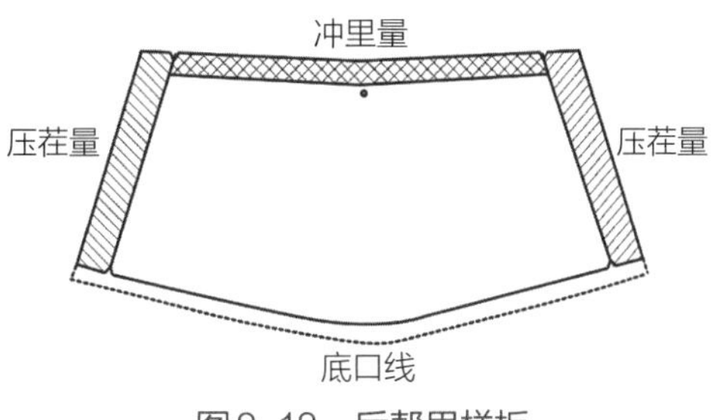

图8-18　后帮里样板

4. 鞋舌里

以标准样板为依据，边沿线放2~3mm冲里量，前端放12mm搭接量，如图8-19所示。

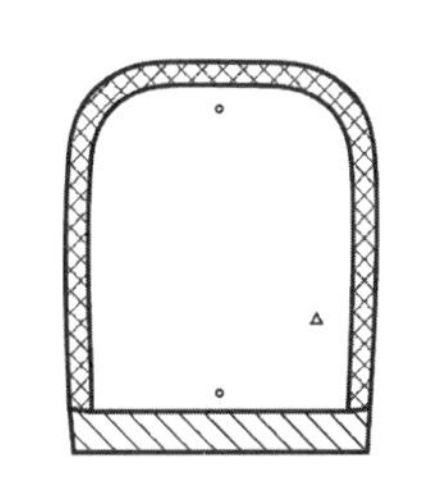

图8-19　鞋舌里样板图

【任务拓展】

❶ 用思维导图配合样板详细说明燕尾包头标准样板的制作方法和步骤。

❷ 分析花齿边沿设计与折边设计两种工艺制作方法引起下料样板的放量数据变化情况。

❸ 用两种方法规划鞋里分段位置及制作方法。

项目九

切尔西靴的设计与样板制作

本项目主要介绍男式切尔西靴的结构设计和样板制作方法。切尔西靴款式大方，穿脱方便，造型挺括，在秋冬季节，靴鞋是必不可少的单品，如图9-1所示。鞋款帮面设计主要集中在整前帮两翼线条，也称作“葫芦头”，后帮部分进行分割，压缝橡筋布后，既丰富了整体造型，又便于穿脱。

图9-1 切尔西靴

【学习目标】

知识目标	技能目标	素质目标
掌握切尔西靴的款式特点及设计要点	能准确进行切尔西靴款式线条的绘制	对接设计师岗位要求，提升线条规划和装饰审美能力
理解基本控制线与定位划线的关系	能准确找到定位点，完成基本控制线标画	
掌握标准样板的取跷方法	能进行帮部件取跷操作	灵活掌握知识，能举一反三进行技术操作
理解部件样板分怀的原理	能根据视频教学合理进行分怀操作	
掌握鞋里的分段及取跷方法	能进行合理分段，并进行鞋里样板的制作	能运用基础知识提升对内部结构的逻辑分析能力

【岗课赛证融合目标】

❶ 对接设计师岗位能力要求，能对照脚型规律分析帮面基本结构。

❷ 对接1+X证书靴鞋结构设计与样板制作考点，进行部件解构与取跷操作。

❸ 对接鞋类设计技能竞赛，根据鞋楦合理规划线条和比例，准确进行结构设计。

任务一　切尔西靴款式分析及结构设计

【任务描述】

根据帮面设计的特点，选取有代表性的点线构成基本控制线，在此基础上根据美观和舒适性的因素进行定位和线条设计，完成结构设计部分的操作。

【课程思政】

★根据鞋楦造型，合理规划整前帮、后帮的造型，充分反映鞋楦与楦面线条特点的呼应——审美情趣、精益求精。

★分析脚型规律，根据设计原则细致入微进行基本控制线绘制和特征部位定位——以人为本、精工细琢。

一、款式分析

（一）造型特点

切尔西靴也称为披头士靴，源于英国维多利亚时代马术活动的靴子造型，因披头士乐队而广为人知。切尔西靴低跟、圆鞋头、无鞋带、靴筒高及脚踝，通过材质、色彩、鞋底造型的变化，形成正装、休闲等不同风格。

1. 帮部件分割变化

在选择前帮轮廓形状时，应该充分考虑楦体侧身肉体安排与楦头型的协调，注意与皮鞋的整体造型风格相协调。如圆楦头更多采用的是整前帮或者大葫芦头的造型，显得端庄大气。而方圆头楦则多将前帮进行分割，增加造型点，显得前卫帅气。

前帮不进行分割，整体一片，称作整前帮，也称为大头排。轮廓线条以大弧线为主，大方、稳重，给人以刚毅、自信的感觉，是男靴鞋设计的常见款式，如图9-2所示。整前帮靴款，前帮跷度大、面积大，取跷难度高。在进行样板处理时除需要进行取跷外，还需要使用专用机器进行压型操作。

图9-2　整前帮切尔西靴

前帮分割方式多样，根据分割线条的形状，分为葫芦头、燕尾型、围盖型、平头型、中开缝型等。

葫芦头造型多以曲线呈现，因在跗背处有类似于

"鼻梁状"的造型，称为葫芦头，是靴鞋设计中较为常见的款式，如图9-3所示。因将前帮进行了分割，前帮面积减小，在样板制作中可使用手工取跷完成前帮样板制作。具有葫芦头前帮的靴鞋，款式简洁大方，葫芦头线条有多种风格。加工难度较整前帮有所降低，是学习靴鞋样板制作的典型款式。

图9-3 葫芦头造型的切尔西靴

燕尾型线条多以曲线呈现，整体风格与燕尾三节头男鞋相似，线条圆润、顺畅，使人产生舒展、绅士之感。燕尾上还可以用不同造型花孔装饰，增加鞋款细节，如图9-4所示。

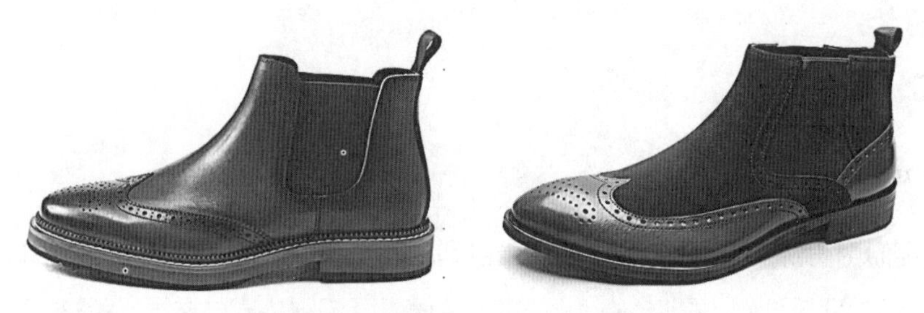

图9-4 燕尾造型的切尔西靴

围盖型线条圆润，前帮被分割，鞋款看起来更瘦长，整体风格休闲。与低帮鞋相比，靴鞋可进行设计的部位多，围盖造型设计有更大空间，线条设计较为自由，如图9-5所示。

图9-5 围盖造型的切尔西靴

平头型，前帮被横向直线分割，鞋款视觉上更具稳定性，显得稳重、大方。可在平头处设计花边、花孔等，增加鞋款的设计感，也更具有巴洛克鞋的精致和浪漫，如图9-6所示。

中开缝型前帮的中线被纵向分为两部分，样板跷度更容易处理，整体造型顺畅。根据中开缝缝合的不同工艺，体现出不一样的造型特点，如图9-7所示。

图9-6　平头造型的切尔西靴图

图9-7　中开缝型的切尔西靴

★专业素养提升小案例：

根据不同年龄、职业顾客的喜好和穿衣风格，如何运用帮部件分割突出靴鞋的品位和特点？

- 分析不同职业顾客的喜好，根据顾客反馈，选择鞋楦整体造型和线体特征，设计帮面分割。
- 根据鞋款风格和结构特点，合理进行材质、色彩搭配，给出设计方案。
- 在材料选择、颜色与材质搭配方面要多看多调研，不断提升个人审美品位。

2. 开合部位变化

靴鞋的靴筒高度较高，为了便于穿脱和合脚，一般在鞋身设计开口。根据开合部件的位置，可分为前开式、侧开式、后开式。不同的开合部位，对靴鞋外观产生的效果也不一样。为了丰富靴鞋造型，靴鞋开合方式有拉链式、绑带式、扣带式、橡筋布式、粘扣式等。

设计者可根据靴鞋的设计风格和消费者的穿着习惯选择不同的搭配组合，形成不同的鞋款造型。

前开式靴的前部开放，借助鞋眼、鞋带、鞋扣等调节松紧，这些也能起到很好的装饰作用。马丁靴是前开式靴的典型款式，如图9-8所示。

图9-8　前开式靴

侧开式靴在鞋的两侧或者一侧开合，鞋帮较空，这个位置作为侧开式靴的口门。口门位置在跗腰边沿点附近，口门轮廓线交于腰筒上，开合功能通过后帮部位实现。这种开口方式使得鞋身整体性较强，常采用拉链来控制，鞋腰较低时也可使用橡筋布。拉链一般设计在内怀位置，方便其使用，并能对拉链起到保护作用，同时也不影响外怀作为主要暴露部位的视觉效果。如果靴筒两侧同时开口，外怀控制开合的功能件要具有一定的装饰性，不能破坏整体效果，如图9-9所示。

图9-9　侧开式靴

后开式靴指的是在后弧中线处设计开合位置，开放位置比较隐蔽，保证了前帮和侧帮的完整性。为了穿着舒适性，此种开口方式靴子的靴筒材质较软，同时，鞋的前帮、侧帮面积较大，设计者可充分展示设计才能，如图9-10所示。

图9-10　后开式靴

（二）靴筒高度设计

靴筒是靴鞋的标志性部件，男式靴鞋的设计多采用高腰或矮靴的形式，外观粗犷、大方，充满阳刚之气，如图9-11所示。靴筒在踝骨之上，能够很好地保护踝关节，防止剧烈运动造成损伤。靴筒高度适中，对运动的灵活性影响不大。因此，在很多重型靴设计上采用高腰或矮靴设计，如登山鞋、劳保鞋、野战靴等。中筒靴、长筒靴则普遍受到女性消费者的喜爱，因为其能很好地塑造腿部线条，同时随着靴筒的增高，美化功能被放大。中号靴鞋常用设计尺寸见表9-1。

图9-11　男式重型靴

表 9-1　　中号（男 250 号）靴鞋常用设计尺寸　　单位：mm

鞋类品种	后帮高度尺寸	开口方式	矮靴筒口宽度	高腰鞋口宽度	
高腰鞋	100～110	前开口	—	120～125	
		双侧开			
矮靴	130～140	前开口	120～125		
		双侧开	140～145		
		封闭式	165		
鞋类品种	**后帮高度尺寸**	**开口方式**	**脚腕（120）宽度**	**腿肚（280）宽度**	**膝下弯点（360）宽度**
半筒靴	200～240	前开口	120～125	185～200	175～205
中筒靴	250～260	单侧开	140～1450		
高筒靴	340～370	封闭式	165		

（三）鞋楦选择

选择靴楦，250号（二型半）。与低腰鞋楦相比，靴楦跖趾部位曲度更大，后弧线呈略弯的S曲线，统口高度较高。

二、结构设计

（一）基本控制线

切尔西靴靴筒高于鞋楦，已脱离楦体，所以靴筒高度和宽度尺寸要求严格，应以便于穿脱和舒适合脚为原则。其尺寸控制规律需结合靴鞋的不同用途综合考虑，如图9-12所示。

切尔西靴设计中主要基本控制线的作用：

①前帮控制线F_0E_1（与低腰鞋相同）：控制口门位置及围盖末端的宽度。

②跗腰控制线D_0C_1：可控制葫芦头两翼线条的走势。

③筒高控制线B_1T_3：过踝骨外边沿点B_1作基础坐标的垂线，不通过R_0点，量取靴筒高度130mm。

④后帮中缝高控制线A_0A_1：与低腰鞋相同，用于控制外包跟后端高度A_1A_x'，此款切尔西靴未设计后包跟部件。

⑤外包跟控制线$A_x'B_x'$：与低腰鞋相同，但比低腰鞋的后帮上口控制线低3～4mm。此款切尔西靴未设计后帮分割。

⑥筒前控制线D_0T_3'：这条控制线必须垂直于基础坐标线，用于控制靴筒前端位置。

⑦脚腕筒宽控制线$T_1'T_1''$：位于脚腕高度线上，用脚兜跟围长的一半控制该部位筒宽。

⑧腿肚筒宽控制线$T_2'T_2''$：矮筒靴未用到。

⑨膝下筒宽控制线$T_3'T_3''$：矮筒靴未用到。

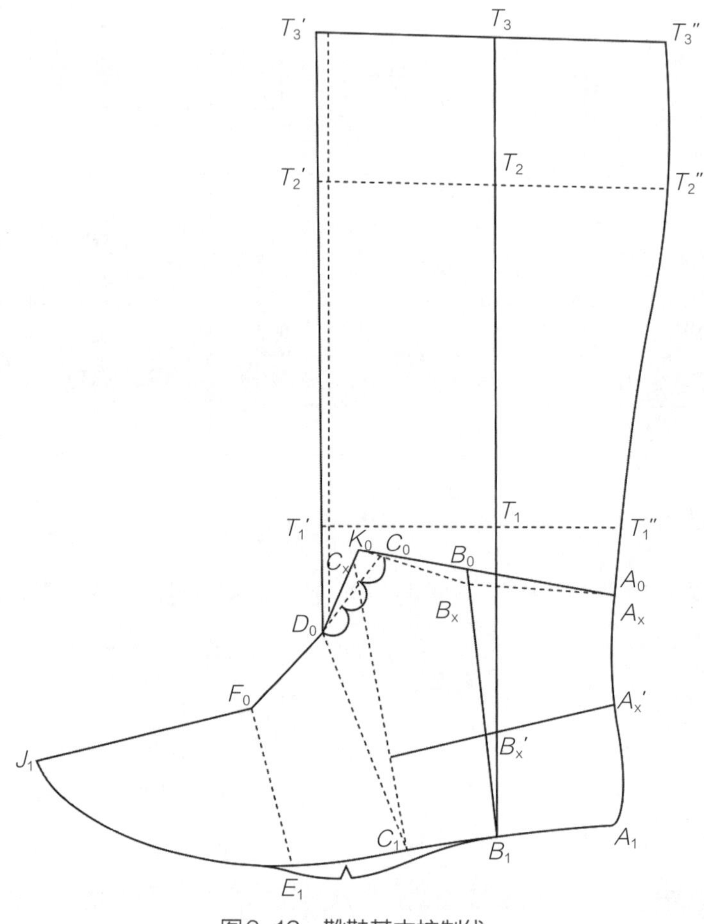

图9-12 靴鞋基本控制线

（二）部件结构定位

切尔西靴部件结构定位

1. 靴筒方向的确定

鞋楦后跟垫高，过踝骨中心点作地面的垂线，确定靴筒方向。此线在展平时起非常重要的作用，可避免设计的样板出现“前栽后仰”的情况，如图9-13所示。

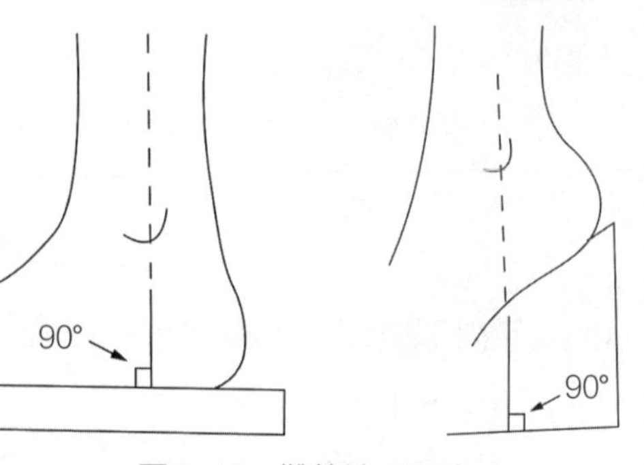

图9-13 靴筒端正设计

2. 鞋脸长度的确定

根据筒高进行设计，筒高设计为120～130mm。

一般靴筒口造型均是“前高后低型”，或者“前后高低一致型”。为了成鞋视觉看起来靴筒口前不低于后，在进行结构定位时，需要将位置提高5～8mm后确定C_x。

3. 葫芦头设计

确定葫芦头长度，自楦底前端点J_1沿背中线向后量取160～165mm，或者从鞋脸长度点C_x沿背中线向下量取20～40mm。

确定葫芦头宽度，葫芦头越宽在手工取跷时越不容易还原，此款鞋设计为30mm。因为宽度小于40mm，不做定型处理可伏楦。通常男靴宽度为10～25mm较多，若鼻梁长，宽度适当减小，利于绷帮伏楦。划料采用纵向下裁，使皮革延伸方向与样板纵向一致，便于绷帮伏楦。宽度大于40mm，难以伏楦，需定型处理。划料采用横向下裁，使皮革延伸方向与样板横向一致，便于定型时皮料收缩。

确定葫芦头转角位置，自楦底前端点J_1沿背中线向后量取140mm，确定转角长度，自长度位置点作F_0E_1的平行线，在平行线中点2～4mm处确定转角宽度位置点。

确定葫芦头两翼线条，一般位于侧腰不受力位置，在外腰窝边沿点C_1附近，或者根据经验，与统口前端点平行。

4. 橡筋布设计

切尔西靴属于对称型旁开口高腰皮鞋，在后帮装有明橡筋结构。在穿鞋时，能否穿进鞋腔的关键是兜跟围的大小。如果鞋口设计符合脚兜跟围的要求，就不会出现穿鞋难的问题。男鞋中间码兜跟围长度约为318.3mm，外怀一侧约为160mm，鞋口宽度约为120mm，两者之间具有以下关系：

橡筋宽＝脚兜跟围－鞋口宽度=40～50mm

两者之间的差值就是橡筋布宽度的设计依据。结合橡筋布材料宽度规格，橡筋宽度为35～45mm，上边沿低于靴筒高5～8mm，下边沿位于楦侧身肉体安排最突出的位置，约距离楦底边沿线20mm处。

5. 保险皮设计

此款切尔西靴后帮中缝处有一长保险皮，保险皮设计中长度根据测量的后帮高度＋适当弯回量进行确定，宽度为上宽10mm、下宽20mm，类似梯形。

★专业素养提升小案例：

橡筋布具有弹性，在实际操作中是否需要考虑橡筋布70%的延伸性？

- 橡筋布位置比鞋口设计位置偏低，可以弥补延伸损失。
- 橡筋布既有开合功能，又具有装饰作用，即使宽一些也不会影响穿着。
- 深刻体会设计师岗位素养中的善于思考，培养精益求精的工匠精神。

男中号脚型规律见表9-2。

表9-2 男中号（二型半）脚型规律 单位：mm

部位	脚型规律	尺寸
脚长	100%脚长	250.00
脚腕高	52.19%脚长	130.50
腿肚高	121.88%脚长	304.70
膝下高	154.02%脚长	385.10
跖围	70%脚长+50.5+7N（肥瘦型）	243.00
兜跟围	131%跖围	318.30
脚腕围	86.23%跖围	209.54
腿肚围	135.55%跖围	329.39
膝下围	125.95%跖围	306.06

（三）帮样线条绘制

1. 葫芦头绘制

根据鞋楦头型进行绘制，葫芦头圆角线条与楦头型圆润、方正等相呼应，在实际设计过程中，可根据款式风格特征和鞋楦类型，合理分析，进行规划定位。

2. 橡筋布绘制

橡筋布上边沿线与靴筒口相平行，但低于靴筒口5~8mm。橡筋布下边沿线是与对应位置楦底边沿线基本平行的一条直线。

3. 靴筒口绘制

需要注意，与橡筋布相交部位要进行圆角处理，圆角大小与楦头型相呼应，楦头圆、厚，此处圆角饱满圆润；楦头扁、窄，此处圆角小，看起来利落。

4. 保险皮绘制

保险皮在绘制时，结合上窄下宽的造型，线条圆顺光滑。

切尔西靴结构如图9-14所示。

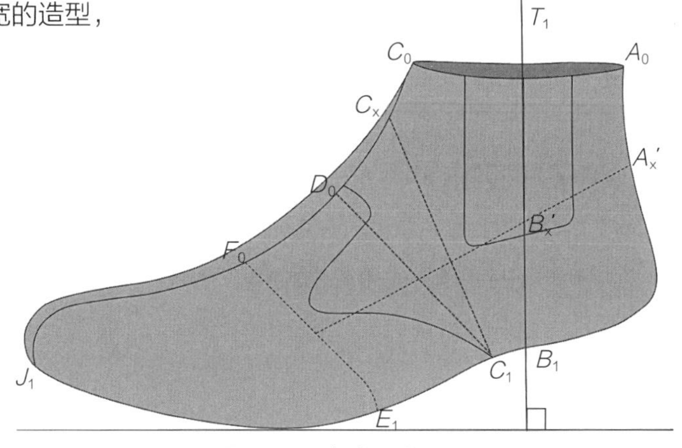

图9-14　切尔西靴结构

【任务拓展】

❶ 根据本年度流行元素选择鞋楦，在此基础上自行设计一款男式切尔西靴。

❷ 尝试根据不同鞋楦头型绘制不同的葫芦头造型。

【岗课赛证技术要点】

岗位要求：

根据当季市场潮流和消费数据分析，能在楦型库找到适合的鞋楦造型。

能根据楦型特点在楦面完成结构线绘制，帮面比例及线条顺畅。

竞赛赛点：

能根据提供款式的特征描述，准确找到适合的鞋楦，并能分析其适配的前帮造型。

在规定时间完成帮面结构绘制，根据款式特征适当进行装饰设计和美化。

证书考点：

规定时间内完成既定鞋款结构设计，定位准确，线条流畅。

任务二　切尔西靴样板制作

【任务描述】

在种子样板基础上，理解取跷原理及分怀部位，完成标准样板制作，通过放量完成下料样板制作。通过对种子样板的分段及取跷操作及收放量操作，完成里样板制作。

【课程思政】

★制作种子样板，注意笔触细腻、刀工流畅，反映结构设计的精细——工匠精神。

★取跷和分怀环节，根据脚型规律选取部位和数据进行操作，分毫不差——精益求精。

一、种子样板制作

种子样板的制作，采用脚部贴楦、靴筒作图的方式完成。因为靴筒部件的高度已经高于楦统口位置，需要根据靴筒高进行高出位置和线条的设计。

（一）展平

切尔西靴展平

种子样板制作的步骤及注意事项与低腰鞋有明显区别。在展平时要严格控制靴筒方向，使靴筒与水平线保持垂直，避免出现“前栽后仰”的问题。要求：

①刻除鞋口线至统口线之间的美纹纸。

②量取葫芦头长度，记录在相应位置。

③将画好帮样的美纹纸从前向后缓慢从鞋楦剥离，保持完整不破损。

④帮样展平顺序为：先绘制平行于样板纸边缘的线条1，再绘制与地面垂直的线条2，形成“∟”形，展平时，要求过踝骨中心线绘制的垂线与线条2重合，第五跖趾边沿点与线条1相切，然后使美纹纸的褶皱尽量均匀分散在背中线上F_0点和底边沿线上C_1点附近。

（二）修正展平样板

切尔西靴修正种子样板

1. 结构线条修正

展平后，因为曲面转平面过程中出现褶皱，结构线条出现变化，需要进行线条的修正。在楦面曲线上绘制线条，也会出现线条不够美观的情况，在平面状态下，将线条再次修正，确保线条准确、美观、清晰。

2. 靴筒线条

靴筒线条因为高于楦面，所以需要通过作图来完成修正。首先在过踝骨中心线绘制的垂线上确定筒高130mm；为了便于穿脱，此时筒口前端线需要前移7～10mm，然后进行修顺，线条趋势垂直于水平面；筒口后端线需后移2～3mm，然后修顺此处与后跟突度点之间的线条。具体数据受里布厚度、面料弹性等因素影响，里布越厚，前移越多，而面料弹性好的则可少移一些。

筒口造型保持前高后低状态，筒口前端上边沿线需要高于筒高5～8mm，修顺线条后与橡筋布前端相交，注意此处要绘制圆角。筒口后端上边沿线修顺线条后与橡筋布后端相交，注意，此处要绘制圆角，圆角大小与楦头形状相呼应。

3. 后弧线修正

修整后的后弧线与鞋楦后弧线的正投影形状基本类似，但比鞋楦后弧线的正投影形状稍直。后跟突度点不变，楦后跟处在展平过程中打剪口，尺寸变大，所以下端点收3～5mm。

4. 绷帮余量

因跖趾处跷度大，为了伏楦绷帮力更大。材料在绷帮力的作用下会缩短，靴鞋的绷帮量比满帮鞋多1～2mm，男鞋一般为15，16，17，18mm进行试帮。

5. 底口线分怀处理

楦面从设计到种子样板修正，各种操作均在外怀帮面进行，由于鞋楦内外怀的肉头差别，需要在外怀底边沿线上加放一定的余量。这个位置在腰窝部位，大小为5～8mm。切尔西靴种子样板如图9-15所示。

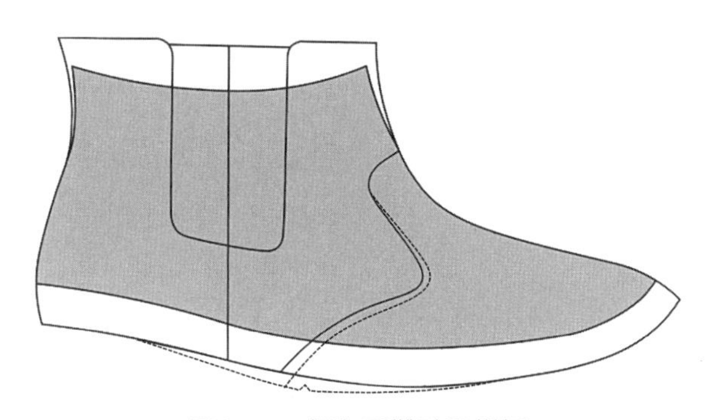

图9-15　切尔西靴种子样板

（三）分离种子样板

①分析部件的数量和每块部件的轮廓线条位置。

②采用分解法分离种子样板。分解法是将各部件逐一刻下而分离。注意按照轮廓线刻刀，以保证样板的准确性。对于相互重叠的部件，可用美纹纸复制的方法，先取出次要部件，再沿主要部件的轮廓线刻刀取出主要部件。

③分离（复制）出来的各个部件的种子样板必须与展平样板上相应的部件尺寸一致，边沿线条流畅。

★专业素养提升小案例：

种子样板制作中帮脚不做内外怀差别会出现什么问题？

- 种子样板是后续样板的基础，会导致后续样板每一片都要单独进行内外怀差别标记，制作烦琐，容易出现误差。
- 细节成就整体，第一步的精致和追求完美是保证成功的关键。

二、标准样板

经过部件分离的种子样板通过取跷处理及分怀处理后所得的样板称为标准样板（净样板）。

（一）葫芦头标准样板

葫芦头标准样板

1. 取跷处理

因葫芦头部件处于楦跷度最大的跖趾部位，在展平过程中背中线长度会缩短，所以在取跷时需要根据缩短量进行补长6～10mm，补长数据与实际使用材料性能相关。

选取葫芦头边沿为取跷中心，对齐对折线进行描画，多次旋转至最弯折部位停止。然后选取最弯折部位为取跷中心，转动楦面降跷至半面板突出5～6mm处停止，描绘两翼线条，并根据补长位置记录前尖与对折线相交位置，此时背中线与对折中线有一个月牙形夹角。接下来需要进行转跷，排除此部位多余的量。选取样板上中心或下三分之一位置为取跷中心，进行转跷，同时描绘边沿线，最后光顺线条，得到葫芦头样板，如图9-16所示。

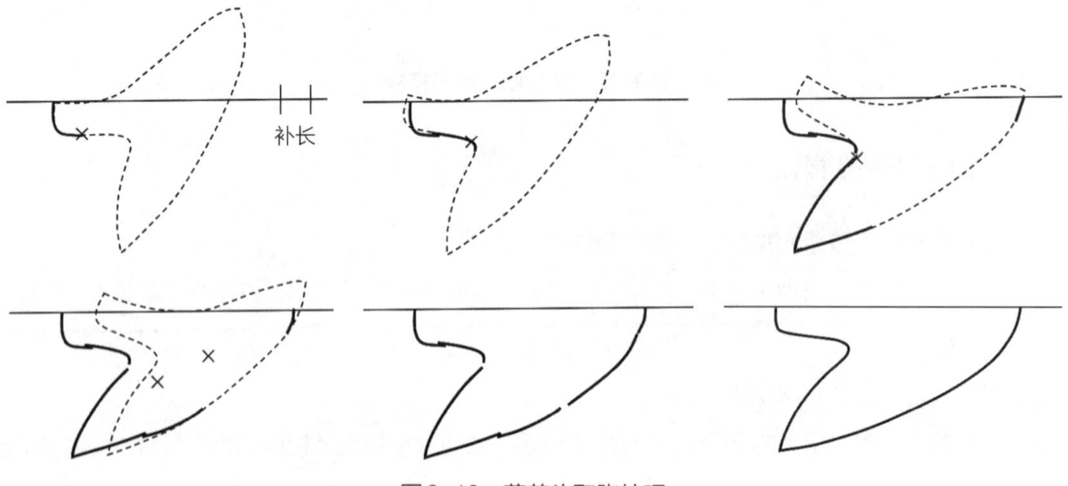

图9-16 葫芦头取跷处理

2. 内外怀差别处理

切尔西靴前帮部件内外怀差别的处理方法与低腰皮鞋基本相同。根据楦身肉体安排，葫芦头向两翼线条转弯处出现内外怀差别，向前提高2～3mm，两翼轮廓线下边沿点内怀向前提3～4mm，如图9-17所示。

3. 数据修整与标记

根据处理好的数据，将外怀样板对称描绘至内怀一侧，根据内外怀差别，修整内怀线条，在样板上标记中心点、内怀标志、对针点，如图9-18所示。

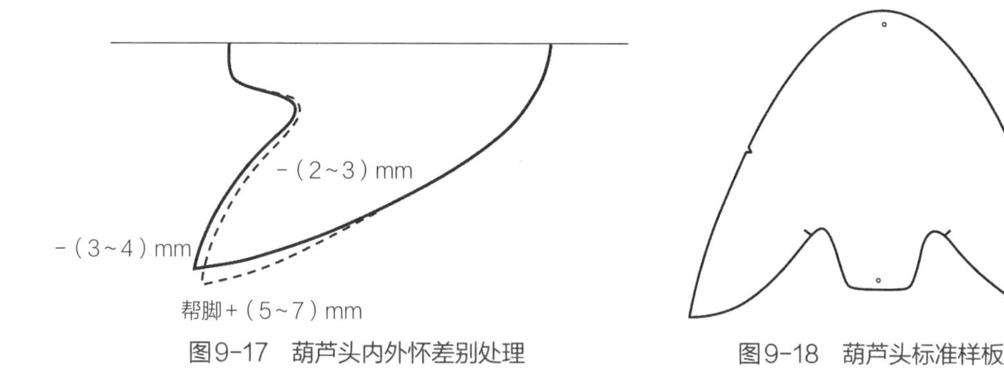

图9-17　葫芦头内外怀差别处理

图9-18　葫芦头标准样板

（二）中帮标准样板

中帮标准样板

中帮标准样板制作要求：

①将种子样板放置于制作样板的卡纸上，沿中帮轮廓描画整个中帮的形状。

②修整中帮轮廓线条，保证顺畅，且种子样板不失真。

③用冲子冲出中心标志，用刻刀刻出顶针点、内怀标志。

④分怀处理。

由于鞋楦前部内怀肉头与外怀相比整体偏前靠上，在内怀鞋耳样板制作中要考虑这一因素。内怀中帮样板制作先复制外怀中帮样板，之后进行如下分怀处理：中帮内怀部件从与葫芦头相接部位开始出现内外怀差别，内怀部向上向前2～3mm，两翼轮廓线下边沿点向前3～4mm，如图9-19所示。

中帮标准样板如图9-20所示。

（三）橡筋布标准样板

橡筋布标准样板

将种子样板放置于制作样板的卡纸上，沿中帮轮廓描画下整个橡筋布的形状。橡筋布部件的标志点也只有中点标志。橡筋布标准样板如图9-21所示。

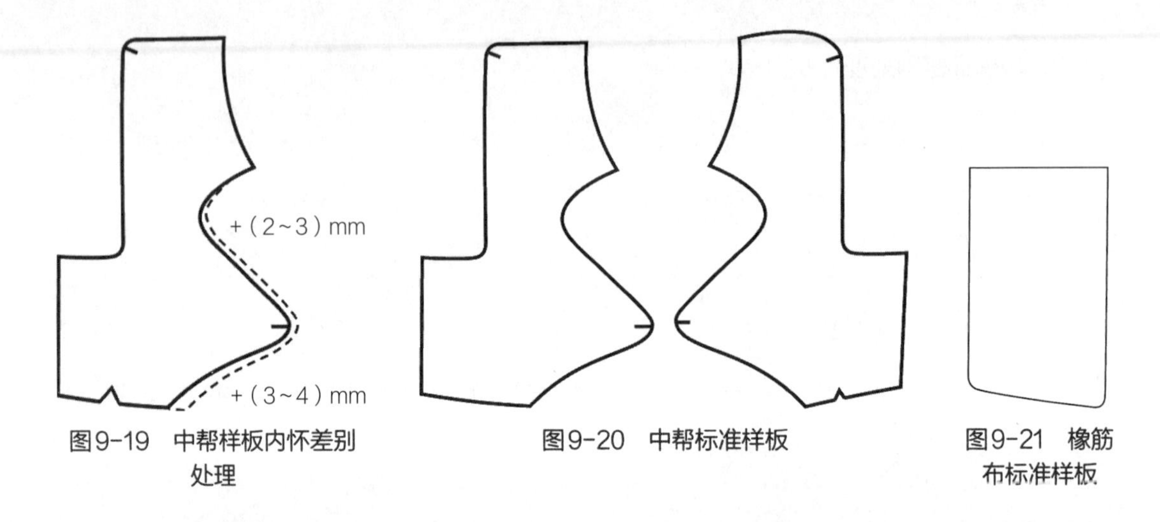

图9-19　中帮样板内怀差别处理

图9-20　中帮标准样板

图9-21　橡筋布标准样板

（四）后帮标准样板

后帮标准样板

将种子样板放置于制作样板的卡纸上，沿中帮轮廓描画整个后帮的形状，注意标记保险皮位置。因鞋楦后身肉体安排差异不大，不做内外怀差别处理。因保险皮压缝后帮中缝，为了避免厚度过厚，不利于绷帮，所以需要在后帮样板下边沿部位去掉高10mm、长20mm的一块小皮。

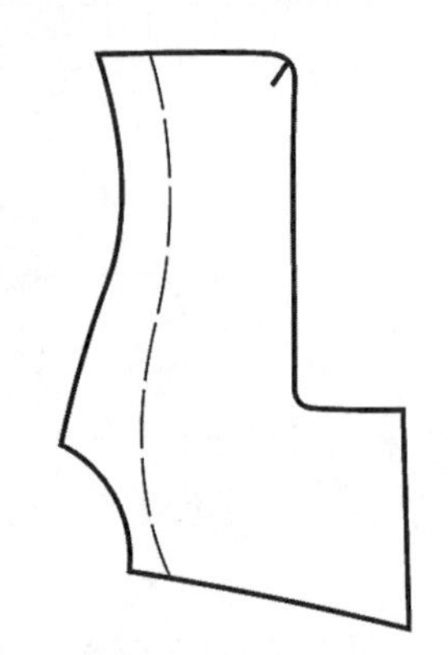

图9-22　后帮标准样板

（五）保险皮准样样板

保险皮标准样板

将种子样板放置于制作样板的卡纸上，沿保险皮轮廓描画整个形状，使用旋转取跷的方法使曲线的保险皮转直。选取后弧线上的点为取跷中心，保险皮上端对齐对折线，描画一段线条，重复此过程，直至整条保险皮转直，最后修顺线条，如图9-23所示。这样可以保证保险皮的高度不变。

此款保险皮与后帮上口弯回相连接，增加弯回量15mm×20mm，增加出边量20mm，线条修正后完成保险皮标准样板制作，如图9-24所示。

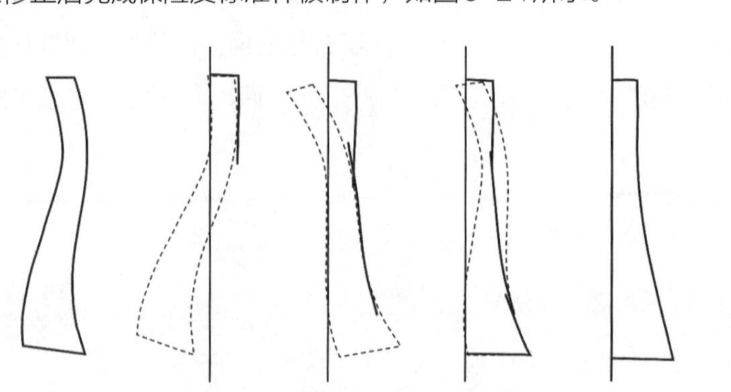

图9-23　保险皮标准样板取跷

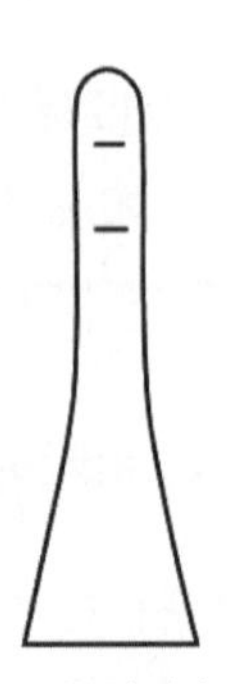

图9-24　保险皮标准样板

三、下料样板

（一）工艺分析

葫芦头压中帮，中帮放出压茬量；中帮内外怀在背中线处通过合缝连接，加放合缝量；后帮内外怀合缝后，保险皮压缝在后帮中缝处；中帮与后帮下侧在踵心附近合缝；橡筋布作为下压件压缝于后帮，橡筋布加放压差量。因此款切尔西靴造型休闲，设计工艺时，葫芦头、保险皮做一刀光处理，鞋筒上边线做折边处理，与橡筋布连接处做一刀光处理。

（二）放量操作

①下料样板用于靴鞋制作的做帮工段，用于折边和划线。

②下料样板是在标准样板的基础上加放相应工艺放量；复制出标准样板上的所有标志点、线（也称为“定针”），并标记出部分工艺加工量（如压茬量等）。

③常用工艺加工量类型及数据为折边量4~5mm、压茬量8~10mm、合缝量1.5~2.0mm。

（三）标定标志

下料样板上要求标定所有的中点、内怀及缝接标志点、线。下料样板如图9-25所示。

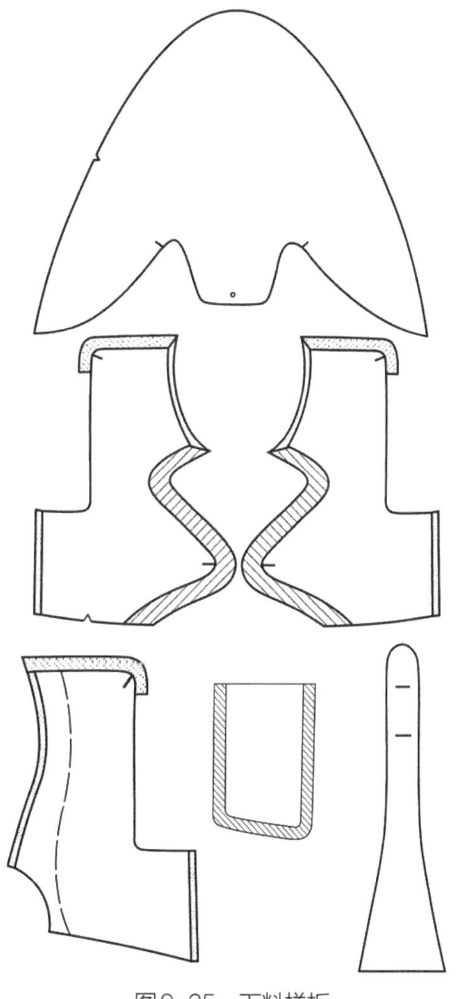

图9-25　下料样板

四、里样板

鞋里位于帮面内层，与脚部贴合，对舒适性要求高。一般靴鞋常采用内怀断开式鞋里，因制作完成后前帮部分样板造型像数字“7”，也称为“七字形”里，即外怀整片在前帮控制线附近与内怀前帮里连接组成“7”字形结构，内腰里为一整片。

靴鞋筒口部位鞋里称为上口里，也称为护口皮，一般尺寸为20mm左右。上口里设计与选用的材料有关，一般选择天然皮革或合成材料制作鞋里，可以不做护口皮和后包跟。如果选择毛毡、棉绒材质做鞋里，在筒口和后跟部位需要加皮革类补强部件。

护口皮压缝外怀里样板、内怀里样板，内外怀

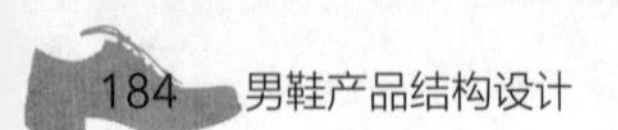

里样板后帮中线合缝，“7”字形断帮线和背中线拼缝，橡筋布夹缝在帮面与帮里之间，如图9-26所示。

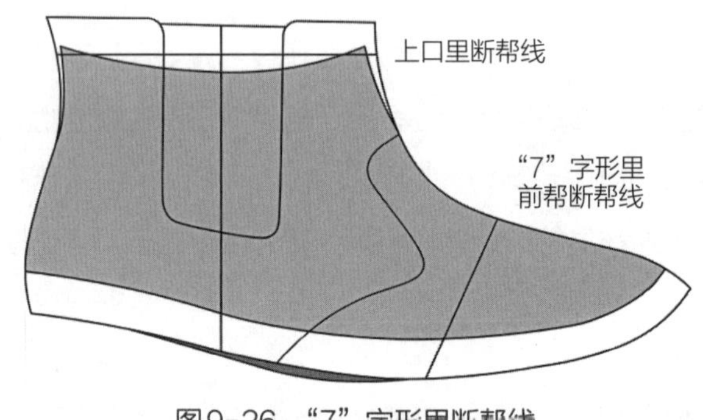

图9-26 “7”字形里断帮线

（一）外怀里样板制作

外怀里样板制作

前帮断帮线“7”字形的位置应开在无法靠直线为止，不可太靠前。背中线处理的方法是从上至下的顺序收3，2，1mm，到脚背处终止，以下不收。后弧线处理是从上到下依次收2，3，4mm，直至楦底边沿线处结束，帮脚位置收5～7mm。

“7”字形里前帮断帮线和背中线选用拼缝工艺，工艺放量为0。外怀里样板上口与护口皮相接，选用压茬工艺，加压茬量8mm，如图9-27所示。与橡筋布相接部位选用冲里工艺，加冲里量3～4mm。后帮中线使用合缝工艺，给装置内包头留有一定的空间量，无须工艺放量，如图9-28所示。

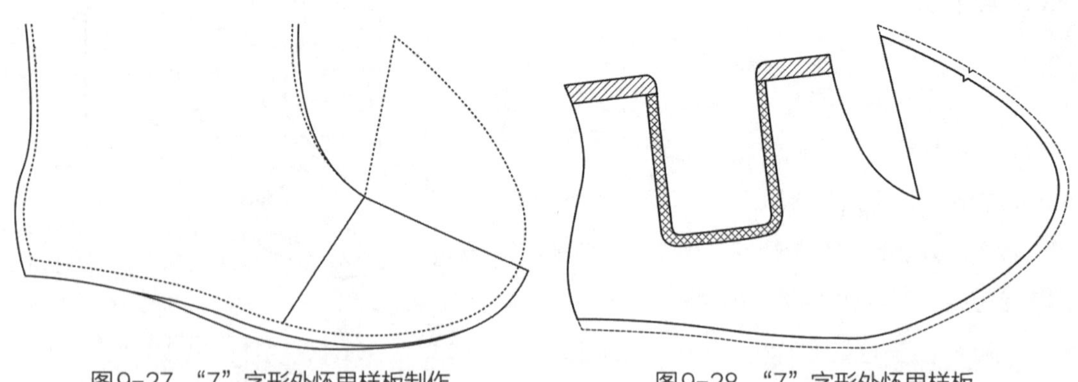

图9-27 “7”字形外怀里样板制作　　图9-28 “7”字形外怀里样板

（二）内怀里样板制作

内怀里样板制作

以种子样板为依据，前端线取“7”字形里前帮断帮线，此处和背中线选用拼缝工艺，工艺放量为0。内怀里样板上口与护口皮相接，选用压茬工艺，加压茬量8mm。与橡筋布相接部位选用冲里工艺，加冲里量3～4mm，后帮中线从上到下依次收

2，3，4mm，直至楦底边沿线处结束。此处使用合缝工艺，给装置内包头留有一定的空间量，工艺放量为0，帮脚位置收5～7mm。“7”字形内怀里样板如图9-29所示。

（三）上口里样板制作

口舌里、后口里样板制作

以种子样板为依据，对准对齐中线，描画出上口里（前）、上口里（后）的线条，在上边沿加放冲里量3～4mm。上口里样板如图9-30所示。

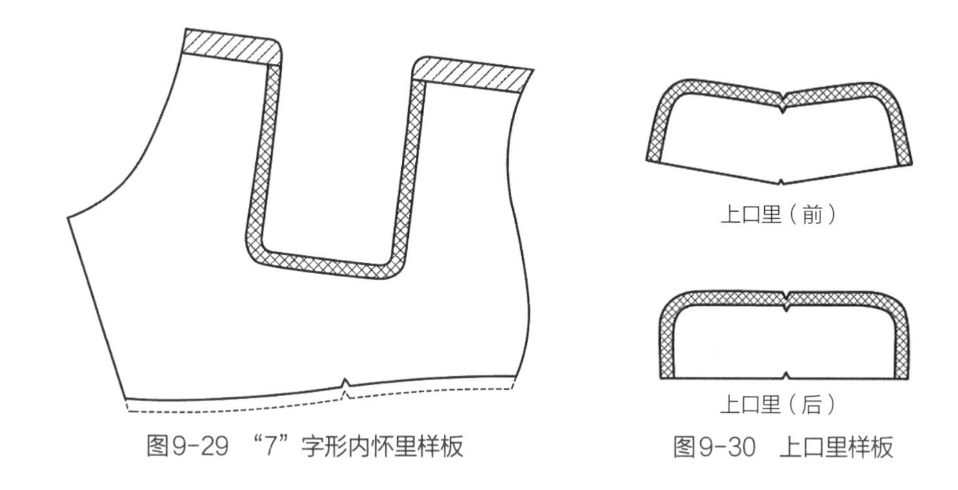

图9-29　“7”字形内怀里样板　　图9-30　上口里样板

五、衬布样板

为了保证鞋成品的挺括性，在鞋帮面制作过程中会加入补强材料，补强材料的样板就是衬布样板。常用的衬布材料有丽新布，主要特性为耐磨、透气好、防水、防霉抗菌、抗静电。

以标准样板为基础制作衬布样板，帮脚收7～8mm，一刀光上压件边沿收3mm左右。如图9-31所示实线为标准样板轮廓线。

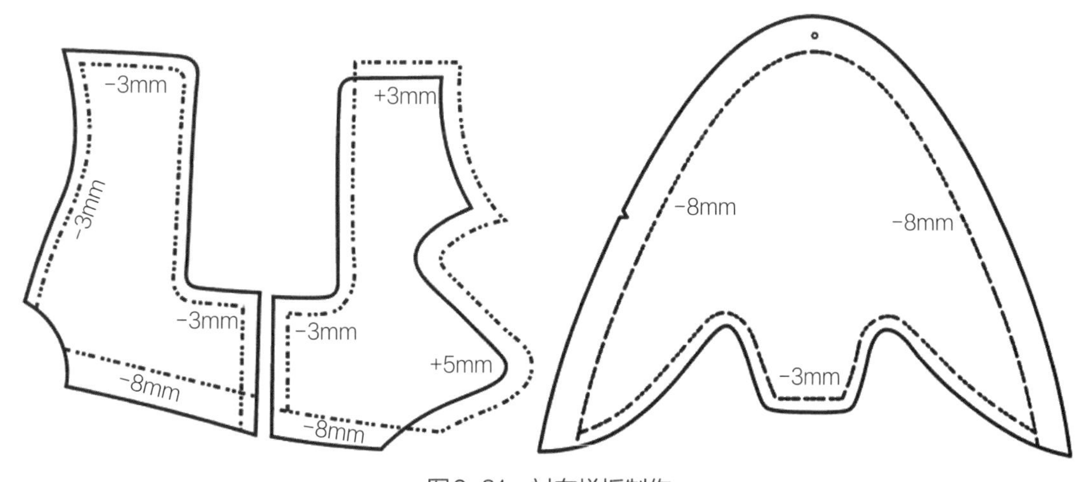

图9-31　衬布样板制作

【任务拓展】

❶ 切尔西靴前帮标准样板的取跷处理如何进行?

❷ 分析切尔西靴鞋里的分段及样板制作方法。

【岗课赛证技术要点】

岗位要求:

能根据款式特征，合理分析技术要点，进行适当的取跷操作。

能根据样板制作要求，准确完成4套样板制作。

竞赛赛点:

能在规定时间内根据结构设计图纸，准确进行全套样板制作，各类技术指标到位。

证书考点:

规定时间内完成既定鞋款样板制作，取跷准确，帮部件线条流畅，各类标志点、线规范无误。

项目十

休闲通勤鞋的设计与样板制作

本项目主要介绍休闲通勤鞋的结构设计和样板制作方法。休闲通勤鞋造型简单、轻便，穿着舒适。近几年休闲风格的鞋款较受欢迎。休闲鞋多以圆头造型出现，以平底为主，如图10-1所示。休闲通勤鞋款式不拘泥，造型多变，为设计者提供了更大的设计空间。

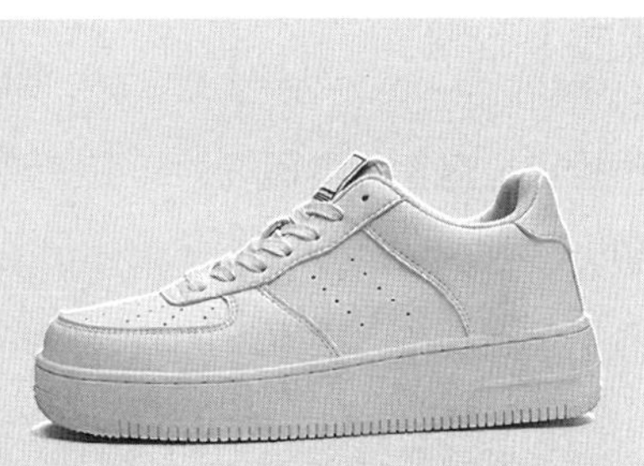

图10-1　休闲通勤鞋

【学习目标】

知识目标	技能目标	素质目标
掌握通勤休闲鞋的款式特点及设计要点	能准确进行休闲通勤鞋款式线条的绘制	对接设计师岗位要求，提升线条规划和装饰审美能力
理解基本控制线与定位画线的关系	能准确找到定位点，完成基本控制线标画	
掌握标准样板的取跷方法	能进行帮部件取跷操作	灵活掌握知识，能举一反三进行技术操作
理解部件样板分怀的原理	能根据视频教学合理进行分怀操作	
掌握鞋里的分段及取跷方法	能进行合理分段，并进行鞋里样板的制作	能运用基础知识提升对内部结构的逻辑分析能力

【岗课赛证融合目标】

❶ 对接设计师岗位能力要求，能对照脚型规律分析帮面基本结构。

❷ 对接1+X证书耳式鞋结构设计与样板制作考点，进行部件解构与取跷操作。

❸ 对接鞋类设计技能竞赛，根据鞋楦合理规划线条和比例，准确进行结构设计。

任务一　“D”形包头休闲鞋款式分析及结构设计

【任务描述】

根据休闲鞋帮面设计的特点，选取有代表性的点、线构成基本控制线，在此基础上根据美观性和舒适性的要求进行定位和线条设计，完成结构设计。

【课程思政】

★根据鞋楦造型，合理规划鞋口造型、鞋头造型，充分反映鞋楦与部件线条间的呼应——审美情趣、精益求精。

★分析脚型规律，根据设计原则，进行基本控制线绘制和特征部位定位——以人为本、精工细琢。

一、款式分析

休闲通勤鞋造型简单大方，比一般男式皮鞋造型变化丰富，深受年轻一代喜爱。因为休闲的特性，一般选择圆头、方圆头鞋楦，跗围比一般男式皮鞋宽大，穿起来脚感更舒适。常见材质有皮革、帆布、飞织面料、超纤革等，材料选择多。颜色选择更趋向于流行色，结合造型、材料，整体造型时尚。

对于休闲通勤鞋来说，款式结构主要分为内耳式、外耳式、前开口式、封闭式、透空式。前开口式休闲通勤鞋便于穿脱、款式大方，是休闲通勤鞋的典型款式，如受到大家广泛喜欢的小白鞋。本项目以“D”形鞋头前开口式休闲通勤鞋为例。

前开口式休闲通勤鞋特点是在背中线处留有开口位置，位于鞋款的前中部。根据口门部件结构和抱脚方式，可将其分为：仿耳式前开口鞋、橡筋式开口鞋、带式前开口鞋3种。

仿耳式前开口鞋，具有鞋耳结构，但鞋耳的结构和耳式鞋有明显的区别，其没有完整的鞋耳轮廓线，如图10-2所示。

橡筋式开口鞋指在口门开口处使用橡筋布（也称为松紧带）包裹脚踝，如图10-3所示。在穿鞋过程中，使橡筋布松开，穿好之后，橡筋布回缩包裹住脚踝，穿脱方便。

带式前开口鞋指开口在前方，以包裹住脚踝的方式使用绊带，如图10-4所示。在穿鞋过程中，打开

图10-2　仿耳式前开口鞋

图10-3　橡筋式开口鞋

图10-4　带式前开口鞋

绊带，穿好之后绊带粘贴在另外一侧，穿脱方便，多用于儿童鞋和老人鞋。

休闲通勤鞋按照结构、功能和位置差异，可分为鞋头位置、前开口位置、脚山位置、领口位置、足踝位置、后踵高度位置、鞋后跟位置、鞋底位置、鞋身位置、鞋舌位置等，如图10-5所示。在不同部位进行设计，可进行设计变化的造型有鞋眼、鞋头、后套、领口、鞋舌、系带方式设计以及其装饰细节设计。

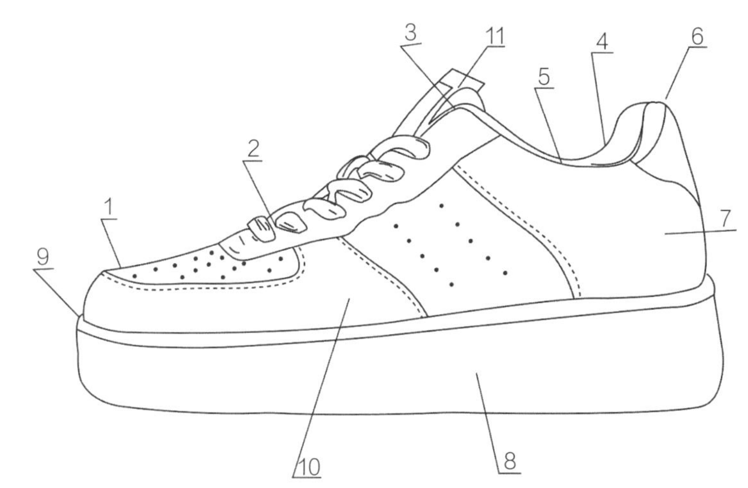

1—鞋头位置；2—前开口位置；3—脚山位置；4—领口位置；5—足踝位置；
6—后踵高度位置；7—鞋后跟位置；8—鞋底；9—鞋底位置；10—鞋身；11—鞋舌。

图10 5　休闲通勤鞋各部位名称

（一）鞋眼的设计

鞋眼位于前开口位置，为了有更好的抱脚效果，这个部位会设计用于穿鞋带的鞋眼片、鞋眼孔。鞋眼片也称作眼盖或护眼片，前端连接口门起始位置，后端连接脚山，起到装饰和增加强度的作用。如果鞋眼片材料强度不够，在设计样板时一般会设计补强部件来提高强度，保证实际使用过程中，反复拉拽鞋帮不变形、不扭曲。结合鞋眼片长度，低腰休闲鞋一般设计5～7个等距的鞋眼孔，用于穿鞋带，随着鞋腰高度的增加，可适当增加鞋眼位数量。为了鞋款造型效果，有时在鞋眼孔上还会加上彩色金属鞋眼。

根据造型需要，鞋眼片在设计时有整鞋眼片和断鞋眼片两种。整鞋眼片在视觉上完整性强，简洁大方，但设计变化少，如图10-6所示。断鞋眼片指从一个或几个位置根据设计需要进行断开的设计，连接方式、工艺、材料不同，造型效果丰富。

图10-6 鞋眼片

（二）鞋头的设计

休闲鞋的鞋头部件俗称“外头”“前帮围”“前套”，是鞋帮的最前端结构，是设计重点部位之一，见表10-1。鞋头部件造型设计丰富，可分为对称型鞋头和非对称型鞋头两种。其中对称型鞋头有素头、C形、D形、T形、W形、Y形、I形等形状；非对称型鞋头有G形等形状。

①素头头型：前帮部件未进行分割，呈完整一块，鞋头型简单，整体感强。

②C形头型：鞋头造型类似英文大写字母“C”，是运动鞋头型中最常见的造型。根据字母C的形状，还可以分为正C、偏（内、外）C、变形、小C等造型。C形头型设计要和鞋眼片相协调，位置多设计在楦头凸起部位，长度避开跖趾关节部位。

③D形头型：前帮部件进行了分割，形状类似D形，是运动鞋的一种经典造型。鞋头跖趾前端被围成半圆形状，在搭配时可选用具有差异的配色、材料，使得鞋头的立体感更强、鲜明。

④T形头型：前帮部件进行了分割，形状类似T形，因其形似锚钩，也称为锚形鞋头。T形鞋头盖住了前帮背中线，宽度一般不超过前开口宽度。

⑤W形头型：在T形上进行了变化，形似动物爪子，也称作爪形鞋头。

⑥Y形头型：鞋头位于鞋头中心，与鞋眼片直接相连，形成类似英文大写字母“Y”的形状，所以称作Y形头型。可以看作是鞋眼片向前延伸的一种变形，线条一般为流线设计，使得鞋帮纵向有拉长的感觉。Y形头型的鞋头具有类似箭头向前的流动感。

⑦I形头型：将鞋头部件设计成梯形，视觉上将鞋头进行了纵向分割。

⑧G形头型：是C形头型的衍化，是一种不对称的结构，与英文大写字母“G”形似，将C形鞋头的一侧向脚上弯曲，与鞋眼片相连，增加了该部位的强度。

表 10-1　　休闲鞋鞋头类型

鞋头类型	鞋头名称	示意图
对称型	C形	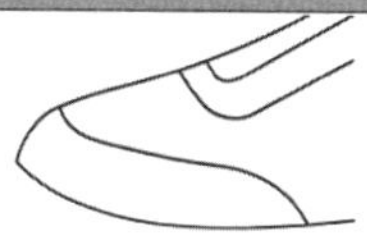
	D形	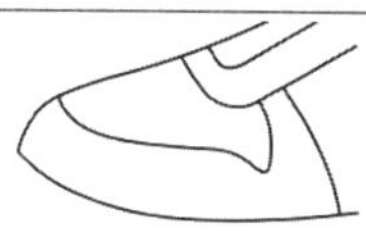
	T形	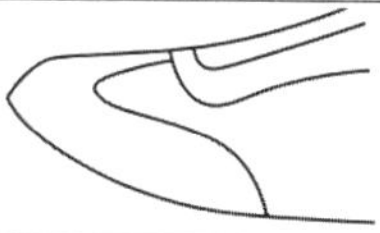
	W形	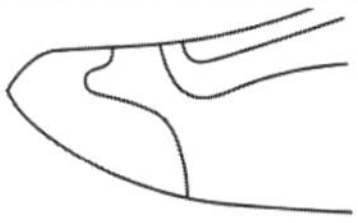
	Y形	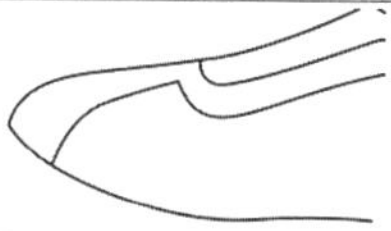
	I形	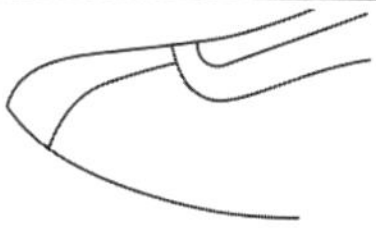
非对称型	G形	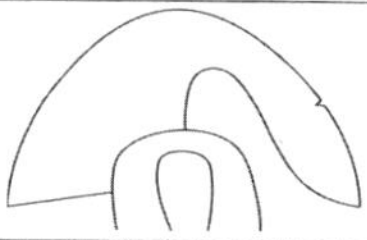

（三）统口的设计

休闲鞋统口也称领口，前端连接脚山，后端连接后踵高度位置，两者之间下凹的足踝位置称作鞋腰，分为内腰和外腰。统口形状最高部分是脚山，最矮部分是鞋腰，在后踵高度位置再次升高，形成明显峰型的称作鞋峰。这种高低起伏的独特造型对整个鞋子的造型美感十分重要。工艺制作时，在领口位置内置海绵，既提高了鞋的舒适性，又让统口造型丰满起来。根据统口在后踵部位的线条走向趋势，分为单峰、双峰和平峰3种造型特点，见表10-2。

单峰是指从鞋腰处线条往后高起，在后踵处形成明显凸起的鞋峰。单峰的造型效果在侧视图上显示，线条从腰窝到后踵呈斜向上曲线，从后视图看后踵处呈单个山峰状。在俯视图上看，呈现字母“S”的形状，也称作S形鞋口。

平峰是指从鞋腰处线条平缓微微高起，在侧视图上看线条平顺，从后视图看呈平地状，在俯视图上看，呈现字母“U”的形状，也称作U形鞋口。

双峰是指从鞋腰处线条往后形成明显的两座凸起鞋峰，从后视图看最为直观，呈两个山峰状，但两峰凸起不大。凸起的鞋峰和峰谷线条平缓自然，两个峰差控制在8mm左右。现休闲鞋的统口设计常以双峰为主，以方便跑步过程中踝关节的前后移动。在俯视图上看，呈现字母“W”的形状，也称作W形鞋口。

表 10-2　　　　　　　　　　鞋峰造型

视图	单峰（S形鞋口）	双峰（W形鞋口）	平峰（U形鞋口）
侧视图	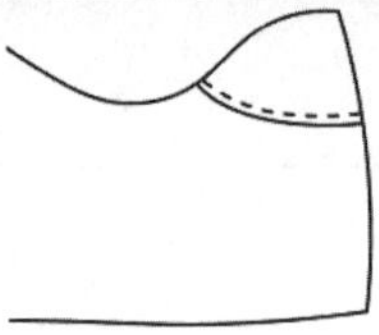	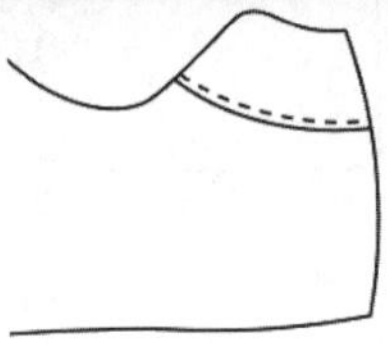	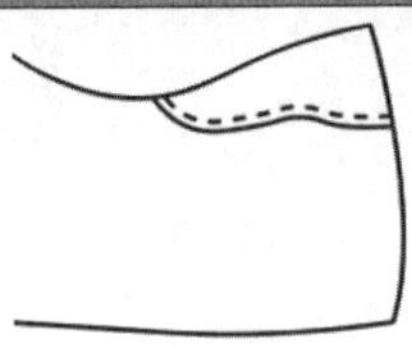
后视图	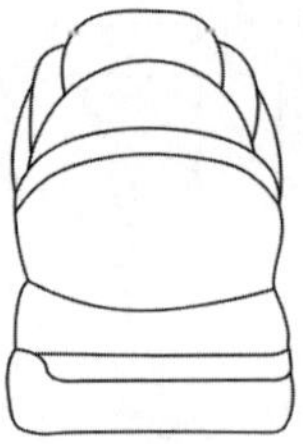	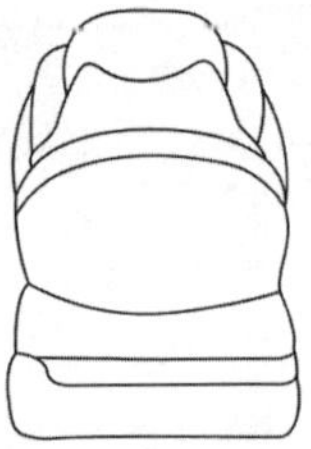	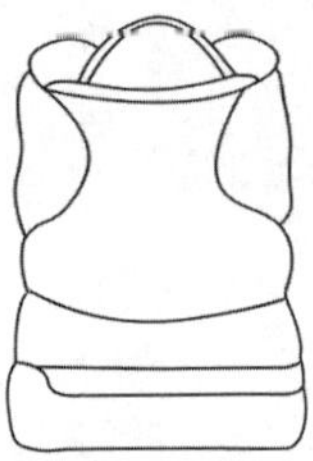

（四）后套的设计

位于鞋后跟位置的部件称作后套，也称作后帮围，是包裹后跟骨的重要帮面结构。后套在穿着过程中增加了鞋的整体强度和硬度，提供了强大的支撑性和稳定性，有效防止在运动中造成的崴脚、磕碰等意外伤害。

休闲鞋后套长度一般占鞋长的1/4左右，是后帮的主要造型点。后套根据造型需求，可分为一体式和分节式。一体式后套直接连接统口和鞋底，设计简约大气，整体感较好；分节式后套将后套分为两节或者多节，增加了后跟部分的造型和层次变化。后套造型如图10-7所示。

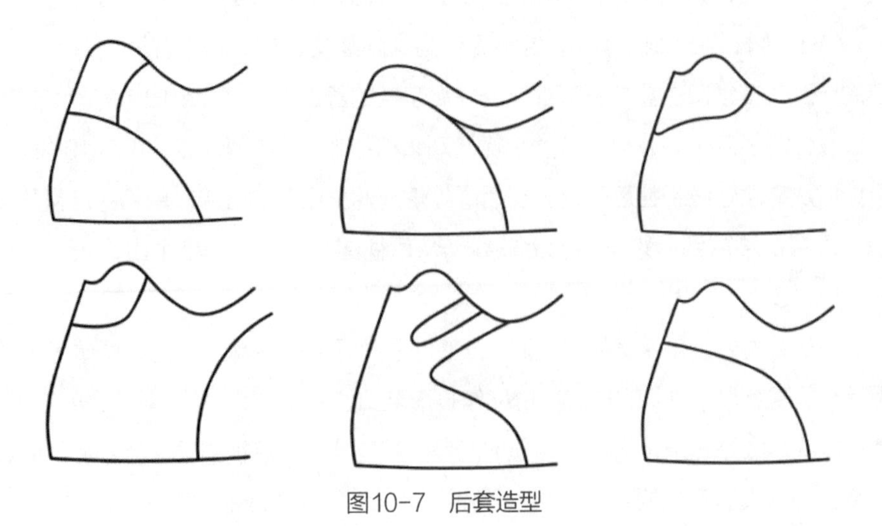

图10-7　后套造型

（五）鞋舌的设计

鞋舌位于鞋眼片的下部，前端连接前开口位置，后端延申至脚山位置。鞋舌直接与脚部接触，一般会内置海绵提高鞋的舒适性，降低鞋带、鞋眼孔产生的不适感，并提升整体运动休闲的造型特点。在鞋舌上通常设计织带固定鞋舌或在鞋舌上加印商标，起到固定和装饰作用。

休闲鞋鞋舌廓形呈现出上宽下窄的梯形，结构分为鞋舌面、鞋舌里布和内置海绵3个部分，在鞋舌面上装饰LOGO等，鞋舌上口外露部分呈现出多种造型，如直线型、曲线型等，丰富鞋舌的局部设计细节。鞋舌造型如图10-8所示。

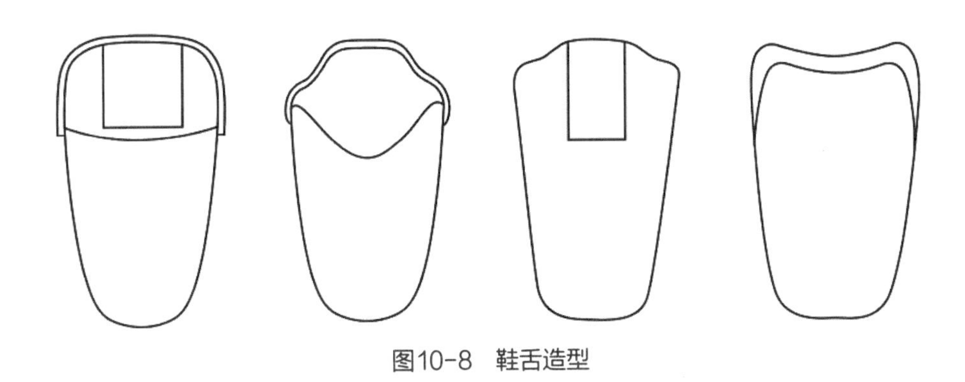

图10-8　鞋舌造型

（六）系带方式设计

前开口式休闲鞋区别于皮鞋、一脚蹬休闲鞋，穿着方式有着自己的特点，目前市面上常见帮面捆绑方式有鞋眼穿鞋带、织带穿鞋带、魔术扣、旋钮、混合式等，防止在运动过程中鞋脱落等意外情况。

（七）装饰设计

休闲鞋的装饰设计主要包括色彩、线条、装饰工艺等，这些装饰经常出现在后跟、鞋舌、领口、中帮、后帮等位置。

休闲鞋所用材料的色彩更丰富和多元化，贴近流行趋势。皮鞋帮面色彩多以单色、双色为主，即使儿童皮鞋，帮面色彩也不多于三种，而休闲类鞋款设计色彩可达到五种。色彩的亮度、纯度也比皮鞋运用灵活。装饰色彩不仅有常见色，还可运用大量金属色、闪光、激光等。

在线条方面有更多的选择，呈现出线条复杂、形式多样的特点。鞋面线条常见有单线、双线、假线、明线、虚线、轮廓线、棱线、接缝线、装饰线等形式。鞋面线条颜色可选用同色系、对比色系等，选择自由度高，不拘泥于一种。线条多以有弧度的线为主，直线条较少出现。

在装饰上，可使用图案、商标、金属配件、塑料部件、刺绣等作为装饰元素。装饰部位比较自由，装饰效果醒目，具有动感、时尚、突出的特点。装饰以美观、功能相结合为主要特点。

休闲鞋使用的材料也更丰富，可以搭配多种材质，如纺织材料、皮革、人造革、超纤革等，材质的肌理差异也让鞋的外观产生不一样的视觉效果。

★专业素养提升小案例：

根据造型绘制鞋宽线条，鞋身侧面装饰线条如何设计？

- 在分析休闲鞋特征的基础上，观察鞋楦头型特点，领悟线条的适配感。
- 通过模拟适配不断探寻鞋身侧面装饰搭配，提升个人审美能力。

二、鞋楦的选择

一般选择跗背部位较宽的休闲鞋楦，便于表现鞋身的造型特点；内销男鞋一般选择250号（二型半），外销鞋根据消费市场的脚型规律，可以酌情变化。

休闲鞋楦前后跷较小，背跗夹角较大；底心凹度变化小，视觉上看楦底曲线变化平缓；楦后跟弧线设计也较皮鞋平缓，工艺加工时加入泡棉，抱脚和舒适性得以提升；鞋楦跗围设计较为宽大，使得楦型看起来饱满，提高了鞋内腔的容脚能力。

三、结构设计

（一）基本控制线及作用

1. 前帮控制线F_0E_1

上端点位于前掌突度点F_0处，下端点位于第五跖趾边沿点E_1处。作用如下：

①前帮控制线F_0E_1是鞋帮的前后分界线。

②前帮F_0E_1的1/2处，是取跷处理的中心位置Q点。

③前帮控制线F_0E_1的中点Q点是口门位置Q_y的控制原点。

④前帮控制线F_0E_1上的F_0点是口门长度点F_x的变化原点（休闲鞋F_x点一般在F_0点之前）。

2. 腰帮控制线C_xC_1

腰帮控制线上端点C_x（65%楦底样长）位于跗骨标志点D_0和腰窝标志点C_0之间，从跗骨的标志点D_0向后的D_0C_0的2/3处，下端点位于腰窝外边沿点C_1处。作用如下：

①腰帮控制线上端点C_x位置控制休闲鞋脚山的位置，确保鞋样设计的穿用效果，保证视觉上脚山高于后套。

②控制腰帮两翼的高度C_n点的位置，外怀中帮装饰设计位置，此处常见的设计有帮部件分割、LOGO、图案等。

腰帮处装饰如图10-9所示。

图10-9　腰帮处装饰图

3. 外怀帮高控制线B_0B_1

外怀帮高控制线上端点位于外踝骨标志点B_0处，下端点位于外踝骨边沿点B_1处。作用如下：

①控制休闲鞋在外踝骨部位的外怀帮高B_1B_x（男鞋45mm左右，如鞋口处设计海绵，可适当增加调整，一般在55mm左右）。

②在休闲鞋的质量检验中，外怀帮高是重要的考核标准之一。

4. 后帮中缝高控制线A_0A_1

后帮中缝高控制线上端点位于统口后端标志点A_0处，下端点位于楦底后端点A_1处。作用如下：控制低腰休闲鞋后帮中缝高度A_1A_x（男休闲鞋平均值在76mm左右，可根据海绵厚度适当调整高度）。

5. 腰怀控制线C_xB_1

腰怀控制线上端点位于C_x点，下端点位于外踝骨边沿点B_1处。作用如下：

①控制较深鞋帮的后帮上口线。

②控制低腰休闲鞋的后套位置和方向。

6. 后帮上口控制线A_xB_x

后帮上口控制线前端点位于外怀帮高高度点B_x处，后端点位于后帮中缝高度点A_x处。作用如下：

①控制鞋帮的总长度。控制规律与鞋帮的款式变化有关，其中主要影响因素是口门和鞋脸的长度。

②控制后帮上口轮廓线的形状。

“D”形包头休闲鞋结构如图10-10所示。

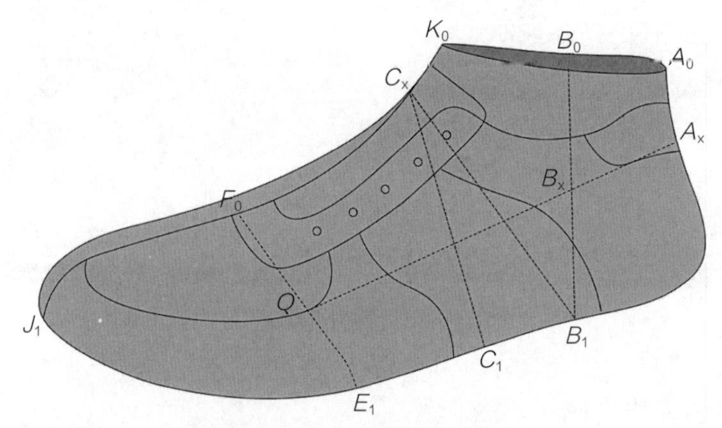

图10-10 “D”形包头休闲鞋结构

★专业素养提升小案例：服务顾客，以人为本

基本控制线绘制过程中，分析休闲鞋和皮鞋设计过程中的差异。

- 深入思考为顾客服务、以人为本开展鞋产品设计的意义。
- 休闲鞋设计教学项目在一般皮鞋结构设计之后，大家对控制线的作用和位置非常熟悉。在此基础上开展设计，要充分践行基于脚型舒适度开展设计的理念。

（二）结构部件定位

休闲鞋结构部件定位

1. 鞋脸长度定位点C_x

耳式鞋鞋脸长度的位置在鞋耳末端，休闲鞋中此位置也称为脚山。定位方法有以下两种：

①从后向前沿楦底中线上量取J_1C_x为楦面长的40%，平均值在120mm左右，可根据鞋楦K_0点位置适当调整。

②从统口前端点K_0点沿背中线向下量取10～15mm。

楦面长：展平半面板后，过口门近似位置做鞋头突点的切线并延长，形成前帮背中线。

修整前头底口轮廓线，得到前端点A，连接后跟突度位置D，AD长度为楦面全长，如图10-11所示。

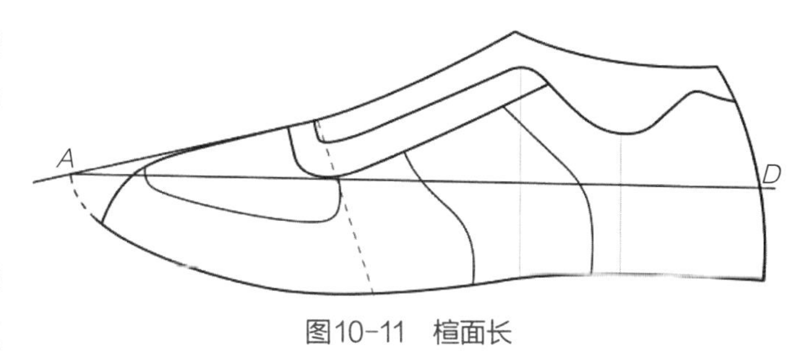

图10-11　楦面长

脚山位置确定好后，确定鞋口最高点即脚山高度。一般按照经验方法进行确定，自楦底口垂直于楦底边楞线向上量取90～100mm，或者垂直背中线量取5～10mm（后开口宽度）。

2. 口门长度点F_x

一般取在前掌突度点F_0之前，或者取31%AD长度，定出口门长度点F_x。此款休闲鞋属于伪外耳式鞋，在确定口门长度后，需要确定口门宽度，以保证鞋的穿脱方便。鞋口宽度一般为过口门长度点F_x作背中线垂线，在垂线上取前开口宽度为14～17mn，近K_0处的后开口宽度为5～10mm。前宽后窄的开口宽度设计，可以保证加工和穿着过程中鞋眼片的内外怀基本平行。

3. 外怀帮高B_x

低腰鞋外怀帮高B_x处于外踝骨下边沿点高度，根据脚型规律，一般取50mm左右。休闲鞋后帮一般使用海绵。海绵凸起的厚度，让外怀处与脚直接接触的位置产生了变化。为了提高舒适性，休闲鞋外怀帮高B_x一般设计为55～78mm。脚山位置和外怀帮高B_x的连线，影响后帮线条造型。

4. 后帮中缝高度点A_x

低腰鞋后帮中缝高度A_1A_x应高于后跟骨上端点高度5mm以上，结合脚型规律，后帮中缝高度为59～64mm。因为加入了海绵，与脚接触的位置下移，所以为了良好的抱脚性，根据海绵厚度，后帮中缝高度点增加15mm左右，即75～87mm。连接后帮中缝高度点A_x、外怀帮高B_x、脚山位置，三点间的线条走向趋势直接影响休闲鞋后身造型设计。

5. 部件两翼线的定位

①两翼线高度：按照设计基本规律，在C_n点附近。

②两翼线落脚点C_y：按照设计基本规律，在腰围外边沿点与鞋跟口之间。

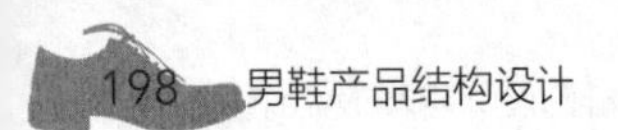

6. 鞋眼定位

距鞋眼片边线13～15mm，鞋眼数量与鞋耳大小有关，通常设计为5～7个；方向应与耳边轮廓线平行。

7. 鞋舌设计

休闲鞋鞋舌一般为倒梯形设计，口门处略窄，半宽约40mm，脚山处略宽，半宽约45mm。脚山附近鞋舌轮廓线为弧线，后端则超出脚山5～10mm。

8. 后套设计

根据造型需要进行设计，可选择完整型后套和分段式后套。如涉及分段式，上片宽度不小于30mm，通常在30～50mm。

常用参考设计尺寸见表10-3。

表10-3　　常用参考设计尺寸　　单位：mm

<table>
<tr><th>休闲鞋种类</th><th>后帮高度</th><th>外怀帮高</th><th>脚山高度</th><th>开口宽度</th></tr>
<tr><td>低帮休闲鞋</td><td>75～82～87</td><td>55～78</td><td>90～100</td><td rowspan="3">14～17</td></tr>
<tr><td>中帮休闲鞋</td><td>88～100</td><td rowspan="2">盖住踝骨</td><td>110～125</td></tr>
<tr><td>高帮休闲鞋</td><td>120～140</td><td>比后帮高15～20</td></tr>
</table>

注：本数据为设计尺寸，与成品尺寸间存在误差。

（三）帮面线条设计

帮面线条设计如图10-12所示。

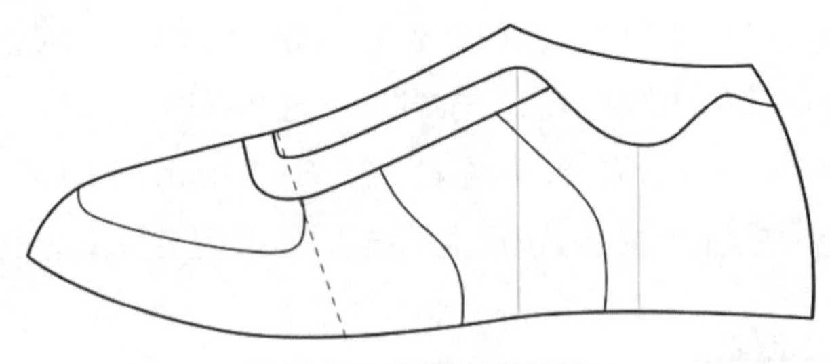

图10-12　帮面线条设计

1. 线条要求

①曲线线条流畅，无尖角。

②圆弧拐角处连接顺畅，无连接痕迹。

③帮样线条要肯定，不得或有或无、或前或后、或高或低等。

2. 绘制要点

①鞋眼片线条影响前帮和鞋侧身造型，设计时要注意线条优美，开口位置线条与鞋头造型呼应。

②鞋头造型设计要根据楦型多进行尝试，合理选择鞋头造型。

③鞋口线拐角处不宜过高，建议以“腰怀控制线”“后帮上口控制线”作为参考，同时和鞋峰设计相对应。

【任务拓展】

❶ 选择流行的鞋楦，在此基础上自行设计一款休闲通勤鞋。

❷ 尝试进行多种鞋峰设计，对比不同鞋峰造型对鞋款设计的影响。

❸ 在鞋侧身进行多种装饰设计，制定配饰方案。

【岗课赛证技术要点】

岗位要求：

根据当季市场潮流和消费数据分析，能在楦型库找到适合的鞋楦。

能根据楦型特点在楦面完成结构线绘制，帮面比例适当，且线条顺畅。

竞赛赛点：

根据提供款式特征描述，准确找到适合的鞋楦，并能分析其适配的鞋头、鞋峰造型。能在规定时间完成帮面结构绘制，根据款式特征适当进行装饰设计和美化。

证书考点：

规定时间内完成既定鞋款结构设计，定位准确，线条流畅。

任务二　“D”形包头休闲鞋样板制作

【任务描述】

在种子样板基础上，进行分怀处理、部件取跷，完成标准样板制作。根据造型效果需要进行工艺放量设计，完成下料样板制作。对鞋款进行结构分析，确定里样板断开部位，结合工艺需要完成收放量操作，完成里样板制作。

【课程思政】

★制作种子样板，注意笔触细腻、刀工流畅，反映出精细的结构设计——工匠精神。

★取跷和分怀环节，根据脚型规律选取部位和数据进行操作，分毫不差——精益求精。

一、种子样板制作

种子样板是后续样板的基础，它的美观度和准确度直接影响成鞋的造型。

（一）展平

楦面展平及修正

展平操作如下：

①刻除鞋口线至统口线之间的美纹纸。

②量取楦前尖到后跟突点的长度，记录在相应位置。

③从前向后缓慢将画好帮样的美纹纸从鞋楦剥离，保持完整不破损。

帮样展平顺序如下：先展平帮面中长方向，后向上下两侧延展均匀美纹纸的褶皱，褶皱尽量均匀分散在背中线F_0点和底边沿线C_1点附近。

（二）修正展平样板

1. 结构线条修正

展平后，因为曲面转平面过程中出现褶皱，结构线条发生变化，需要进行线条的修正。在楦面曲线上绘制线条，也会出现线条不够美观的情况，在平面状态下，将线条再次修正，确保线条准确、美观、清晰。

2. 后弧线修正

修整后的后弧线与鞋楦后弧线的正投影形状基本类似，但比鞋楦后弧线的正投影形状稍直。因为加入了海绵，上端点放2~3mm，突度点不变；楦后跟处在展平过程中打剪口，尺寸变大，所以下端点收3~5mm，如图10-13所示。

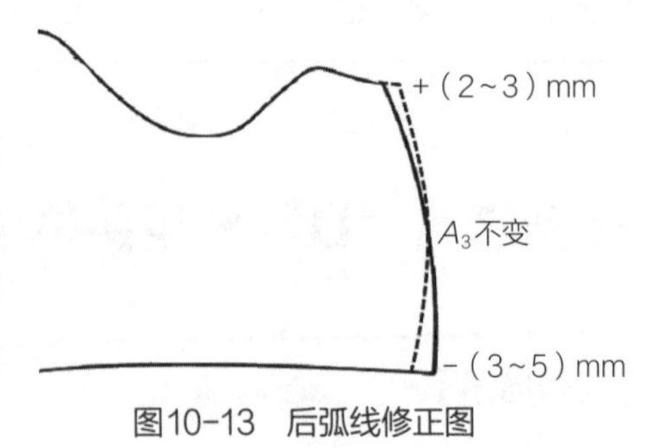

图10-13　后弧线修正图

3. 绷帮余量

柔软皮革材质的参考放量为15mm，如果帮面材质厚硬，则绷帮余量加大2~3mm。

4. 底口线分怀处理

楦面从设计到种子样板修正，各操作均在外怀帮面进行，由于鞋楦内外怀的肉头差别需要在外怀底边沿先上加放一定的余量。放余量位置在腰窝部位，余量大小为5~8mm。

（三）分离种子样板

①分析部件数量和每块部件的轮廓线条位置。

②采用分解法分离种子样板，分解法是将各部件逐一刻下而分离，注意按照轮廓线刻刀，以保证样板的准确性。对于相互重叠的部件，可用美纹纸复制的方法先取出次要部件，再沿主要部件的轮廓线刻刀取出主要部件。

③分离（复制）出来的各个部件的种子样板必须与展平样板上相应的部件尺寸一致，边沿线条流畅。

“D”形包头休闲鞋种子样板如图10-14所示。

图10-14　“D”形包头休闲鞋种子样板

★专业素养提升小案例：

> 制作种子样板时不进行后弧线修整，在绷帮时会出现什么问题?
>
> • 种子样板是后续样板的基础，有可能造成后续鞋帮的不伏楦，牵一发而动全身。
>
> • 细节成就整体，第一步的精致和追求完美是保证成功的关键。

二、标准样板

此款休闲鞋帮部件多为一刀光工艺处理，体现鞋款休闲、随性的特点。经过部件分离的种子样板通过取跷及分怀处理后所得的样板为标准样板（净样板）。

（一）鞋峰标准样板制作

鞋峰部件所在后弧中线比较平直，跷度较小，采用两点拉直的取跷方法，将鞋峰上端点和下端点与对折纸重合，画出鞋舌轮廓线即可，如图10-15所示。鞋峰部件的标志点只有前、后中点标志。

（二）后帮标准样板制作

后帮部件所处位置较为平齐，在制作标准样板时将种子样板放置于制作样板的卡纸上，沿后帮轮廓描画整个后帮的形状，不做分怀处理，如图10-16所示。

该款休闲鞋鞋峰下有保险皮，保险皮采用比楦法的样板制作方式，测量保险皮轮廓线长度，确定其上、下半宽，直接在对折纸上完成样板绘制。保险皮部件的标志点也只有前、后中点标志。

休闲鞋后帮上口使用翻缝工艺，需在进行翻缝的位置加上翻缝量3.5mm或者4mm。

（三）保险皮标准样板制作

设计保险皮半宽为10mm，量取后帮鞋峰下边沿到帮脚的长度。因该部位长度较小，在半面板上按照尺寸直接进行样板制作，并用刻刀刻出保险皮缝线标志和内怀标志。

（四）中帮标准样板制作

中帮部件所处位置较为平齐，在制作标准样板时（图10-17）将种子样板放置于制作样板的卡纸上，沿中帮轮廓描画整个中帮形状，并作里怀标记。

（五）鞋眼片标准样板制作

鞋眼片位置在展楦过程中出现了褶皱，上边沿线变短，在制作标准样板过程中要将上边沿线长度补齐，下边沿线长度保持不变，如图10-18所示。因此，

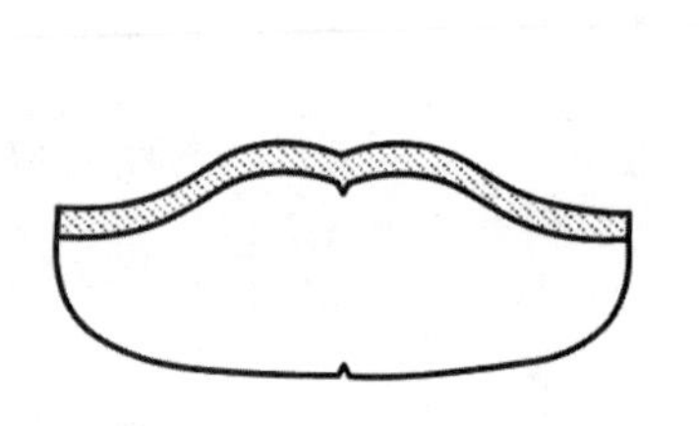
图10-15　鞋峰标准样板

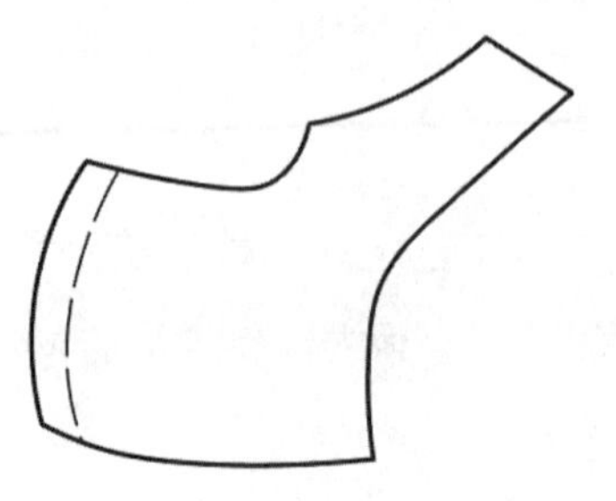
图10-16　后帮标准样板

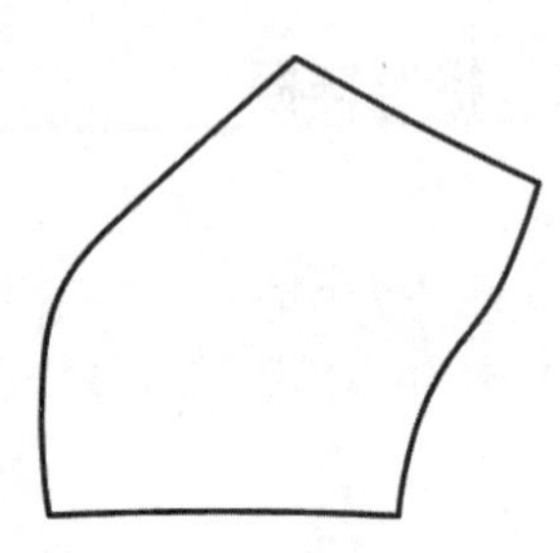
图10-17　中帮标准样板

鞋眼片需要进行降跷处理，取跷中心点选择下边沿线上点。样板制作过程中做中、后帮工艺缝合记号以及鞋眼位置冲孔记号和中心点记号。

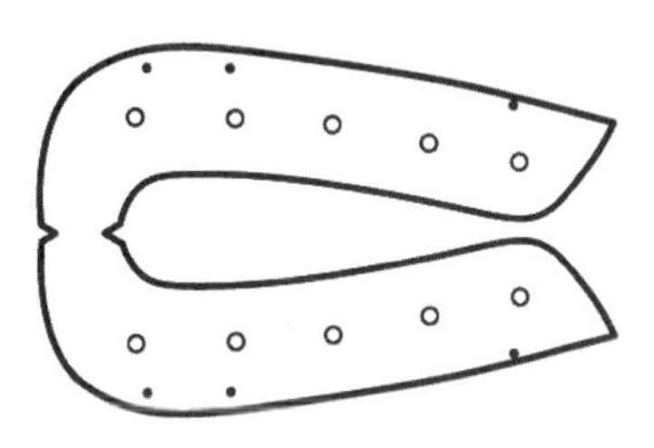

图10-18　鞋眼片标准样板

降跷过程：当口门长度点与对折线重合时，画出口门线、前端鞋眼、中帮定位点，并以口门位置点下边沿点作为旋转中心，眼片后端向下降，重复多次后，降至眼片后端距离对折线2～3mm处（为使用刀模留的余量），画出对应的后部底边沿线，标定后端鞋眼位置和后帮定位点。修正鞋眼片边缘线条，量取前后鞋眼间距离，平均分配5个鞋眼。

（六）围盖标准板制作

围盖标准样板制作

1. 围盖标准样板制作

将围盖样板放置于制作样板的卡纸上，沿围盖外怀轮廓描画整个围盖的形状。休闲鞋楦鞋头较平，围盖样板可以直接按照轮廓描画。修整围盖轮廓线条，保证顺畅，与种子样板不失真。用剪刀或者冲子做出中心点标记。

2. 分怀处理

（1）鞋头位置

内怀向前、向上1～2mm，并根据鞋楦头型趋势将内怀线条进行修正，鞋头内侧偏“方”，以此做出差异化轮廓线，为了绷帮后鞋楦内外怀视觉效果相似，保证成鞋的对称性。围盖标准样板内外怀差别处理如图10-19所示。

（2）围盖后部线条

围盖边缘和后部线条，向上、向前提高2～3mm，让成鞋视觉上左右对称。围盖标准样板如图10-20所示。

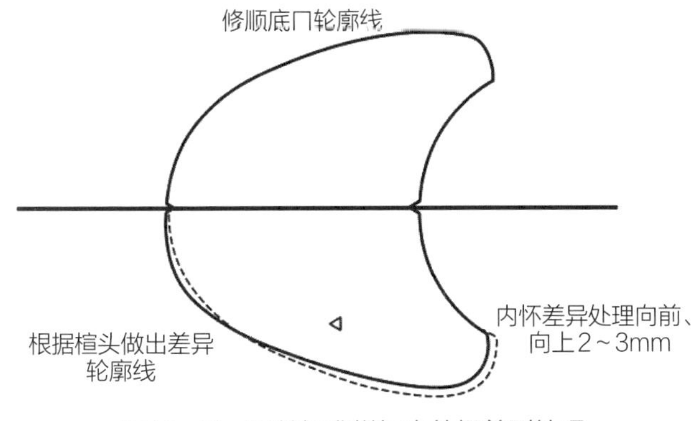

图10-19　围盖标准样板内外怀差别处理

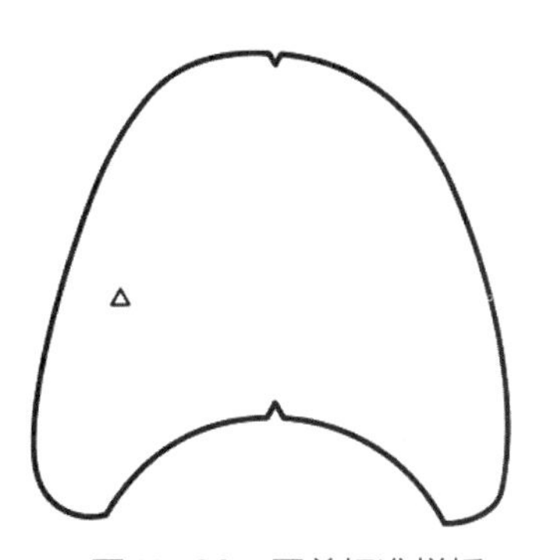

图10-20　围盖标准样板

（七）围条标准板制作

围条标准样板制作

1. 围条标准样板制作

将围盖样板放置于制作样板的卡纸上，沿围条外怀轮廓描画整个围盖的形状。然后使用围盖标准样板，描画出围条内怀上口边线，保证部件间变化的统一性，即围条鞋头处收1～2mm，边沿线放2～3mm，将围盖缩减的量补在围条部位，保证楦面总尺寸不变。

修剪围条外怀样板，按照对折线翻转至内怀处，描画帮脚线条并修顺围条上边口线条。用剪刀或者冲子做出中心点、内怀标记。

2. 取跷处理

为了减少鞋头部位在帮脚处的褶皱厚度和便于套划，节省材料，对鞋头进行跷度处理。

用刻刀从中心点处开始切割，切割间隙为10mm，内外怀各切割3刀，包含中心线，共7刀。方向为垂直于帮脚边沿线，刀口深度从帮脚一直切割到围条上边沿，注意部件上边沿线不要切断。

选取中心点后，经过取跷，部件上边沿不变或变长、底边线变短的过程。保持围条上边沿线长度不变，切开的间隙进行重叠处理，每个刀口重叠量为3mm。修整线条后，即可完成围条标准样板的制作。

经过跷度处理后，围条两端张开，与围盖之间形成月牙形夹角。这个夹角保证两个部件缝合时出现马鞍形跷度，更易伏楦，如图10-21所示。

（八）鞋舌标准样板制作

鞋舌标准样板制作

根据口门位置和鞋眼片长度确定鞋舌长度，鞋舌形状为倒梯形。先确定对折线，靠近口门位置量取半宽40mm左右，靠近脚山位置半宽量取45～55mm，连接定位线，进行鞋舌造型设计。因鞋舌较长，为了防止鞋舌在穿着使用过程中歪斜，在鞋舌中部设计固定位，鞋带穿过固定位，起到固定作用。固定小皮尺寸一般为10mm×20mm。沿鞋舌上口线，距边5～10mm处设计鞋舌装饰线条，如图10-22所示。

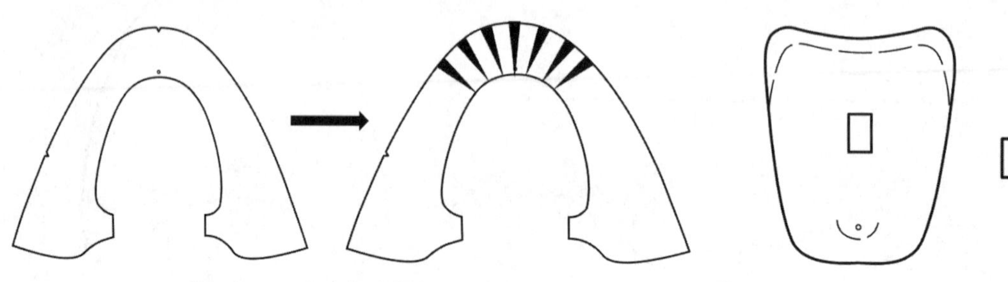

图10-21 围条标准样板取跷图

图10-22 鞋舌和固定小皮标准样板

★专业素养提升小案例：

围条处理中降跷的细节处理，如果忽略或者不仔细，会出现什么问题？

- 降跷是确保成鞋绷帮时鞋头帮脚褶皱平整的关键因素，也是保证成鞋鞋头胶黏强度的重要操作。
- 降跷处理后，让围盖与围条间形成自然跷度角，保证样板的立体性，必须实事求是、精准细致地进行操作。

三、下料样板

下料样板只有中点标记和内怀标记。

（一）工艺制作分析

①围条压住围盖，围盖放出压茬量，围条采用一刀光做法。

②围条、后帮压住中帮，中帮两侧被压处加放压茬量。

③包跟压接围条，围条放出压茬量，外包跟采用折边做法；上口被压处放出压茬量。

④鞋眼片压缝在围盖、围条、中帮、后帮上部，被压处加放压茬量，并做好搭接记号。

⑤鞋口可采用翻缝工艺，放翻缝量，也可采用贴折边做法，加放折边量。

⑥鞋舌上口采用翻缝工艺，放翻缝量；鞋舌上小皮上下两侧加放缝折边合量。

（二）样板制作步骤

①描画复制标准样板轮廓。

②放出加工余量。

③标刻标志点。

标准样板如图10-23所示。

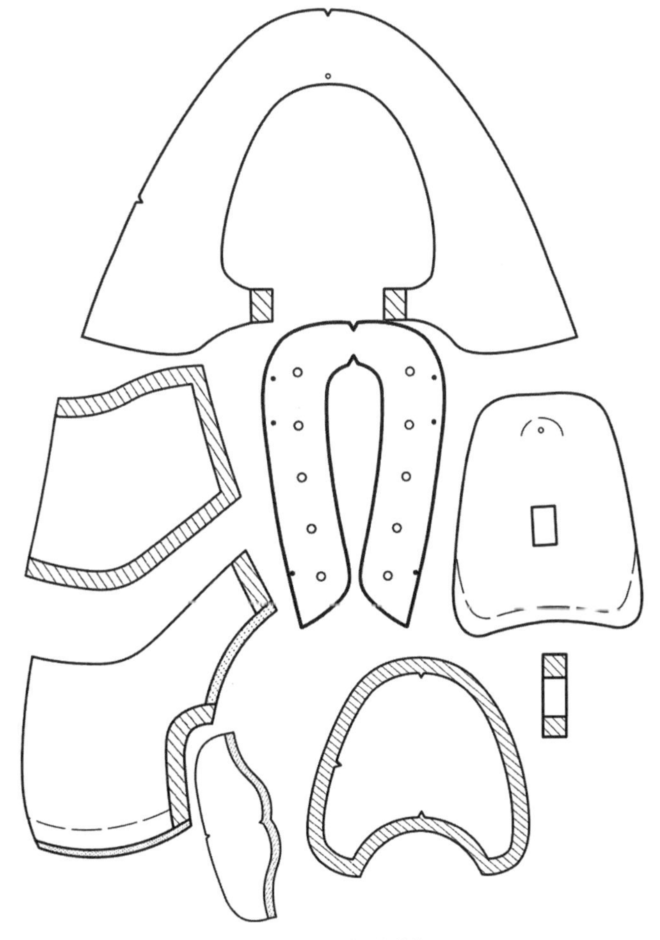

图10-23 标准样板

四、里样板

鞋里位于帮面内层，与脚部贴合，对舒适性要求高。因此，无论帮面如何分割，一般常采用“三段式里”的分段方式：前帮里、中帮里、后帮里，外加一个小型鞋舌里部件，如图10-24和图10-25所示。

三段里样板的分割与制作方法如下。

里样板制作

（一）后帮里

自中帮里后断线至后弧线部分的部件即为后帮里部件，也称为后套里。自后端量取45mm作为后帮里上边线位置，下端量取65~70mm作为后帮里下端位置，连接两点，作为后帮里断线位置。后帮里底口线处收5~7mm，上口线放2.0~2.5mm翻缝量（反拥），中后帮断线处放8~10mm压茬量。

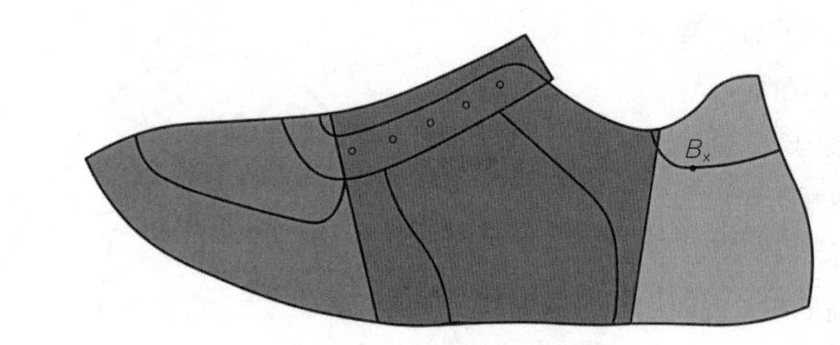

图10-24 里样板断帮位置

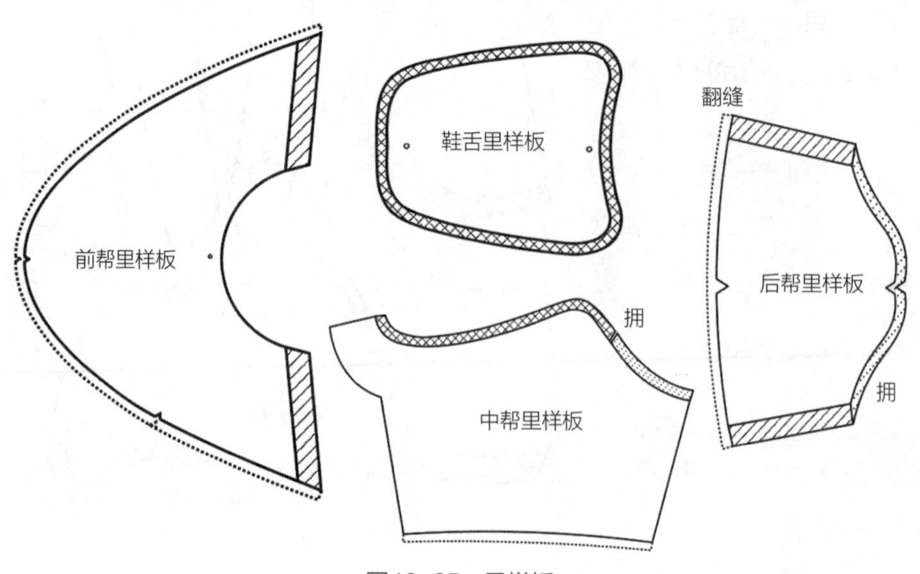

图10-25 里样板

（二）前帮里断线位置

以种子样板为基础，在口门线位置垂直于背中线画线，该段分割线之前的部件即为前帮里。前帮里采取升跷、降跷和补跷的取跷方法，操作参考前帮标准样板取跷方法。前帮里底口线处收5~7mm，与鞋舌缝接处放8~10mm压茬量。

（三）中帮里位置

前帮里断线和后帮里短线之间的样板称为中帮里。需要注意的是，中帮里前端部分需要根据鞋眼片线条进行描画。

（四）鞋舌里

复制鞋舌标准样板后，根据搭接工艺要求放4mm冲里量。

五、衬布样板

衬布样板制作

为了保证成鞋的挺括性，会在鞋帮面制作过程中加入补强材料，补强材料的样板就是衬布样板。常用衬布材料有丽新布，主要特性为耐磨、透气好、防水、防霉抗菌、抗静电。

以标准样板为基础制作衬布样板（图10-26）。帮脚收7mm左右，一刀光上压件边缘收3mm左右，压茬部位加4mm左右，需要翻缝部位收5mm左右。

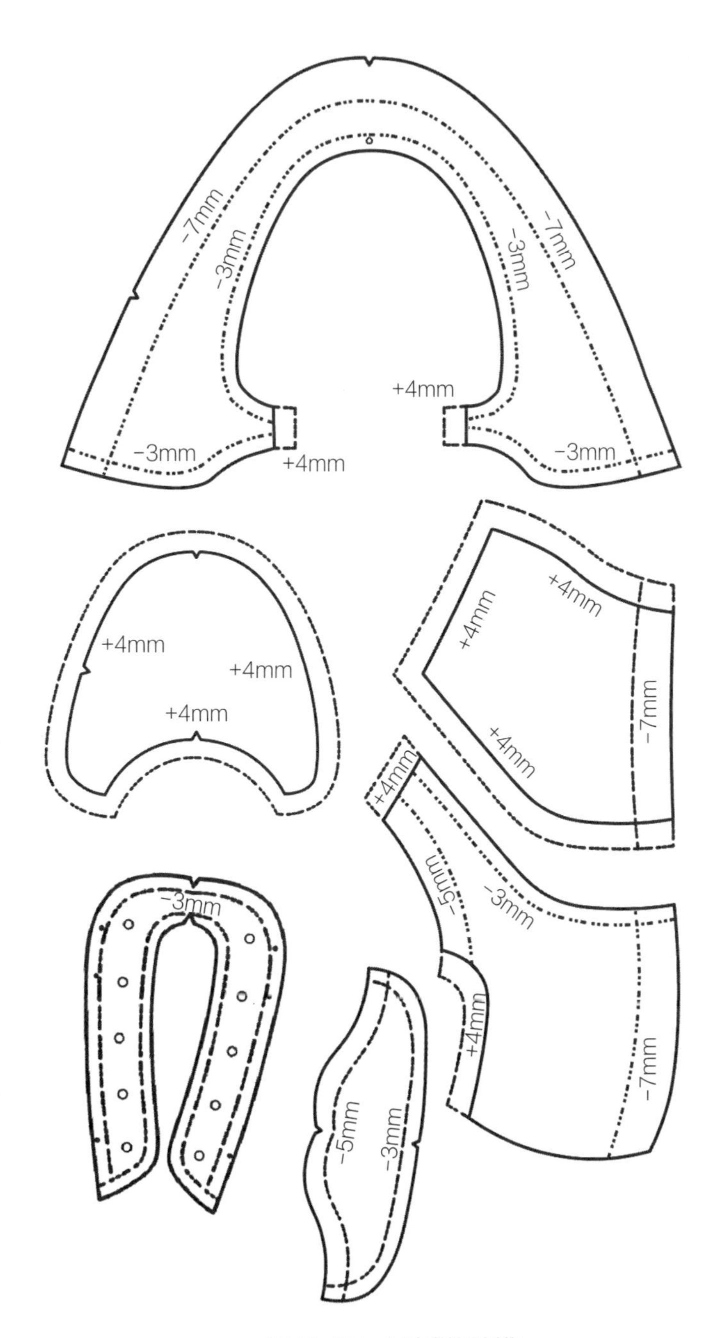

图10-26　衬布样板制作

【任务拓展】

❶ 如何进行此款休闲鞋围盖标准样板的分怀处理？

❷ 分析此款休闲鞋鞋里的分段及样板制作方法。

【岗课赛证技术要点】

岗位要求：

能根据款式特征，合理分析技术要点，进行适当的取跷操作。

能根据样板制作要求，准确完成四套样板制作。

竞赛赛点：

能在规定时间内，根据结构设计图纸准确进行全套样板制作，各类技术指标到位。

证书考点：

规定时间内完成既定鞋款样板制作，取跷准确，帮部件线条流畅，各类标志点、线规范无误。

本教材视频目录

项目五 围盖外耳式鞋的设计与样板制作

扫码查看：围盖种子样板分怀

扫码查看：围条工艺跷取跷

扫码查看：里样板制作

项目六 双破缝旋转外耳式鞋的设计与样板制作

扫码查看：种子样板分怀

扫码查看：前侧帮标准样板制作

扫码查看：前帮标准样板部件跷制作

扫码查看：绊带部件标准样板制作

扫码查看：绊带部件里样板制作

项目七 围盖整体舌式鞋的设计与样板制作

扫码查看：围盖样板取跷制作

扫码查看：围条样板制作

扫码查看：里样板制作

项目八 燕尾三节头内耳式鞋的设计与样板制作

扫码查看：燕尾三节头结构设计

扫码查看：种子样板分怀

扫码查看：包头标准样板制作

扫码查看：中帮标准样板制作

扫码查看：鞋耳标准样板部件跷制作

扫码查看：里样板分段

扫码查看：前帮及三角里样板制作

项目九　切尔西靴的设计与样板制作

扫码查看：切尔西靴部件结构定位
扫码查看：切尔西靴展平
扫码查看：切尔西靴修正种子样板
扫码查看：葫芦头标准样板
扫码查看：中帮标准样板
扫码查看：橡筋布标准样板
扫码查看：后帮标准样板
扫码查看：保险皮标准样板
扫码查看：外怀里样板
扫码查看：内怀里样板制作
扫码查看：口舌里、后口里样板制作

项目十　休闲通勤鞋的设计与样板制作

扫码查看：休闲鞋结构部件定位
扫码查看：楦面展平及修正
扫码查看：鞋峰标准样板制作
扫码查看：后帮、保险皮、中帮标准样板制作
扫查查看：鞋眼片标准样板制作
扫码查看：围盖标准样板制作
扫码查看：围条标准样板制作
扫码查看：鞋舌标准样板制作
扫码查看：里样板制作
扫码查看：衬布样板制作

参考文献

[1] 宋雅伟，王占兴，等．鞋类生物力学原理与应用［M］．北京：中国纺织出版社，2014.

[2] 丘理．鞋楦设计与制作［M］．北京．中国纺织出版社，2019.

[3] 董小平．鞋楦造型设计与制作［M］．北京：中国轻工业出版社，2006.

[4] GB/T 3293—2017，中国鞋号及鞋楦系列［S］.

[5] 梁世堃．皮鞋楦跟造型设计［M］．北京：中国轻工业出版社，1995.

[6] 施凯，崔同占．鞋类结构设计［M］．北京：高等教育出版社，2022.

[7] 李运河．皮鞋设计学［M］．北京：中国轻工业出版社，2009.

[8] 石娜，步月宾．皮鞋款式造型设计［M］．北京：中国轻工业出版社，2007.

[9] 杜少勋，万蓬勃．皮革制品造型设计［M］．北京：中国轻工业出版社，2011.

[10] 弓太生．皮鞋工艺学［M］．北京：中国轻工业出版社，2011.

[11] 步月宾，石娜．鞋类生产工艺［M］．北京：中国轻工业出版社，2020.

[12] 高士刚．鞋靴结构设计［M］．北京：中国轻工业出版社，2015.

男鞋产品结构设计

上架建议：鞋类设计与工艺

了解更多...

轻工教学服务网二维码

ISBN 978-7-5184-4646-9

定价：49.00 元